# 큐브 유형 동영상 강의

학습 효과를 높이는 응용 유형 강의

## 📷 1초 만에 바로 강의 시청

QR코드를 스캔하여 동영상 강의를 바로 볼 수 있습니다. 응용 유형 문항별로 필요한 부분을 선택할 수 있도록 강의 시간과 강의명을 클릭할 수 있습니다.

## ▶ 친절한 문제 동영상 강의

수학 전문 선생님의 응용 문제 강의를 보면서 어려운 문제의 해결 방법 및 풀이 전략을 체계적으로 배울 수 있습니다.

# 수학의 기본
# 큐브 시리즈

## 큐브 연산 | 1~6학년 1, 2학기(전 12권)

난이도 구성

### 전 단원 연산을 다잡는 기본서

- 교과서 전 단원 구성
- 개념–연습–적용–완성 4단계 유형 학습
- 실수 방지 팁과 문제 제공

## 큐브 개념 | 1~6학년 1, 2학기(전 12권)

난이도 구성

### 교과서 개념을 다잡는 기본서

- 교과서 개념을 시각화 구성
- 수학익힘 교과서 완벽 학습
- 기본 강화책 제공

## 큐브 유형 | 1~6학년 1, 2학기(전 12권)

난이도 구성

### 모든 유형을 다잡는 기본서

- 기본부터 응용까지 모든 유형 구성
- 대표 예제로 유형 해결 방법 학습
- 서술형 강화책 제공

# 큐브 유형

## 유형책

초등 수학

# 2·2

# 구성과 특징

큐브 유형은 기본 유형, 플러스 유형, 응용 유형까지
모든 유형을 담은 유형 기본서입니다.

## 유형책

### 1STEP  개념 확인하기

교과서 핵심 개념을 한눈에 익히기

### 2STEP  유형 다잡기

유형별 대표 예제와 해결 방법으로 유형을 쉽게 이해하기

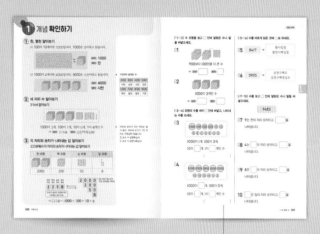

기본 문제로 배운 개념을 확인

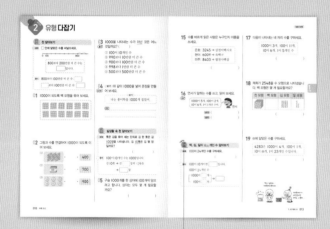

**플러스 유형**
학교 시험에 꼭 나오는
틀리기 쉬운 유형

## 서술형 강화책

### 서술형 다지기

대표 문제를 통해 단계적 풀이 방법을 익힌 후
유사/발전 문제로 서술형 쓰기 실력을 다지기

### 서술형 완성하기

서술형 다지기에서 연습한 문제에 대한 실전 유형 완성하기

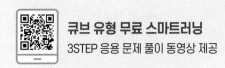

**큐브 유형 무료 스마트러닝**
3STEP 응용 문제 풀이 동영상 제공

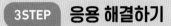

**3STEP** 응용 해결하기

각종 경시대회에 출제되는 응용, 심화 문제를 통해 실력을
한 단계 높이기

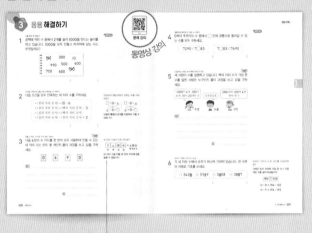

• **해결 tip**
문제 해결에 필요한 힌트와 보충 설명

**평가** 단원 마무리 + 1~6단원 총정리

마무리 문제로 단원별 실력 확인하기

✔ 큐브 유형은 모든 문제를 모아 **단원별 → 개념별 → 난이도별 → 유형별**로 세분화하였습니다.

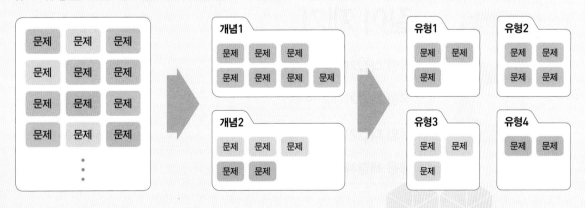

큐브 유형
# 차례

# 1

# 네 자리 수

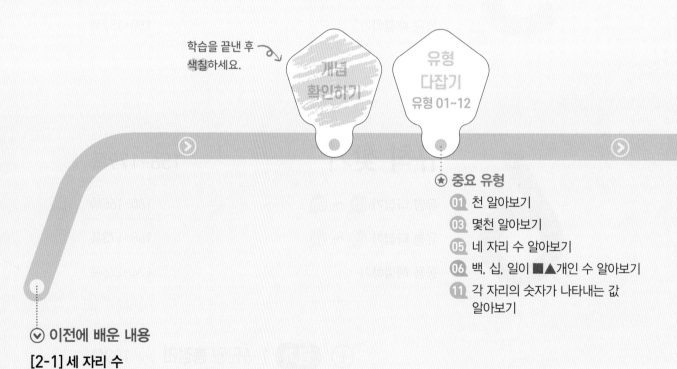

학습을 끝낸 후
색칠하세요.

개념
확인하기

유형
다잡기
유형 01~12

★ 중요 유형

⌄ 이전에 배운 내용

**[2-1] 세 자리 수**
세 자리 수 알아보기
세 자리 수의 크기 비교

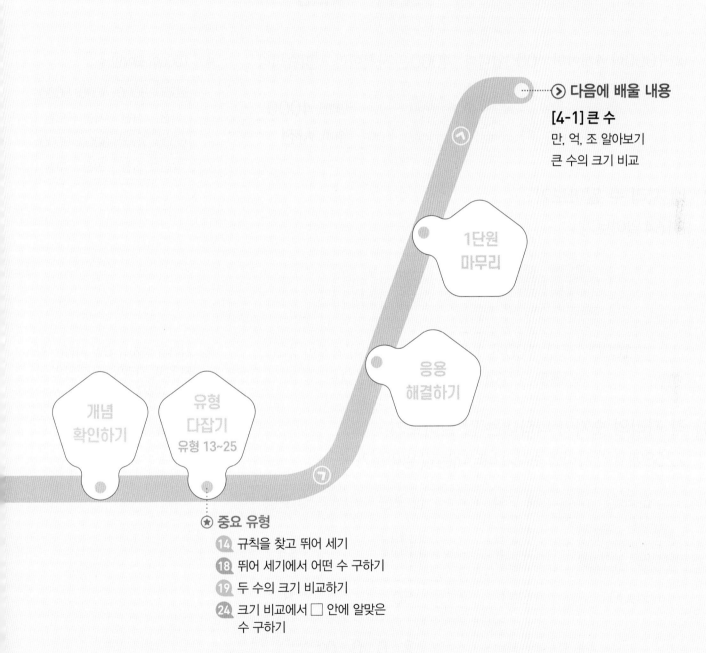

⊙ **다음에 배울 내용**

**[4-1] 큰 수**

만, 억, 조 알아보기

큰 수의 크기 비교

1단원
마무리

응용
해결하기

개념
확인하기

유형
다잡기
유형 13~25

★ **중요 유형**

14 규칙을 찾고 뛰어 세기

18 뛰어 세기에서 어떤 수 구하기

19 두 수의 크기 비교하기

24 크기 비교에서 □ 안에 알맞은
수 구하기

# STEP 1 개념 확인하기

## ① 천, 몇천 알아보기

(1) 100이 10개이면 1000입니다. 1000은 천이라고 읽습니다.

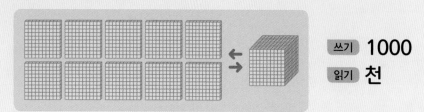

쓰기 **1000**
읽기 **천**

(2) 1000이 4개이면 4000입니다. 4000은 사천이라고 읽습니다.

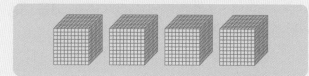

쓰기 **4000**
읽기 **사천**

● 1000이 ■개인 수

| 2000 | 3000 | 4000 | 5000 |
|------|------|------|------|
| 이천 | 삼천 | 사천 | 오천 |
| 6000 | 7000 | 8000 | 9000 |
| 육천 | 칠천 | 팔천 | 구천 |

## ② 네 자리 수 알아보기

3164 알아보기

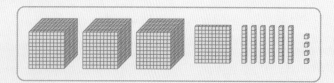

1000이 **3**개, 100이 **1**개, 10이 **6**개, 1이 **4**개인 수

→ 쓰기 **3164** 읽기 **삼천백육십사**

● 자리의 숫자가 0인 자리는 읽지 않고, 자리의 숫자가 1인 자리는 자릿값만 읽습니다.
3064 → 삼천육십사
3164 → 삼천백육십사

## ③ 각 자리의 숫자가 나타내는 값 알아보기

2258에서 각 자리의 숫자가 나타내는 값 알아보기

| 천 모형 | 백 모형 | 십 모형 | 일 모형 |
|---------|---------|---------|---------|
|         |         |         |         |
| 2000 | 200 | 50 | 8 |

천의 백의 십의 일의
자리 자리 자리 자리

| 2 | 2 | 5 | 8 |

→ 2는 천의 자리 숫자이고 2000을 나타내.

| 2 | 0 | 0 | 0 |
|   | 2 | 0 | 0 |
|   |   | 5 | 0 |
|   |   |   | 8 |

숫자가 같아도 자리에 따라 나타내는 값이 달라.

→ 2258 = 2000 + 200 + 50 + 8

[01~02] 수 모형을 보고 ☐ 안에 알맞은 수나 말을 써넣으세요.

**01**

900보다 100만큼 더 큰 수

→ 쓰기 ☐  읽기 ☐

**02**

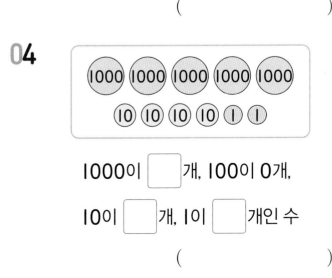

1000이 3개인 수

→ 쓰기 ☐  읽기 ☐

[03~04] 모형의 수를 세어 ☐ 안에 써넣고, 나타내는 수를 쓰세요.

**03**

1000 100 100 100 10 10
1 1 1 1 1 1 1

1000이 1개, 100이 3개,

10이 ☐ 개, 1이 ☐ 개인 수

( )

**04**

1000 1000 1000 1000 1000
10 10 10 10 1 1

1000이 ☐ 개, 100이 0개,

10이 ☐ 개, 1이 ☐ 개인 수

( )

[05~06] 수를 바르게 읽은 것에 ◯표 하세요.

**05** 8417 →

팔사일칠
팔천사백십칠

**06** 3905 →

삼천구백오
삼천구백영십오

[07~10] 수를 보고 ☐ 안에 알맞은 수나 말을 써넣으세요.

9483

**07** 9는 천의 자리 숫자이고, ☐ 을 나타냅니다.

**08** 4는 ☐ 의 자리 숫자이고, ☐ 을 나타냅니다.

**09** 8은 ☐ 의 자리 숫자이고, ☐ 을 나타냅니다.

**10** ☐ 은 일의 자리 숫자이고, ☐ 을 나타냅니다.

**유형 01** 천 알아보기

예제 ☐ 안에 알맞은 수를 써넣으세요.

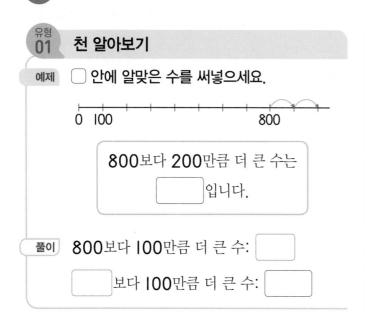

800보다 200만큼 더 큰 수는
☐ 입니다.

풀이 800보다 100만큼 더 큰 수: ☐
☐ 보다 100만큼 더 큰 수: ☐

**01** 1000이 되도록 백 모형을 묶어 보세요.

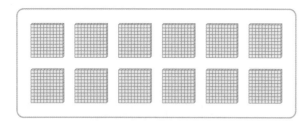

**02** 그림과 수를 연결하여 1000이 되도록 이어 보세요.

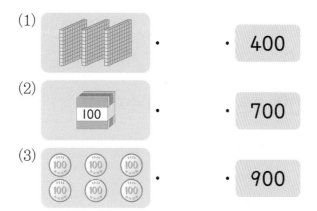

(1) · · 400

(2) 100 · · 700

(3) · · 900

**03** 1000을 나타내는 수가 <u>아닌</u> 것은 어느 것일까요? ( )
중요★

① 100이 10개인 수
② 990보다 10만큼 더 큰 수
③ 900보다 100만큼 더 큰 수
④ 998보다 1만큼 더 큰 수
⑤ 500보다 500만큼 더 큰 수

**04** 〈보기〉와 같이 1000을 넣어 문장을 만들어 보세요.
창의형

〈보기〉
나는 종이학을 1000개 접었어.

문장 _____

**유형 02** 실생활 속 천 알아보기

예제 톳은 김을 묶어 세는 단위로 김 한 톳은 김 100장을 나타냅니다. 김 <u>10톳</u>은 김 몇 장일까요?

( )

풀이 100이 10개인 수는 1000입니다.

김 10톳 → 김 ☐ 장씩 10묶음

→ ☐ 장

**05** 구슬 1000개를 한 상자에 100개씩 담으려고 합니다. 상자는 모두 몇 개 필요할까요?

( )

**06** 민아는 동전을 다음과 같이 가지고 있습니다. 민아가 가진 돈이 **1000**원이 되려면 얼마가 더 필요할까요?

( )

**08** 그림을 보고 모두 얼마인지 구하세요.

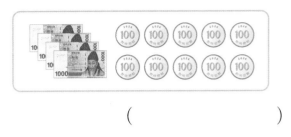

( )

**09** 나타내는 수가 다른 사람은 누구인지 이름을 쓰세요.

천 모형이 4개 있어. 현우

백 모형이 40개 있어. 미나

십 모형이 40개 있어. 준호

( )

유형 03 **몇천 알아보기**

예제 수 모형이 나타내는 수를 쓰고, 읽어 보세요.

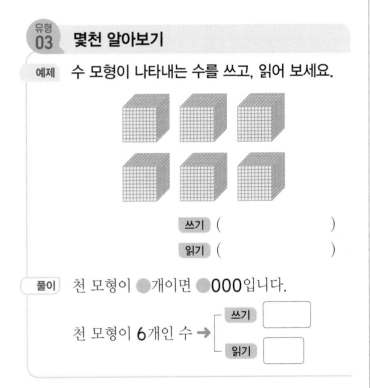

쓰기 ( )

읽기 ( )

풀이 천 모형이 ●개이면 ●000입니다.

천 모형이 **6**개인 수 → 쓰기 [ ]
읽기 [ ]

**07** ☐ 안에 알맞은 수를 써넣으세요.

(1) **1000**이 **8**개인 수는 [ ] 입니다.

(2) **3000**은 **1000**이 [ ]개인 수 입니다.

**10** ⑩⓪을 이용하여 **2000**을 나타내려고 합니다. 그림을 완성하고, **2000**은 ⑩⓪이 몇 개인 수인지 구하세요.

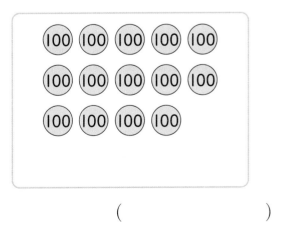

( )

1. 네 자리 수 **011**

유형 04 실생활 속 몇천 알아보기

예제 지수네 가족은 전화로 한 통화에 1000원인 이웃 돕기 성금을 9번 냈습니다. 지수네 가족이 낸 성금은 모두 얼마일까요?

( )

풀이 1000이 9개인 수는 [ ]입니다.

[ ]원씩 [ ]번 ➡ [ ]원

**11** 영양제가 한 통에 100알씩 들어 있습니다. 같은 영양제 30통에 들어 있는 영양제는 모두 몇 알일까요?

중요★

( )

**12** 옷핀이 한 통에 100개씩 70통 있습니다. 이 옷핀을 한 상자에 1000개씩 옮겨 담으려고 합니다. 상자는 모두 몇 개 필요한지 풀이 과정을 쓰고, 답을 구하세요.

서술형

1단계 옷핀의 수 구하기

_____

_____

2단계 상자는 모두 몇 개 필요한지 구하기

_____

_____

답 _____

**13** 승호가 같은 물건 5개를 샀더니 모두 5000원이었습니다. 승호가 산 물건은 무엇일까요?

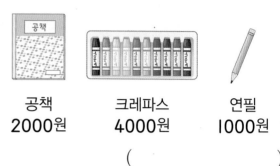

공책 2000원    크레파스 4000원    연필 1000원

( )

유형 05 네 자리 수 알아보기

예제 ☐ 안에 알맞은 수를 써넣으세요.

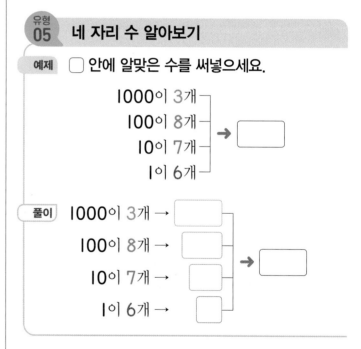

1000이 3개 ┐
100이 8개 ┤ ➡ [ ]
10이 7개 ┤
1이 6개 ┘

풀이 1000이 3개 → [ ] ┐
100이 8개 → [ ] ┤ ➡ [ ]
10이 7개 → [ ] ┤
1이 6개 → [ ] ┘

**14** 수 모형이 나타내는 수를 쓰세요.

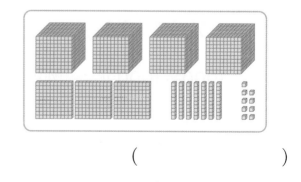

( )

**15** 수를 바르게 읽은 사람은 누구인지 이름을 쓰세요.

> 은호: 3245 → 삼천이백사오
> 현아: 6009 → 육백구
> 미주: 8403 → 팔천사백삼

( )

**16** 연서가 말하는 수를 쓰고, 읽어 보세요.
중요★

> 1000이 5개, 100이 2개,
> 10이 6개, 1이 1개인 수야.

연서

쓰기 ( )
읽기 ( )

+플러스
유형
**06** 백, 십, 일이 ■▲개인 수 알아보기

예제 100이 24개인 수를 구하세요.

( )

풀이 100이 10개이면 [    ]입니다.

100이 24개인 수

┌ 1000이 [    ]개 ┐
│                    ├→ [    ]
└ 100이 [    ]개 ┘

**17** 다음이 나타내는 네 자리 수를 구하세요.

> 1000이 3개, 100이 11개,
> 10이 6개, 1이 5개인 수

( )

**18** 채희가 2548을 수 모형으로 나타냈습니다. 백 모형은 몇 개 필요할까요?

| 천 모형 | 백 모형 | 십 모형 | 일 모형 |
|---|---|---|---|

( )

**19** ●에 알맞은 수를 구하세요.

> 4283은 1000이 4개, 100이 1개,
> 10이 ●개, 1이 23개인 수입니다.

( )

먹고 싶은데...
100원짜리뿐이야.

1000원

100원짜리가
이만큼이면
3개도 사겠어...

유형 07 **네 자리 수 나타내기**

예제 4362만큼 색칠해 보세요.

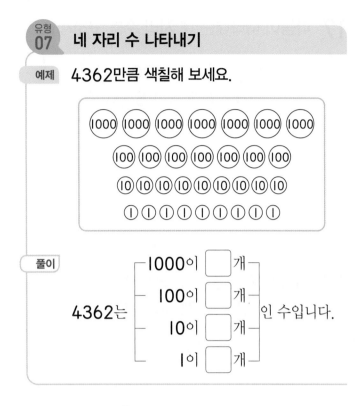

풀이

4362는
- 1000이 ☐개
- 100이 ☐개
- 10이 ☐개
- 1이 ☐개
인 수입니다.

**20** 창의형 ⑩과 ⑩을 이용하여 3600을 나타내세요.

☐

**21** 1725를 여러 가지 방법으로 나타낸 것입니다. 잘못 나타낸 것의 기호를 쓰세요.

> ㉠ 백 모형 17개, 십 모형 2개, 일 모형 5개
> ㉡ 천 모형 1개, 백 모형 7개, 십 모형 25개

( )

유형 08 **실생활 속 네 자리 수 알아보기**

예제 혜미는 문구점에서 학용품을 사면서 천 원짜리 지폐 5장, 백 원짜리 동전 8개를 냈습니다. 혜미가 낸 돈은 모두 얼마일까요?

( )

풀이

천 원짜리 지폐 5장 → ☐

백 원짜리 동전 8개 → ☐

→ ☐ 원

**22** 중요★ 어느 가게에 초콜릿이 1000개씩 4상자, 100개씩 7묶음, 10개씩 3묶음, 낱개로 5개 있습니다. 초콜릿은 모두 몇 개일까요?

( )

**[23~24]** 준서는 우유와 주스를 각각 한 개씩 사고 다음과 같이 돈을 냈습니다. 물음에 답하세요.

준서가 낸 돈

**23** 우유 한 개의 가격은 1500원입니다. 준서가 낸 돈에서 우유 한 개의 가격만큼 묶어 보세요.

**24** 주스는 얼마일까요?

( )

**25** 어느 과수원에서 사과를 500개씩 6상자, 100개씩 15상자, 10개씩 4묶음 땄습니다. 과수원에서 딴 사과는 모두 몇 개일까요?

(                )

**+플러스**
**유형 09** 알맞은 카드 찾기

예제 카드에 적혀 있는 수를 만들려고 합니다. 가지고 있는 숫자가 5, 7, 1, 3일 때 수를 만들 수 있는 카드에 ◯표 하세요.

| 오천백이십칠 | 삼천칠백십오 |
|:---:|:---:|

(     )     (     )

풀이 카드에 적혀 있는 수를 숫자로 나타냅니다.

오천백이십칠 → ☐

삼천칠백십오 → ☐

→ 5, 7, 1, 3으로 만들 수 있는 수: ☐

**26** 이천팔백육을 수로 나타낼 때 필요 <u>없는</u> 수 카드에 ☓표 하세요.

| 0 | 4 | 2 | 6 | 8 |
|:---:|:---:|:---:|:---:|:---:|

**27** 두 사람이 말하는 수를 만들 때 두 사람에게 모두 필요한 수 카드에 ◯표 하세요.

 천삼십육     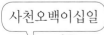 사천오백이십일

 규민    5    3    1    리아

**28** 서술형 수 카드의 수를 읽을 때 '팔천'으로 시작하고 '팔'로 끝나는 수 카드를 찾아 쓰려고 합니다. 풀이 과정을 쓰고, 답을 구하세요.

| 2868 | 8308 | 8841 |
|:---:|:---:|:---:|

1단계 수 카드의 수 읽기

_____

_____

2단계 조건에 맞는 수 카드 찾기

_____

_____

답 _____

**유형 10** 각 자리의 숫자 알아보기

예제 천의 자리 숫자가 7인 수의 기호를 쓰세요.

| ㉠ 4726    ㉡ 7319 |
|:---:|

(           )

풀이 주어진 수에서 천의 자리 숫자를 찾습니다.

㉠ 4726 → ☐     ㉡ 7319 → ☐

→ 천의 자리 숫자가 7인 수: ☐

**29** 주어진 수의 천, 백, 십, 일의 자리 숫자는 얼마인지 빈칸에 알맞은 수를 써넣으세요.

오천팔백십육

| 천의 자리 | 백의 자리 | 십의 자리 | 일의 자리 |
|:---:|:---:|:---:|:---:|
| 5 | | | |

1단원

**30** 일의 자리 숫자가 0인 것을 찾아 ○표 하세요.

| 5047 | 사천육백 | 1901 |

**31** 바르게 말한 사람의 이름을 쓰세요.

1537에서 3은 백의 자리 숫자야.

주경

4084는 천의 자리 숫자와 일의 자리 숫자가 같아.

도율

( )

**32** 십의 자리 수가 가장 큰 수는 어느 것인지 풀이 과정을 쓰고, 답을 구하세요.
(서술형)

| 5513 | 4678 | 2090 | 8625 |

(1단계) 주어진 수에서 십의 자리 수 각각 구하기

_____

_____

(2단계) 십의 자리 수가 가장 큰 수 구하기

_____

_____

답 _____

---

유형 **11** **각 자리의 숫자가 나타내는 값 알아보기**

예제 밑줄 친 숫자가 나타내는 값만큼 색칠해 보세요.

| 22<u>2</u>2 |

(1000) (10) (1) (100)
(100) (1000) (10) (1)

풀이 밑줄 친 숫자 2는 ☐ 의 자리 숫자입니다.

→ 나타내는 값: ☐

**[33~34] 수를 보고 물음에 답하세요.**

| 7659 |

**33** 백의 자리 숫자와 그 숫자가 나타내는 값을 차례로 쓰세요.

( ), ( )

**34** 십의 자리 숫자와 그 숫자가 나타내는 값을 차례로 쓰세요.

( ), ( )

**35** 어떤 네 자리 수를 각 자리의 숫자가 나타내는 값의 합으로 나타낸 것입니다. 네 자리 수를 쓰고, 읽어 보세요.

| 8000＋500＋6 |

쓰기 ( )

읽기 ( )

**36** 숫자 6이 나타내는 값이 가장 큰 수에 ○
표, 가장 작은 수에 △표 하세요.

| 2463 6710 3689 5026 |

**37** 설명이 <u>잘못된</u> 것을 찾아 기호를 쓰세요.

> ㉠ 4907에서 숫자 9가 나타내는 값
> 은 900입니다.
> ㉡ 2636에서 백의 자리 숫자 6과 일
> 의 자리 숫자 6이 나타내는 값은
> 같습니다.
> ㉢ 3184를 각 자리의 숫자가 나타내
> 는 값의 합으로 나타내면
> 3000+100+80+4입니다.

( )

**유형 12** 각 자리의 숫자에 맞는 네 자리 수 만들기

예제 천의 자리 숫자가 5, 백의 자리 숫자가 6,
십의 자리 숫자가 0, 일의 자리 숫자가 9인
네 자리 수를 쓰세요.

( )

풀이 천, 백, □, 일의 자리 순서대로 숫자를
차례로 씁니다.

천 백 십 일
□ □ □ □ → □

**38** 1, 5, 7, 9를 한 번씩만 사용하여 네 자리
수를 만들려고 합니다. 천의 자리 숫자가
9, 백의 자리 숫자가 1인 네 자리 수를 모
두 만들어 보세요.

| 9 | 1 | | |

| 9 | 1 | | |

**39** 수 카드를 한 번씩만 사용하여 백의 자리
숫자가 200을 나타내는 네 자리 수를 2개
만들어 보세요.

( )

**40** 다음 조건을 모두 만족하는 네 자리 수를
구하세요.

> • 천의 자리 숫자는 1입니다.
> • 백의 자리 수는 천의 자리 수보다
> 5만큼 더 큽니다.
> • 십의 자리 숫자는 0입니다.
> • 일의 자리 숫자는 백의 자리 숫자
> 와 같습니다.

( )

④ 뛰어 세기

**1000씩 뛰어 세기:** 천의 자리 수가 1씩 커집니다.

| 4875 | 5875 | 6875 | 7875 | 8875 | 9875 |

> 뛰어 세는 자리보다 낮은 자리 숫자는 변하지 않아.

**100씩 뛰어 세기:** 백의 자리 수가 1씩 커집니다.

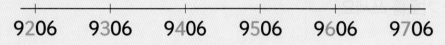

| 9206 | 9306 | 9406 | 9506 | 9606 | 9706 |

**10씩 뛰어 세기:** 십의 자리 수가 1씩 커집니다.

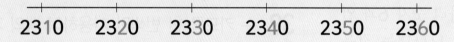

| 2310 | 2320 | 2330 | 2340 | 2350 | 2360 |

**1씩 뛰어 세기:** 일의 자리 수가 1씩 커집니다.

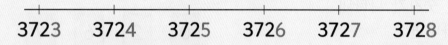

| 3723 | 3724 | 3725 | 3726 | 3727 | 3728 |

● 거꾸로 뛰어 세면 뛰어 세는 자리의 수가 1씩 작아집니다.
7514−6514−5514−4514−3514

● 뛰어 세는 자리의 수가 9에서 1만큼 더 커질 때 그 위 자리의 수가 바뀌는 것에 주의합니다.
3728−3729−3730

⑤ 수의 크기 비교하기

네 자리 수의 크기를 비교할 때 천, 백, 십, 일의 자리 수를 차례로 비교합니다. 높은 자리의 수가 클수록 큰 수입니다.

| | |
|---|---|
| 천의 자리 수가 다른 경우 | 2564 < 7138<br>└ 2<7 ┘ |
| 천의 자리 수는 같고<br>백의 자리 수가 다른 경우 | 7564 > 7138<br>└ 5>1 ┘ |
| 천, 백의 자리 수가 각각 같고<br>십의 자리 수가 다른 경우 | 7564 > 7538<br>└ 6>3 ┘ |
| 천, 백, 십의 자리 수가 각각 같고<br>일의 자리 수가 다른 경우 | 7534 < 7538<br>└ 4<8 ┘ |

## 01 1000씩 뛰어 세어 보세요.

2547 – 3547 – 4547 –

□ – 6547 – □

## 02 10씩 뛰어 세어 보세요.

3015 – 3025 – 3035 –

□ – 3055 – □

## 03 1씩 뛰어 세어 보세요.

8763 – 8764 – 8765 –

□ – □ – □

## [04~05] 뛰어 센 것을 보고 □ 안에 알맞은 수를 써넣으세요.

## 04 4529 – 4629 – 4729 – 4829

□ 씩 뛰어 세었습니다.

## 05 1651 – 2651 – 3651 – 4651

□ 씩 뛰어 세었습니다.

## 06 수 모형을 보고 두 수의 크기를 비교하여 ○ 안에 > 또는 <를 알맞게 써넣으세요.

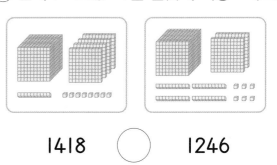

1418 ○ 1246

## [07~09] 두 수의 크기를 비교하여 ○ 안에 > 또는 <를 알맞게 써넣으세요.

## 07 8929 ○ 8135

## 08 4325 ○ 4381

## 09 1563 ○ 1562

## 10 빈칸에 알맞은 수를 써넣고, 두 수의 크기를 비교하여 ○ 안에 > 또는 <를 알맞게 써넣으세요.

| 수 | 천의 자리 | 백의 자리 | 십의 자리 | 일의 자리 |
|---|---|---|---|---|
| 3047 | 3 | 0 | 4 | 7 |
| 3074 | | | | |

3047 ○ 3074

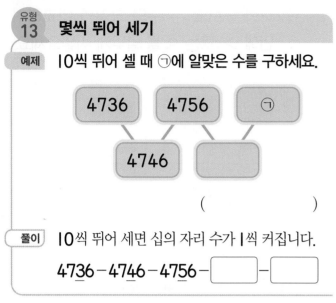

유형 13 **몇씩 뛰어 세기**

예제 10씩 뛰어 셀 때 ㉠에 알맞은 수를 구하세요.

| 4736 | 4756 | ㉠ |

4746

(                    )

풀이 10씩 뛰어 세면 십의 자리 수가 I씩 커집니다.

4736 − 4746 − 4756 − ☐ − ☐

**01** I씩 뛰어 센 것입니다. ☐ 안에 알맞은 수를 써넣으세요.

9995 ☐   9997 9998 ☐

**02** 2758부터 1000씩 커지도록 수 카드를 이어 놓았습니다. 빈칸에 알맞은 수를 써넣으세요.

| 2758 | 3758 | ☐ | ☐ |

6758

| 9758 | 8758 | ☐ |

**03** 5130부터 100씩 뛰어 세면서 선으로 이어 보세요.

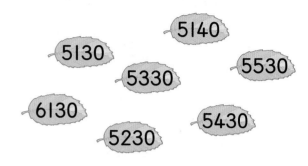

5140
5130
5530
5330
6130
5430
5230

**04** 2314부터 10씩 뛰어 센 것입니다. 잘못 적은 수에 ✕표 하고, 바르게 고쳐 쓰세요.

중요★

2314 − 2324 − 2334
− 2434 − 2354 − 2364

(                    )

**05** 500씩 뛰어 세어 보세요.

| 3079 | 3579 | ☐ |

| 4579 | ☐ | 5579 |

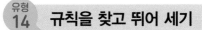

**유형 14 규칙을 찾고 뛰어 세기**

예제 ●씩 뛰어 센 수를 나타낸 것입니다. ●는 얼마일까요?

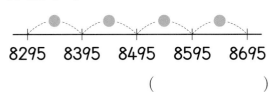

8295  8395  8495  8595  8695

(                    )

풀이 ☐의 자리 수가 l씩 커지므로 ☐씩 뛰어 센 것입니다. → ● = ☐

**06** 몇씩 뛰어 센 것인지 설명하고, 빈칸에 알맞은 수를 써넣으세요.

서술형

5073 – 5074 – 5075 –

– ☐ – 5077 – ☐

설명

**07** 〈보기〉와 같은 규칙으로 2530부터 뛰어 세어 보세요.

〈보기〉

1852 – 1862 – 1872

2530 – ☐ – ☐

– ☐ – ☐ – ☐

**08** 빈칸에 알맞은 수를 써넣으세요.

1500 – 1550 – 1600 –

☐ – ☐ – 1750

+플러스
**유형 15 거꾸로 뛰어 세기**

예제 100씩 거꾸로 뛰어 세어 보세요.

4708 – 4608 – ☐ –

☐ – 4308 – ☐

풀이 100씩 거꾸로 뛰어 세면 백의 자리 수가 l씩 작아집니다.

4708 – 4608 – 4☐08

– 4☐08 – 4308 – 4☐08

**09** 뛰어 센 규칙을 바르게 말한 사람의 이름을 쓰세요.

9413 – 8413 – 7413 –

– 6413 – 5413 – 4413

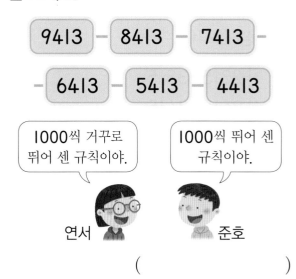

1000씩 거꾸로 뛰어 센 규칙이야.

1000씩 뛰어 센 규칙이야.

연서                         준호

(                    )

**10** 3667부터 몇씩 거꾸로 뛰어 센 것입니다. 같은 방법으로 6184부터 거꾸로 2번 뛰어 센 수는 얼마일까요?

3667 — 3657 — 3647 — 3637

( )

**+플러스**
**유형 16** 수 배열표에서 뛰어 세기

예제 수 배열표에서 ➡는 몇씩 뛰어 센 것일까요?

| 4350 | 4360 | 4370 | 4380 | 4390 |
| 4450 | 4460 | 4470 | 4480 | 4490 |
| 4550 | 4560 | 4570 | 4580 | 4590 |

( )

풀이 ☐의 자리 수가 1씩 커집니다.

➡ ☐씩 뛰어 센 것입니다.

**11** 수 배열표의 일부가 글자에 가려져 있습니다. 수에 해당하는 글자를 찾아 낱말을 완성해 보세요.

| 2315 | 3315 | 강 | 송 | 6315 |
| 2415 | 3415 | 고 | 지 | 양 |
| 2515 | 아 | 4515 | 이 | 렁 |

4415    6415    5515

↓        ↓        ↓

☐        ☐        ☐

**[12~13] 수 배열표를 보고 물음에 답하세요.**

| 1125 | 1225 | 1325 | 1425 | 1525 |
| 2125 | 2225 | 2325 | 2425 | 2525 |
| 3125 | 3225 | 3325 | ㉠ | 3525 |
| 4125 | 4225 | 4325 | 4425 | ㉡ |

**12** ➡, ⬇는 각각 몇씩 뛰어 센 것일까요?

➡ ( ), ⬇ ( )

**13** ㉡은 ㉠에서 몇만큼 뛰어 센 것인지 풀이
서술형 과정을 쓰고, 답을 구하세요.

1단계 어느 방향으로 몇 번 뛰어 센 것인지 알아보기

_____

_____

2단계 몇만큼 뛰어 센 것인지 알아보기

_____

_____

답 _____

**유형 17** 실생활 속 뛰어 세기

예제 민이는 단추를 1032개 가지고 있습니다. 단추를 10개씩 3번 더 샀다면 민이가 가진 단추는 모두 몇 개일까요?

( )

풀이 1032 — 1042 — ☐ — ☐

10    10    10

**14** 규민이는 한 달에 학을 100개씩 접었습니다. 3월까지 접은 학이 1542개일 때 4월, 5월, 6월까지 접은 학은 각각 몇 개일까요?

4월 (                    )

5월 (                    )

6월 (                    )

**15** 은정이와 민우는 다음과 같이 용돈을 받습니다. 은정이와 민우가 4주 동안 받는 용돈은 각각 얼마인지 구하세요.

| 이름 | 용돈 |
|------|------|
| 은정 | 1주일에 1000원씩 |
| 민우 | 1주일에 2000원씩 |

은정 (                    )

민우 (                    )

**+플러스**
**유형 18** 뛰어 세기에서 어떤 수 구하기

예제 어떤 수부터 1000씩 3번 뛰어 세었더니 9274가 되었습니다. 어떤 수를 구하세요.

(                    )

풀이 뛰어 센 횟수만큼 거꾸로 뛰어 세어 어떤 수를 구합니다.

```
☐ ─ ☐ ─ 8274 ─ 9274
    1000   1000   1000
```

**16** 어떤 수부터 10씩 4번 뛰어 센 수를 구해야 할 것을 잘못하여 100씩 4번 뛰어 세어 2635가 되었습니다. 바르게 뛰어 센 수는 얼마일까요?

(                    )

**17** 어떤 수부터 100씩 2번, 10씩 5번 뛰어 세었더니 6453이 되었습니다. 어떤 수는 얼마인지 풀이 과정을 쓰고, 답을 구하세요.

[1단계] 6453부터 10씩 거꾸로 5번 뛰어 센 수 구하기

_____

_____

[2단계] 어떤 수 구하기

_____

_____

답 _____

**18** 다음을 읽고 어떤 수부터 1씩 6번 뛰어 센 수를 구하세요.

어떤 수부터 50씩 4번 뛰어 세었더니 8500이 되었습니다.

(                    )

첫 번째 수가 무엇지?

100  100

?  8500

모르겠으면 돌아가.

**두 수의 크기 비교하기**

예제 | 두 수의 크기를 바르게 비교한 것에 ◯표 하세요.

| 1145 < 1167 | 9087 > 9089 |
|:---:|:---:|
| ( ) | ( ) |

풀이 | 천, 백, 십, 일의 자리 수를 차례로 비교합니다.

1145 ◯ 1167     9087 ◯ 9089
　　4 < 6 　　　　　　7 ◯ 9

**19** 두 수의 크기를 비교하여 ◯ 안에 > 또는 <을 알맞게 써넣으세요.

(1) 4523 ◯ 4286

(2) 5000+20+9 ◯ 5209

**20**  수의 크기를 비교하는 방법을 바르게 말한 사람의 이름을 쓰세요.

> 세아: 네 자리 수의 크기 비교는 천의 자리부터 차례로 비교해.
>
> 준수: 네 자리 수의 크기 비교는 일의 자리부터 차례로 비교해.

( )

**21** 그림에 두 수의 위치를 각각 화살표(↑)로 표시하고, 두 수 중 더 큰 수를 쓰세요.

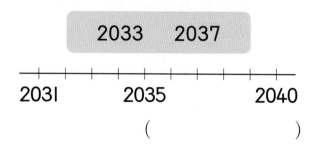

```
        2033    2037
```

2031　　　　2035　　　　2040

( )

**22**  ㉠과 ㉡ 중 나타내는 수가 더 작은 것의 기호를 쓰세요.

> ㉠ 1000이 4개, 100이 2개, 10이 9개인 수
>
> ㉡ 삼천팔백구십구

( )

**23** 서술형 미나가 두 수의 크기를 잘못 비교하였습니다. **잘못된** 이유를 쓰세요.

> 일의 자리 수를 비교하면 1 < 9이므로 7041이 7039보다 더 작은 수야.

7041 < 7039

 미나

이유 _____

## 유형 20 여러 개의 수의 크기 비교하기

**예제** 세 수의 크기를 비교하여 가장 작은 수를 쓰세요.

> 2937  1946  4803

( )

**풀이** 각 수에서 천의 자리 수를 찾아 비교합니다.

2937 → ☐ , 1946 → ☐ ,

4803 → ☐ 이므로 천의 자리 수가 가장

작은 ☐ 이 가장 작습니다.

**24** 세 수의 크기를 비교하여 큰 수부터 차례로 1, 2, 3을 쓰세요.

> 6082  6143  6085

( )  ( )  ( )

**25** 네 수의 크기를 비교하여 두 번째로 작은 수에 색칠하세요.

| 6495 | 8451 |
|------|------|
| 9127 | 6188 |

**26** 네 수의 크기를 비교하여 가장 큰 수를 찾아 쓰세요.

> 4037  오천이백팔
> 5216  사천구백육십사

( )

## 유형 21 실생활 속 수의 크기 비교

**예제** 퀴즈 대회에서 효성이는 <u>4692점</u>, 지호는 <u>4703점</u>을 얻었습니다. 더 많은 점수를 얻은 사람의 이름을 쓰세요.

( )

**풀이** 4692 ◯ 4703이므로

☐ 가 더 많은 점수를 얻었습니다.

**27** 규민이가 타야 하는 버스는 몇 번 버스일까요?

집 앞 정류장에는 1500번, 2600번 버스가 있어.

나는 그중에서 번호가 더 큰 버스를 타야 해.

연서  규민

( )

**28** 태주는 월드컵 축구 대회가 열렸던 나라와 연도를 조사하였습니다. 세 나라의 연도를 비교하여 월드컵이 먼저 열린 나라부터 차례로 쓰세요.

| 나라 | 연도 |
|------|------|
| 브라질 | 2014 |
| 독일 | 2006 |
| 러시아 | 2018 |

( )

**가장 큰(작은) 네 자리 수 만들기**

예제 4개의 공에 적힌 수를 모두 한 번씩만 사용하여 네 자리 수를 만들려고 합니다. 만들 수 있는 가장 큰 네 자리 수를 구하세요.

( ① ) ( 5 ) ( 2 ) ( 9 )

( )

풀이 가장 큰 네 자리 수를 만들려면 천의 자리부터 큰 수를 차례로 놓습니다.

$9 > \boxed{\phantom{0}} > \boxed{\phantom{0}} > \boxed{\phantom{0}}$ 이므로 만들 수 있는 가장 큰 네 자리 수는 $\boxed{\phantom{0000}}$ 입니다.

**29** 수 카드 4장을 모두 한 번씩만 사용하여 네 자리 수를 만들려고 합니다. 만들 수 있는 가장 작은 수를 구하세요.

( 8 ) ( 0 ) ( 6 ) ( 7 )

( )

**30** 창의형 1부터 9까지의 수 중에서 4개의 수를 골라 칠판에 쓰고, 원하는 조건에 ○표 하여 네 자리 수를 만들어 보세요.

조건 가장 ( 큰 , 작은 ) 네 자리 수

( )

**■보다 크고 ▲보다 작은 수**

예제 6400보다 크고 6409보다 작은 수를 찾아 쓰세요.

6408  6413  6389

( )

풀이 6400보다 큰 수: $\boxed{\phantom{000}}$ , $\boxed{\phantom{000}}$

6409보다 작은 수: $\boxed{\phantom{000}}$ , $\boxed{\phantom{000}}$

→ 6400보다 크고 6409보다 작은 수는 $\boxed{\phantom{000}}$ 입니다.

**31** 9997보다 큰 네 자리 수를 모두 쓰세요.

( )

**32** 7717보다 크고 7722보다 작은 네 자리 수는 모두 몇 개일까요?

( )

**크기 비교에서 ☐ 안에 알맞은 수 구하기**

예제 ■에 들어갈 수 있는 수를 찾아 ○표 하세요.

3■48 > 3748

( 6 , 7 , 8 )

풀이 천, 십, 일의 자리 수가 각각 같으므로 백의 자리 수를 비교합니다.

백의 자리 수 비교: ■ > $\boxed{\phantom{00}}$

→ ■에 들어갈 수 있는 수: $\boxed{\phantom{00}}$

**33** 0부터 9까지의 수 중에서 ☐ 안에 들어갈 수 있는 수는 모두 몇 개인지 구하세요.

중요★

> 1423 > 142☐

( )

**34** 0부터 9까지의 수 중에서 ☐ 안에 들어갈 수 있는 수의 개수를 구하려고 합니다. 개수가 더 많은 것의 기호를 쓰세요.

> ㉠ 2869 < 2☐97
> ㉡ 3886 < 3☐04

( )

**+플러스**
**유형 25** 크고 작은 조건에 맞는 네 자리 수 구하기

예제 천의 자리 숫자가 5, 백의 자리 숫자가 9, 십의 자리 숫자가 8인 네 자리 수 중에서 가장 큰 수를 구하세요.

( )

풀이 천의 자리 숫자가 5, 백의 자리 숫자가 9, 십의 자리 숫자가 8인 네 자리 수

→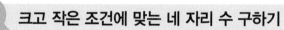

그중 가장 큰 수는 ■가 ☐인 ☐ 입니다.

**35** 천의 자리 숫자가 2, 십의 자리 숫자가 7, 일의 자리 숫자가 1인 네 자리 수 중에서 2271보다 작은 수를 모두 구하세요.

( )

**36** 천의 자리 숫자가 9, 백의 자리 숫자가 6, 일의 자리 숫자가 4인 네 자리 수 중에서 9654보다 큰 수는 모두 몇 개인지 풀이 과정을 쓰고, 답을 구하세요.

서술형

1단계 천의 자리 숫자가 9, 백의 자리 숫자가 6, 일의 자리 숫자가 4인 네 자리 수 구하기

_____

_____

2단계 조건에 알맞은 수의 개수 구하기

_____

_____

답 _____

**37** 두 사람이 말하는 조건에 맞는 네 자리 수는 모두 몇 개일까요?

> 3, 4, 6, 0, 1 중에서 4개의 수를 사용해.
>
> 6341보다 큰 수여야 해.

현우        리아

( )

수를 모아 천 만들기

**1** 공책에 적힌 수 중에서 2개를 골라 1000을 만드는 놀이를 하고 있습니다. 1000을 모두 만들고 마지막에 남는 수는 무엇일까요?

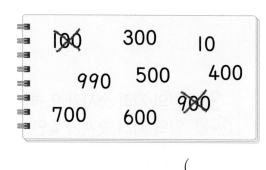

( )

해결 tip

식으로 나타낸 조건을 모두 만족하는 수 구하기

**2** 다음 조건을 모두 만족하는 네 자리 수를 구하세요.

> • (천의 자리 숫자)=10-6
> • (천의 자리 숫자)=(백의 자리 숫자)-3
> • (십의 자리 숫자)=(백의 자리 숫자)
> • (일의 자리 숫자)=(천의 자리 숫자)×2

( )

덧셈식과 뺄셈식에서 모르는 수를 구하려면?

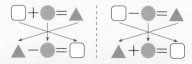

덧셈과 뺄셈의 관계를 이용하여 구할 수 있습니다.

만들 수 있는 네 자리 수의 개수 구하기 `서술형`

**3** 다음 4장의 수 카드를 한 번씩 모두 사용하여 만들 수 있는 네 자리 수는 모두 몇 개인지 풀이 과정을 쓰고, 답을 구하세요.

(풀이)

_____

_____

_____

_____

(답) _____

네 자리 수에서 0은 어디에?

천 백 십 일 → 세 자리 수

네 자리 수를 만들 때 천의 자리에 0을 놓을 수 없습니다.

정답 07쪽

공통으로 들어갈 수 있는 수 구하기

**4** 0부터 9까지의 수 중에서 ☐ 안에 공통으로 들어갈 수 있는 수를 모두 구하세요.

| 7290 < 7☐83 | 7☐83 < 7690 |

( )

1
단원

다양하게 나타낸 수의 백의 자리 수 비교 〔서술형〕

**5** 세 사람이 수를 설명하고 있습니다. 백의 자리 수가 가장 큰 수를 말한 사람은 누구인지 풀이 과정을 쓰고, 답을 구하세요.

1000이 4개, 100이 11개, 10이 23개인 수 — 주경

삼천칠십육 — 도율

2861부터 100씩 4번 뛰어 센 수 — 규민

풀이

답

숫자가 가려진 수의 크기 비교

**6** 각 네 자리 수에서 숫자가 하나씩 가려져 있습니다. 큰 수부터 차례로 기호를 쓰세요.

㉠ 342● ㉡ 59●9 ㉢ 5●08 ㉣ 38●7

( )

숫자가 가려진 수의 크기를 비교하려면?

가려진 숫자 자리에 가장 큰 수나 가장 작은 수를 넣어 비교합니다.

194 (?) 1●2

●=0 → 194 > 102

●=9 → 194 > 192

해결 tip

가지고 있는 돈으로 물건을 사려면?

물건 값의 합이 가지고 있는 돈보다 적거나 같아야 합니다.

(물건 값의 합) < (가지고 있는 돈)
(물건 값의 합) = (가지고 있는 돈)

살 수 있는 물건의 수 구하기

**7** 정환이 저금통에 들어 있던 돈을 모두 꺼낸 것입니다. 저금통에 들어 있던 돈으로 1개에 **500**원짜리 사탕을 살 때 사탕을 몇 개까지 살 수 있는지 구하세요.

(1) 저금통에 들어 있던 돈은 모두 얼마일까요?

(           )

(2) 사탕을 몇 개까지 살 수 있을까요?

(           )

조건에 맞는 수의 짝 구하기

**8** ♥와 ★에 들어갈 수 있는 두 수를 짝 지어 나타내려고 합니다. (♥, ★)로 짝 지을 수 있는 경우는 모두 몇 가지인지 구하세요.

$$768♥ < 76★0$$

(1) ★에 들어갈 수 있는 수를 구하세요.

(           )

(2) ★에 (1)에서 구한 값을 넣었을 때, ♥에 들어갈 수 있는 수는 몇 개일까요?

(           )

(3) (♥, ★)로 짝 지을 수 있는 경우는 모두 몇 가지일까요?

(           )

**01** ☐ 안에 알맞은 수를 써넣으세요.

700보다 ☐ 만큼 더 큰 수는 1000입니다.

**02** 수 모형이 나타내는 수를 쓰세요.

(        )

**03** 밑줄 친 숫자 3은 얼마를 나타낼까요?

6329

(        )

**04** 100씩 뛰어 세어 보세요.

6020 — 6120 — ☐ —

— ☐ — 6420 — ☐

**05** 두 수의 크기를 비교하여 ◯ 안에 > 또는 <를 알맞게 써넣으세요.

1735 ◯ 1729

**06** 리아가 나타내는 수를 쓰고, 읽어 보세요.

1000이 6개, 100이 5개, 10이 9개, 1이 3개인 수

리아

쓰기 (        )

읽기 (        )

**07** ☐ 안에 알맞은 수를 써넣으세요.

8426
- 1000이 ☐ 개
- 100이 ☐ 개
- 10이 ☐ 개
- 1이 ☐ 개

**[08~09] 수 배열표를 보고 물음에 답하세요.**

| 2110 | 2120 | 2130 | 2140 | 2150 → |
|------|------|------|------|--------|
| 3110 | 3120 | 3130 | 3140 | 3150 |
| 4110 | 4120 | 4130 | 4140 | ㉠ |

**08** ➡는 몇씩 뛰어 센 것일까요?

( )

**09** ㉠에 알맞은 수를 구하세요.

( )

**10** 숫자 2가 나타내는 값이 가장 큰 것을 찾
서술형 아 기호를 쓰려고 합니다. 풀이 과정을 쓰
고, 답을 구하세요.

| ㉠ 3527 | ㉡ 2084 | ㉢ 1290 |
|---------|---------|---------|

[풀이]

_____

_____

_____

답 _____

**11** 오늘 놀이공원에 어른은 1587명, 어린이
는 2036명 입장했습니다. 어른과 어린
이 중 누가 더 많이 입장했을까요?

어　른: 1587명
어린이: 2036명

( )

**12** 혜미는 문구점에서 학용품을 사면서 천 원
짜리 지폐 5장, 백 원짜리 동전 8개를 냈
습니다. 혜미가 낸 돈은 모두 얼마일까요?

( )

**13** 사탕이 한 상자에 100개씩 들어 있습니
다. 40상자에는 사탕이 모두 몇 개 들어
있을까요?

( )

**14** 수의 크기를 비교하여 작은 수부터 차례로
쓰세요.

| 5942 | 3679 | 3810 |
|------|------|------|

( )

**15** <sub>서술형</sub> 승아의 저금통에는 2600원이 들어 있습니다. 승아가 이 저금통에 매일 100원씩 5일 동안 저금을 한다면 저금통에 있는 돈은 얼마가 되는지 풀이 과정을 쓰고, 답을 구하세요.

(풀이)

(답)

**16** 어떤 수부터 100씩 7번 뛰어 세었더니 4916이 되었습니다. 어떤 수를 구하세요.

( )

**17** 수 카드 4장을 모두 한 번씩만 사용하여 네 자리 수를 만들려고 합니다. 현우가 말한 조건에 맞는 네 자리 수를 모두 만들어 보세요.

 천의 자리 숫자가 나타내는 수는 2000이고, 십의 자리 숫자가 나타내는 수는 70이야.

현우

( )

**18** 백의 자리 수가 더 작은 수를 말한 사람의 이름을 쓰세요.

현호: 1000이 5개, 100이 3개, 10이 12개, 1이 4개인 수
민성: 1000이 3개, 100이 13개, 10이 6개, 1이 1개인 수

( )

**19** 천의 자리 숫자가 6, 백의 자리 숫자가 4, 일의 자리 숫자가 7인 네 자리 수 중에서 6457보다 큰 수는 모두 몇 개일까요?

( )

**20** <sub>서술형</sub> 0부터 9까지의 수 중에서 ☐ 안에 들어갈 수 있는 수를 모두 구하려고 합니다. 풀이 과정을 쓰고, 답을 구하세요.

$$5752 < 5\square28$$

(풀이)

(답)

# 2

# 곱셈구구

학습을 끝낸 후
색칠하세요.

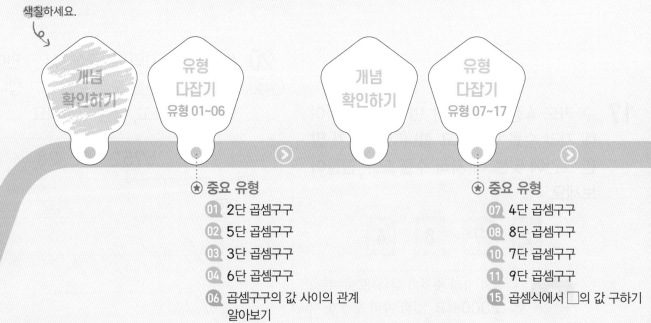

개념
확인하기

유형
다잡기
유형 01~06

개념
확인하기

유형
다잡기
유형 07~17

⊙ 이전에 배운 내용

**[2-1] 곱셈**

여러 가지 방법으로 세기
몇씩 몇 묶음으로 묶어 세기
곱셈식으로 나타내기

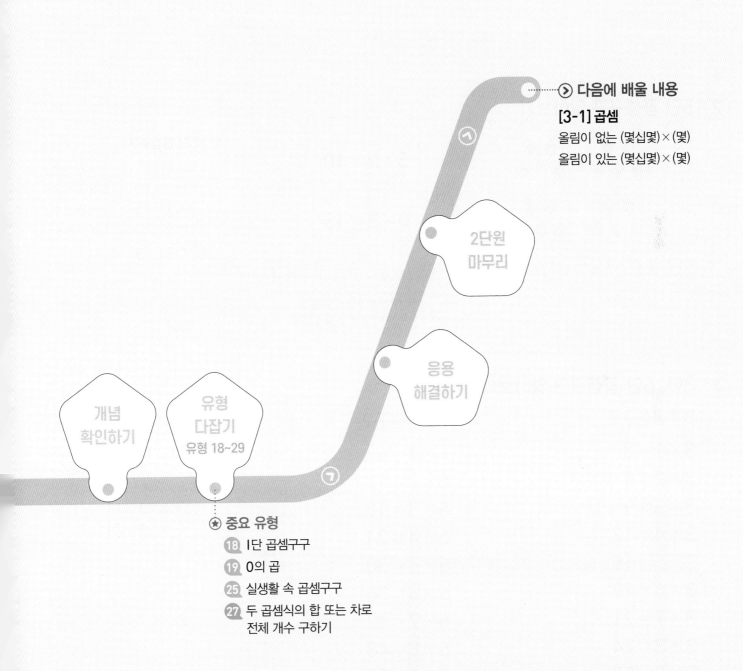

다음에 배울 내용

**[3-1] 곱셈**

올림이 없는 (몇십몇) × (몇)

올림이 있는 (몇십몇) × (몇)

2단원
마무리

응용
해결하기

개념
확인하기

유형
다잡기
유형 18~29

# STEP 1 개념 확인하기

## ① 2단 곱셈구구 알아보기

$2 \times 4$는 $2 \times 3$보다 2만큼 더 커.

$$2 \times 3 = 6$$
$$2 \times 4 = 8$$
$\left.\right\} +2$

2단 곱셈구구에서 곱하는 수가 1씩 커지면 그 곱은 2씩 커집니다.

● 2단 곱셈구구

| | |
|---|---|
| $2 \times 1 = 2$ | $2 \times 6 = 12$ |
| $2 \times 2 = 4$ | $2 \times 7 = 14$ |
| $2 \times 3 = 6$ | $2 \times 8 = 16$ |
| $2 \times 4 = 8$ | $2 \times 9 = 18$ |
| $2 \times 5 = 10$ | |

## ② 5단 곱셈구구 알아보기

$$5 \times 2 = 10$$
$$5 \times 3 = 15$$
$\left.\right\} +5$

5단 곱셈구구에서 곱하는 수가 1씩 커지면 그 곱은 5씩 커집니다.

5씩 커지므로 5단 곱셈구구의 곱의 일의 자리 숫자는 5, 0이 반복돼.

● 5단 곱셈구구

| | |
|---|---|
| $5 \times 1 = 5$ | $5 \times 6 = 30$ |
| $5 \times 2 = 10$ | $5 \times 7 = 35$ |
| $5 \times 3 = 15$ | $5 \times 8 = 40$ |
| $5 \times 4 = 20$ | $5 \times 9 = 45$ |
| $5 \times 5 = 25$ | |

## ③ 3단, 6단 곱셈구구 알아보기

**3단 곱셈구구**

$3 \times 1 = 3$
$3 \times 2 = 6$ $\left.\right\} +3$
$3 \times 3 = 9$
$3 \times 4 = 12$
$3 \times 5 = 15$
$3 \times 6 = 18$
$3 \times 7 = 21$
$3 \times 8 = 24$
$3 \times 9 = 27$

곱하는 수가 1씩 커지면
그 곱은 3씩 커집니다.

**6단 곱셈구구**

$6 \times 1 = 6$ $\left.\right\} +6$
$6 \times 2 = 12$
$6 \times 3 = 18$
$6 \times 4 = 24$
$6 \times 5 = 30$
$6 \times 6 = 36$
$6 \times 7 = 42$
$6 \times 8 = 48$
$6 \times 9 = 54$

곱하는 수가 1씩 커지면
그 곱은 6씩 커집니다.

3단 곱셈구구의 값을 2번 더하면 6단 곱셈구구의 값이 돼.

● $6 \times 4$ 계산하기

① 6을 4번 더합니다.
→ $6 + 6 + 6 + 6 = 24$
② $6 \times 3$에 6을 더합니다.
→ $6 \times 3 = 18$
$6 \times 4 = 24$ $\left.\right\} +6$

**[01~02]** 그림을 보고 ☐ 안에 알맞은 수를 써넣으세요.

**01**

$$2+2+2+2+2=\boxed{\phantom{0}}$$

$$2\times5=\boxed{\phantom{0}}$$

**02**

$$5+5+5+5=\boxed{\phantom{0}}$$

$$5\times4=\boxed{\phantom{0}}$$

**[03~04]** $3\times3$을 계산하는 방법을 알아보세요.

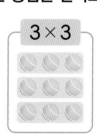

**03** 덧셈식으로 계산해 보세요.

$$3\times3=3+\boxed{\phantom{0}}+\boxed{\phantom{0}}=\boxed{\phantom{0}}$$

**04** $3\times2$를 이용하여 계산해 보세요.

$$3\times2=\ 6$$
$$3\times3=\boxed{\phantom{0}}+\boxed{\phantom{0}}$$

**[05~06]** 풍선의 수를 3단 곱셈구구와 6단 곱셈구구로 알아보세요.

**05** 3단 곱셈구구를 이용하여 풍선의 수를 나타내세요.

$$3\times8=\boxed{\phantom{0}}$$

**06** 6단 곱셈구구를 이용하여 풍선의 수를 나타내세요.

$$6\times4=\boxed{\phantom{0}}$$

**[07~10]** ☐ 안에 알맞은 수를 써넣으세요.

**07** $2\times4=\boxed{\phantom{0}}$

**08** $5\times8=\boxed{\phantom{0}}$

**09** $3\times7=\boxed{\phantom{0}}$

**10** $6\times3=\boxed{\phantom{0}}$

유형 01  **2단 곱셈구구**

예제  자전거의 바퀴는 모두 몇 개인지 그림을 보고 ☐ 안에 알맞은 수를 써넣으세요.

$2+2+2+2+2+2+2=$ ☐

$2 \times$ ☐ $=$ ☐

풀이  두발자전거가 **7**대 있습니다.

바퀴: **2**씩 ☐ 묶음 ➜ $2 \times$ ☐ $=$ ☐

01  그림을 보고 곱셈식으로 나타내세요.

  $2 \times 2 =$ ☐

  $2 \times$ ☐ $= 6$

[flowers image]  $2 \times 4 =$ ☐

02  2단 곱셈구구의 값을 찾아 이어 보세요.

(1) $2 \times 6$ ・     ・ 18

(2) $2 \times 8$ ・     ・ 16

(3) $2 \times 9$ ・     ・ 12

03  떡이 한 접시에 **2**개씩 **5**접시가 있습니다. 떡은 모두 몇 개인지 ☐ 안에 알맞은 수를 써넣으세요.

2단 곱셈구구를 이용해 보면

$2 \times$ ☐ $=$ ☐ 이므로

모두 ☐ 개야.

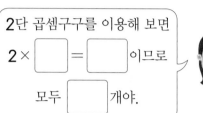

미나

04  감의 수를 구하는 방법으로 알맞은 것을
중요★  찾아 기호를 쓰세요.

㉠ **2**씩 **4**번 더합니다.
㉡ $2 \times 3$에 **2**를 더합니다.
㉢ $2 \times 3$을 계산합니다.

(            )

유형 02  **5단 곱셈구구**

예제  **5**개씩 묶고, 곱셈식으로 나타내세요.

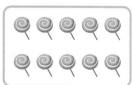

$5 \times$ ☐ $=$ ☐

풀이  사탕은 **5**개씩 **2**줄입니다.

**5**씩 **2**줄 ➜ $5 \times$ ☐ $=$ ☐

**05** 곱셈식에 맞게 ○를 그리고, ☐ 안에 알맞은 수를 써넣으세요.

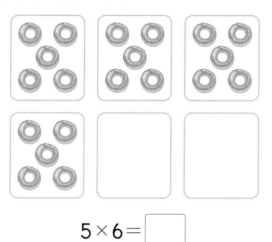

$$5 \times 6 = \boxed{\phantom{00}}$$

**06** <sup>서술형</sup> 준호가 $5 \times 7$을 계산하는 방법을 <u>잘못</u> 설명한 것입니다. 바르게 고쳐 보세요.

> $5 \times 7$에 $5$를 더해서 계산하면 돼.
>
> 준호

[바르게 고치기]

_____

**07** <sup>중요★</sup> 빈칸에 알맞은 수를 써넣으세요.

| × | 1 | 2 | 3 | 4 | 5 | 6 |
|---|---|---|---|---|---|---|
| 5 | 5 | 10 |  | 20 |  |  |

**08** 연필 한 자루의 길이는 $5\,cm$입니다. 연필 $3$자루의 길이는 몇 $cm$일까요?

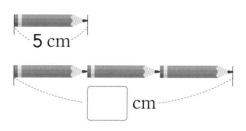

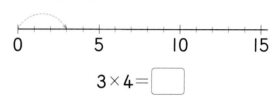

$$\boxed{\phantom{00}}\ cm$$

<sup>유형</sup> **03** **3단 곱셈구구**

<sup>예제</sup> 곱셈식을 그림에 나타내고, ☐ 안에 알맞은 수를 써넣으세요.

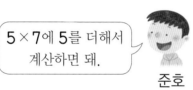

$$3 \times 4 = \boxed{\phantom{00}}$$

<sup>풀이</sup> $3 \times 4$는 눈금을 $3$칸씩 $\boxed{\phantom{0}}$번 뛰어 센 것과 같습니다.

$3$칸씩 $4$번 ➔ $3 \times \boxed{\phantom{0}} = \boxed{\phantom{0}}$

**09** 구슬은 모두 몇 개인지 곱셈식으로 나타내세요.

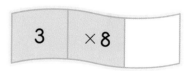

$$3 \times 2 = \boxed{\phantom{00}}$$

$$3 \times 3 = \boxed{\phantom{00}}$$

**10** 빈칸에 알맞은 수를 써넣으세요.

| 3 | ×8 | |
|---|---|---|

**11** 3단 곱셈구구의 값이 <u>아닌</u> 것에 모두 ×표 하세요.

| 1 | 2 | 3 | 4 | 5 | 6 |
|---|---|---|---|---|---|
| 7 | 8 | 9 | 10 | 11 | 12 |
| 13 | 14 | 15 | 16 | 17 | 18 |

---

유형 **04** 6단 곱셈구구

예제 점의 수를 곱셈식으로 나타내세요.

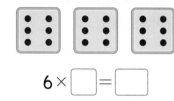

6 × ☐ = ☐

풀이 점은 6개씩 3칸입니다.

6개씩 3칸 ➡ 6 × ☐ = ☐

---

**12** 빈칸에 알맞은 수를 써넣으세요.

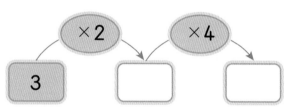

×2    ×4

3

---

**13** 6 × 5를 계산하는 방법을 바르게 말한 사람의 이름을 쓰세요.

6 × 4에 5를 더해서 구해.

6을 5번 더해서 구하면 돼.

현우                연서

(              )

---

**14** 꽃병 한 개에 꽃이 6송이씩 꽂혀 있습니다. 꽃병 6개에 꽂혀 있는 꽃은 모두 몇 송이일까요?

(전체 꽃의 수)

= ☐ × ☐ = ☐ (송이)

---

+플러스
유형 **05** 3단, 6단 곱셈구구의 관계 알아보기

예제 수직선을 보고 ☐ 안에 알맞은 수를 써넣으세요.

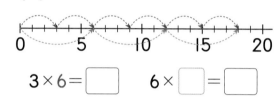

3 × 6 = ☐          6 × ☐ = ☐

풀이 3칸씩 6번 ➡ 3 × ☐ = ☐

6칸씩 3번 ➡ 6 × ☐ = ☐

---

[15~16] 3단, 6단 곱셈구구에 공통으로 있는 값을 알아보려고 합니다. 물음에 답하세요.

| 1 | 2 | 3 | 4 | 5 | 6 | 7 | 8 | 9 |
|---|---|---|---|---|---|---|---|---|
| 10 | 11 | 12 | 13 | 14 | 15 | 16 | 17 | 18 |

**15** 표에서 3단 곱셈구구의 값에는 색칠하고, 6단 곱셈구구의 값에는 ○표 하세요.

**16** 표에서 3단, 6단 곱셈구구에 공통으로 있는 값을 찾으면 모두 몇 개일까요?

(              )

**17** 공깃돌은 모두 몇 개인지 알아보려고 합니다. 바른 방법을 모두 찾아 기호를 쓰세요.

> ㉠ 3씩 4번 더해서 구합니다.
> ㉡ 3×2에 3을 더해서 구합니다.
> ㉢ 6×2의 곱으로 구합니다.
> ㉣ 6씩 2번 더해서 구합니다.

( )

**18** 1묶음에 젤리는 3개씩, 초콜릿은 6개씩 들어 있습니다. 젤리와 초콜릿을 같은 개수만큼 사려면 각각 몇 묶음씩 사야 하고, 그때 초콜릿은 모두 몇 개인지 구하세요.

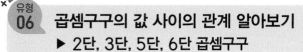

( )

**+플러스**
**유형 06** **곱셈구구의 값 사이의 관계 알아보기**
▶ 2단, 3단, 5단, 6단 곱셈구구

예제　5단 곱셈구구를 계산하고, ☐ 안에 알맞은 수를 써넣으세요.

$$5 \times 3 = 15$$
$$+ \boxed{\phantom{0}} \begin{cases} 5 \times 4 = \boxed{\phantom{0}} & + \boxed{\phantom{0}} \\ 5 \times 5 = \boxed{\phantom{0}} & + \boxed{\phantom{0}} \end{cases}$$

풀이　5단 곱셈구구에서

곱하는 수가 1 커지면 그 곱은 ☐ 만큼,

2 커지면 그 곱은 ☐ 만큼 커집니다.

**19** 3단 곱셈구구의 값에 대해 잘못 설명한 것을 찾아 기호를 쓰세요.

$$\overset{+2}{\overbrace{3 \times 7 = 21 \qquad 3 \times 9 = \boxed{\phantom{0}}}}$$

> ㉠ 3단 곱셈구구에서 곱하는 수가 2 커지면 그 곱도 2 커집니다.
> ㉡ 3단 곱셈구구에서 곱하는 수가 1 커지면 그 곱은 3 커집니다.
> ㉢ ☐는 21보다 6만큼 더 큰 27입니다.

( )

**20** 짝 지은 두 식의 곱이 6만큼 차이 나는 것을 모두 찾아 ○표 하세요.

| 6×7 | 3×3 | 2×4 |
| 6×8 | 3×5 | 2×6 |

( ) ( ) ( )

**21** 2×7은 2×3보다 얼마나 더 큰지 ☐ 안에 ○를 그려서 나타내고, 설명해 보세요.

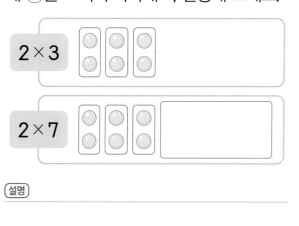

설명

④ 4단, 8단 곱셈구구 알아보기

4단 곱셈구구

$4 \times 1 = 4$
$4 \times 2 = 8$ $\Big\} +4$
$4 \times 3 = 12$
$4 \times 4 = 16$
$4 \times 5 = 20$
$4 \times 6 = 24$
$4 \times 7 = 28$
$4 \times 8 = 32$
$4 \times 9 = 36$

곱하는 수가 1씩 커지면
그 곱은 **4**씩 커집니다.

8단 곱셈구구

$8 \times 1 = 8$
$8 \times 2 = 16$ $\Big\} +8$
$8 \times 3 = 24$
$8 \times 4 = 32$
$8 \times 5 = 40$
$8 \times 6 = 48$
$8 \times 7 = 56$
$8 \times 8 = 64$
$8 \times 9 = 72$

곱하는 수가 1씩 커지면
그 곱은 **8**씩 커집니다.

> 4단 곱셈구구의 값을
> 2번 더하면 8단
> 곱셈구구의 값이 돼.

● 4단, 8단 곱셈구구에 공통으로
있는 값 → 8, 16, 24, 32

⑤ 7단 곱셈구구 알아보기

$7 \times 1 = 7$
$7 \times 2 = 14$ $\Big\} +7$

**7**단 곱셈구구에서 곱하는 수가 1씩 커지면 그 곱은 **7**씩 커집니다.

● 7단 곱셈구구

| $7 \times 1 = 7$ | $7 \times 6 = 42$ |
| $7 \times 2 = 14$ | $7 \times 7 = 49$ |
| $7 \times 3 = 21$ | $7 \times 8 = 56$ |
| $7 \times 4 = 28$ | $7 \times 9 = 63$ |
| $7 \times 5 = 35$ | |

⑥ 9단 곱셈구구 알아보기

$9 \times 1 = 9$
$9 \times 2 = 18$ $\Big\} +9$
$9 \times 3 = 27$
$9 \times 4 = 36$
$9 \times 5 = 45$

$9 \times 6 = 54$
$9 \times 7 = 63$
$9 \times 8 = 72$
$9 \times 9 = 81$

> 9단 곱셈구구의 값
> ■▲에서
> ■+▲는 항상 **9**야.

**9**단 곱셈구구에서 곱하는 수가 1씩 커지면 그 곱은 **9**씩 커집니다.

● 9단 곱셈구구의 값은 곱하는
수가 1씩 커질 때마다 십의 자
리 수는 1씩 커지고, 일의 자리
수는 1씩 작아집니다.

$9 \times 2 = 18$
$9 \times 3 = 27$
$9 \times 4 = 36$
1씩 커져.— └─1씩 작아져.

**[01~02] 4×5를 계산하는 방법을 알아보세요.**

**01** 덧셈식으로 계산해 보세요.

$$4 \times 5 = 4+4+4+4+4 = \boxed{\phantom{00}}$$

**02** 4×4를 이용하여 계산해 보세요.

$$4 \times 4 = 16$$
$$4 \times 5 = \boxed{\phantom{0}} + \boxed{\phantom{0}}$$

**[03~04] 8×4를 계산하는 방법을 알아보려고 합니다. 그림을 보고 ☐ 안에 알맞은 수를 써넣으세요.**

**03**

$$8 \times 3 = 24 \qquad \boxed{\phantom{0}}$$

0    8    16    24    $\boxed{\phantom{0}}$

$8 \times 3$에 $\boxed{\phantom{0}}$ 을 더하면 $\boxed{\phantom{0}}$ 입니다.

**04**

8씩 4묶음을 4씩 $\boxed{\phantom{0}}$ 묶음으로

묶어 보면 $4 \times \boxed{\phantom{0}} = \boxed{\phantom{0}}$ 입니다.

**[05~06] 그림을 보고 ☐ 안에 알맞은 수를 써넣으세요.**

**05**

$$7+7+7+7+7 = \boxed{\phantom{0}}$$
$$7 \times 5 = \boxed{\phantom{0}}$$

**06**

$$9+9+9+9+9+9+9+9 = \boxed{\phantom{0}}$$
$$9 \times 8 = \boxed{\phantom{0}}$$

**[07~10] ☐ 안에 알맞은 수를 써넣으세요.**

**07** $4 \times 9 = \boxed{\phantom{0}}$

**08** $8 \times 3 = \boxed{\phantom{0}}$

**09** $7 \times 6 = \boxed{\phantom{0}}$

**10** $9 \times 5 = \boxed{\phantom{0}}$

### 유형 07   4단 곱셈구구

**예제** 잎의 수는 몇 장인지 곱셈식으로 나타내세요.

$$4 \times \boxed{\phantom{0}} = \boxed{\phantom{0}}$$

**풀이** 잎은 **4**장씩 **4**개 있습니다.

**4**장씩 **4**개 ➜ $4 \times \boxed{\phantom{0}} = \boxed{\phantom{0}}$

**01** ☐ 안에 알맞은 수를 써넣으세요.

$$4+4+4+\boxed{\phantom{0}}+\boxed{\phantom{0}}+\boxed{\phantom{0}}+\boxed{\phantom{0}}$$

$$=4 \times \boxed{\phantom{0}} = \boxed{\phantom{0}}$$

[02~03] **4 × 3**은 **4 × 2**보다 얼마나 더 큰지 알아보려고 합니다. 물음에 답하세요.

**02** **4 × 3**에 알맞게 ▨ 안에 ◯를 더 그려 보세요.

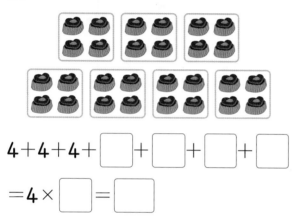

**03** **4 × 3**은 **4 × 2**보다 얼마나 더 클까요?

(           )

**04** 곱셈식이 옳게 되도록 이어 보세요.

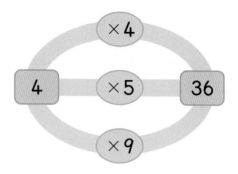

**05** 빈칸에 두 수의 곱을 써넣으세요.

| 4 | 8 |
|---|---|
|   |   |

**06** 연필은 모두 몇 자루인지 알아보려고 합니다. 바른 방법을 모두 찾아 기호를 쓰세요.

> ㉠ **4**를 **6**번 더해서 구합니다.
> ㉡ **4**와 **5**의 곱으로 구합니다.
> ㉢ **4 × 3**을 **2**번 더해서 구합니다.

(           )

**유형 08** 8단 곱셈구구

예제 빈 곳에 알맞은 수를 써넣으세요.

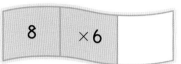

풀이 8을 6번 더하여 구합니다.

$8 \times \boxed{\phantom{0}} = 8+8+8+8+8+8$

$= \boxed{\phantom{0}}$

**07** 그림을 보고 곱셈식으로 나타내세요.

| | |
|---|---|
| 🍇🍇🍇 | $8 \times 3 = \boxed{\phantom{0}}$ |
| 🍇🍇🍇🍇 | $8 \times \boxed{\phantom{0}} = \boxed{\phantom{0}}$ |
| 🍇🍇🍇🍇🍇 | $8 \times \boxed{\phantom{0}} = \boxed{\phantom{0}}$ |

**08** 8단 곱셈구구의 값이 <u>아닌</u> 것은 어느 것일까요? (　　　)

① 24　　② 36　　③ 48

④ 56　　⑤ 64

**09** 곱이 72인 곱셈구구에 색칠해 보세요.

$8 \times 9$　　$8 \times 5$　　$8 \times 2$

**10** 8단 곱셈구구에 대해 잘못 설명한 사람의 이름을 쓰고, 그 이유를 쓰세요.

곱하는 수가 1씩 커지면 그 곱은 8씩 커져.
리아

$8 \times 8$은 $8 \times 7$보다 4만큼 더 커.
도율

이름 _____

이유 _____

_____

**유형 09** ⁺플러스 4단, 8단 곱셈구구의 관계 알아보기

예제 머핀의 수를 2가지 곱셈식으로 나타내세요.

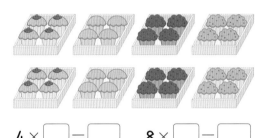

$4 \times \boxed{\phantom{0}} = \boxed{\phantom{0}}$　　$8 \times \boxed{\phantom{0}} = \boxed{\phantom{0}}$

풀이 4개씩 8묶음 ➡ $4 \times \boxed{\phantom{0}} = \boxed{\phantom{0}}$

8개씩 4묶음 ➡ $8 \times \boxed{\phantom{0}} = \boxed{\phantom{0}}$

**11** 빈칸에 알맞은 수를 써넣으세요.

(1)
| × | 2 | 4 | 6 | 8 |
|---|---|---|---|---|
| 4 | 8 | | | 32 |

(2)
| × | 1 | 2 | 3 | 4 |
|---|---|---|---|---|
| 8 | 8 | | | 32 |

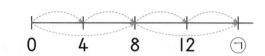
**12** ㉠에 알맞은 수는 얼마인지 **4**단 곱셈구구
서술형 와 **8**단 곱셈구구를 이용하여 설명해 보세요.

```
    0    4    8    12    ㉠
```

(설명1) 4단 곱셈구구를 이용하여 설명하기

_____

_____

(설명2) 8단 곱셈구구를 이용하여 설명하기

_____

_____

**13** 두 곱셈구구의 곱이 같을 때 ☐ 안에 알맞은 수를 써넣으세요.

4 × 6          8 × ☐

유형 **10** **7단 곱셈구구**

예제 ☐ 안에 알맞은 수를 써넣으세요.

7 × 1 = ☐

7 × 2 = ☐

7 × 3 = ☐

풀이 **7**단 곱셈구구에서 곱하는 수가 **1**씩 커지면
그 곱은 ☐씩 커집니다.

**14** 빈칸에 알맞은 수를 써넣으세요.

7 × 
| 3 | → | |
| 6 | → | |
| 7 | → | |
| 8 | → | |

**15** **7**단 곱셈구구의 값을 큰 수부터 차례로
**5**개 쓴 것입니다. 잘못 쓴 것을 찾아 ✕표
하고, 바르게 고쳐 보세요.

63 - 56 - 49 - 42 - 34

(                    )

**16** **7**단 곱셈구구의 값을 모두 찾아 색칠하고,
완성되는 숫자를 쓰세요.

| 24 | 35 | 7 | 56 | 50 |
|----|----|----|----|----|
| 16 | 21 | 9 | 42 | 18 |
| 52 | 36 | 23 | 28 | 1 |
| 54 | 22 | 45 | 14 | 62 |
| 8 | 58 | 20 | 63 | 15 |

(                    )

**17** 밤의 수를 구하는 방법을 잘못 말한 사람의 이름을 쓰세요.

민아: 7씩 4번 더하면 구할 수 있어.
재우: 7×3에 7을 더해서 구해도 돼.
서희: 7×4=24라서 모두 24개야.

(                    )

**9단 곱셈구구**

예제 곶감의 수를 곱셈식으로 나타내세요.

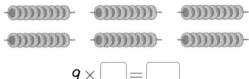

$$9 \times \boxed{\phantom{0}} = \boxed{\phantom{0}}$$

풀이 곶감은 9개씩 6묶음 있습니다.

→ $9 \times \boxed{\phantom{0}} = \boxed{\phantom{0}}$

**18** 그림을 보고 9×5를 계산하려고 합니다. ☐ 안에 알맞은 수를 써넣으세요.

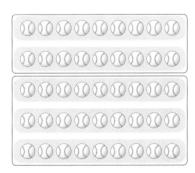

9×2와 9×3을 더하여 계산합니다.

$9 \times 2 = \boxed{\phantom{0}}$, $9 \times 3 = \boxed{\phantom{0}}$

→ $9 \times 5 = \boxed{\phantom{0}}$

**19** 계산해 보세요.

(1) $9 \times 2$

(2) $9 \times 7$

**20** 9단 곱셈구구의 값을 찾아 차례로 이어 보세요.

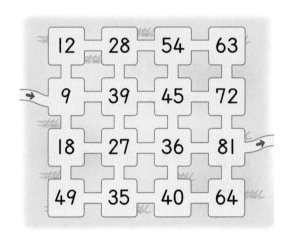

**21** 개구리가 한 번에 9 cm씩 뜁니다. 1부터 9까지의 수 중에서 개구리가 뛴 횟수를 정하여 쓰고, 뛴 거리는 모두 몇 cm인지 구하세요.

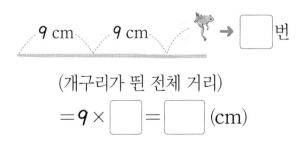

(개구리가 뛴 전체 거리)
$$= 9 \times \boxed{\phantom{0}} = \boxed{\phantom{0}} \text{ (cm)}$$

유형 **12** 여러 가지 방법으로 곱셈식 만들기

예제 귤은 모두 몇 개인지 여러 가지 곱셈식으로 나타내세요.

$3 \times \boxed{\phantom{0}} = \boxed{\phantom{0}}$    $9 \times \boxed{\phantom{0}} = \boxed{\phantom{0}}$

풀이 묶는 방법에 따라 여러 가지 곱셈식으로 나타낼 수 있습니다.

3개씩 6묶음 ➡ $3 \times \boxed{\phantom{0}} = \boxed{\phantom{0}}$

9개씩 2묶음 ➡ $9 \times \boxed{\phantom{0}} = \boxed{\phantom{0}}$

**22** 24를 나타내는 곱셈식을 모두 찾아 기호를 쓰세요.

ㄱ $3 \times 8$    ㄴ $4 \times 6$
ㄷ $6 \times 3$    ㄹ $9 \times 3$

(             )

**23** 2부터 9까지의 수 중에서 서로 다른 두 수를 골라 곱셈식을 만들어 계산하고, 곱이 같은 다른 곱셈식을 하나 쓰세요.

창의형

만든 곱셈식

$\boxed{\phantom{0}} \times \boxed{\phantom{0}} = \boxed{\phantom{0}}$

곱이 같은 곱셈식

$\boxed{\phantom{0}} \times \boxed{\phantom{0}} = \boxed{\phantom{0}}$

**24** 파인애플이 모두 몇 개인지 3가지 곱셈식으로 나타내세요.

중요★

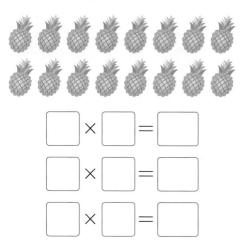

$\boxed{\phantom{0}} \times \boxed{\phantom{0}} = \boxed{\phantom{0}}$

$\boxed{\phantom{0}} \times \boxed{\phantom{0}} = \boxed{\phantom{0}}$

$\boxed{\phantom{0}} \times \boxed{\phantom{0}} = \boxed{\phantom{0}}$

유형 **13** 곱의 크기 비교하기

예제 곱의 크기를 비교하여 더 작은 것에 ○표 하세요.

$4 \times 5$    $7 \times 3$

(     )    (     )

풀이 $4 \times 5 = \boxed{\phantom{0}}$ , $7 \times 3 = \boxed{\phantom{0}}$

➡ $\boxed{\phantom{0}} \bigcirc \boxed{\phantom{0}}$

**25** 크기를 비교하여 ○ 안에 $>$ , $=$ , $<$ 를 알맞게 써넣으세요.

⑴ $30 \bigcirc 5 \times 5$

⑵ $5 \times 9 \bigcirc 8 \times 6$

**26** 곱이 40보다 큰 곱셈구구를 찾아 그 곱을 구하세요.

$$6 \times 7 \qquad 9 \times 4$$

(                              )

**27** 곱이 가장 작은 것의 기호를 쓰려고 합니다. 풀이 과정을 쓰고, 답을 구하세요.

（서술형）

$$\bigcirc\ 4 \times 6 \qquad \bigcirc\ 3 \times 7 \qquad \bigcirc\ 6 \times 3$$

（1단계）⊙, ⓒ, ⓒ의 값 각각 구하기

_____

_____

（2단계）곱이 가장 작은 것의 기호 쓰기

_____

_____

답 _____

**28** 곱이 큰 것부터 ◯ 안에 차례로 1, 2, 3, 4를 써넣으세요.

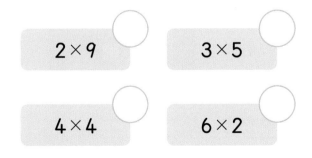

**+플러스**

**유형 14** 주어진 숫자로 곱셈식 만들기

（예제）수 카드 $\boxed{2}$, $\boxed{1}$, $\boxed{6}$, $\boxed{8}$ 을 한 번씩만 사용하여 만든 곱셈식입니다. 곱셈식을 잘못 만든 것에 ✕표 하세요.

$$\boxed{8} \times \boxed{2} = \boxed{1}\,\boxed{6} \qquad (\qquad)$$

$$\boxed{2} \times \boxed{6} = \boxed{1}\,\boxed{8} \qquad (\qquad)$$

（풀이）$8 \times 2 = \boxed{\phantom{0}}$, $2 \times 6 = \boxed{\phantom{0}}$

**29** 〈보기〉와 같이 수 카드를 한 번씩만 사용하여 ◻ 안에 알맞은 수를 써넣으세요.

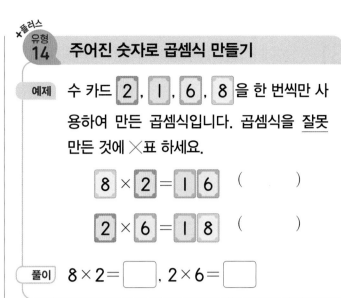

$$9 \times \boxed{\phantom{0}} = \boxed{\phantom{0}}\,\boxed{\phantom{0}}$$

**30** ◻ 안에 2, 3, 4를 한 번씩만 써넣어 만들 수 있는 곱셈식을 모두 쓰세요.

$$8 \times \boxed{\phantom{0}} = \boxed{\phantom{0}}\,\boxed{\phantom{0}}$$

(                                            )

**31** 풍선에 적힌 수를 한 번씩만 사용하여 만들 수 있는 곱셈식을 모두 쓰세요.

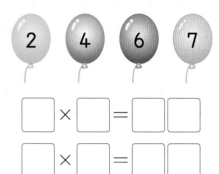

$$\boxed{\phantom{0}} \times \boxed{\phantom{0}} = \boxed{\phantom{0}}\boxed{\phantom{0}}$$

$$\boxed{\phantom{0}} \times \boxed{\phantom{0}} = \boxed{\phantom{0}}\boxed{\phantom{0}}$$

+플러스
**유형 15** 곱셈식에서 $\boxed{\phantom{0}}$의 값 구하기

**예제** $\boxed{\phantom{0}}$ 안에 알맞은 수를 써넣으세요.

$$3 \times \boxed{\phantom{0}} = 27$$

**풀이** 3단 곱셈구구에서 곱이 27이 되는 수를 찾습니다.

$3 \times 1 = 3$, $3 \times 2 = 6$, $3 \times 3 = \boxed{\phantom{0}}$, ....,

$3 \times 8 = \boxed{\phantom{0}}$, $3 \times 9 = \boxed{\phantom{0}}$

**32** $\boxed{\phantom{0}}$ 안에 알맞은 수가 6인 것을 찾아 기호를 쓰세요.

> ㉠ $4 \times \boxed{\phantom{0}} = 8$
> ㉡ $\boxed{\phantom{0}} \times 8 = 16$
> ㉢ $6 \times \boxed{\phantom{0}} = 36$

( )

**33** 그림을 보고 $\boxed{\phantom{0}}$ 안에 공통으로 들어갈 수 있는 수를 구하세요.

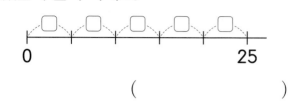

( )

**34** ㉠, ㉡에 알맞은 수 중 더 큰 수는 어느 것인지 풀이 과정을 쓰고, 답을 구하세요.

서술형

$$4 \times ㉠ = 32 \qquad 8 \times ㉡ = 56$$

[1단계] ㉠, ㉡에 알맞은 수 각각 구하기

_____

_____

[2단계] ㉠과 ㉡의 크기 비교하기

_____

답 _____

**35** 그림과 같은 요술 상자에 7을 넣었더니 42가 나왔습니다. 이 요술 상자에 9를 넣으면 얼마가 나올까요?

( )

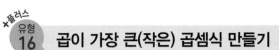

## 유형 16 곱이 가장 큰(작은) 곱셈식 만들기

예제 두 수의 곱이 가장 작게 되도록 두 수를 골라 식을 쓰고 계산해 보세요.

| 3 | 4 | 7 | 9 |

식 _____

답 _____

풀이 (곱이 가장 작은 곱셈식)

= (가장 작은 수) × (두 번째로 작은 수)

= □ × □ = □

**36** 수 카드 중에서 2장을 골라 카드에 적힌 (중요★) 두 수를 곱하려고 합니다. 곱이 가장 클 때의 곱을 구하세요.

| 2 | 5 | 4 | 8 |

( )

**37** 주머니 속에 들어 있는 공 2개를 꺼내어 공에 적힌 두 수를 곱하려고 합니다. 곱이 가장 큰 경우와 가장 작은 경우는 각각 얼마인지 구하세요.

가장 큰 경우 ( )

가장 작은 경우 ( )

## 유형 17 조건을 만족하는 수 구하기

예제 조건을 만족하는 수를 구하세요.

- 5단 곱셈구구의 수입니다.
- 10보다 크고 20보다 작습니다.

( )

풀이 $5 \times 1 = \square$, $5 \times 2 = \square$,

$5 \times 3 = \square$, $5 \times 4 = \square$, ...

5단 곱셈구구의 수 중에서 10보다 크고 20보다 작은 수는 □입니다.

**38** 주경이와 규민이가 말한 조건을 만족하는 수를 구하세요.

 4단 곱셈구구의 수도 되고 3단 곱셈구구의 수도 돼.

주경

20보다 크고 30보다 작아.

규민

( )

**39** 조건을 만족하는 수가 1개가 되도록 □ (창의형) 안에 알맞은 수를 써넣고, 조건에 맞는 수를 구하세요.

- □단 곱셈구구의 수입니다.
- □보다 크고 □보다 작습니다.

( )

2 단원

**7** 1단 곱셈구구와 0의 곱 알아보기

1단 곱셈구구

> 1단 곱셈구구에서 곱은 곱하는 수와 같아.

| × | 1 | 2 | 3 | 4 | 5 | 6 | 7 | 8 | 9 |
|---|---|---|---|---|---|---|---|---|---|
| 1 | 1 | 2 | 3 | 4 | 5 | 6 | 7 | 8 | 9 |

> **1**과 **어떤 수**의 곱은 항상 **어떤 수**가 됩니다.

● ■와 1의 곱은 ■를 1번 센 수이므로 ■가 됩니다.
→ ■×1=■

0의 곱

• 0을 3번 더한 값 →$0 \times 3 = 0$  • 3을 0번 더한 값 →$3 \times 0 = 0$

> **0**과 **어떤 수**의 곱, **어떤 수**와 **0**의 곱은 항상 **0**입니다.

**8** 곱셈표 만들기

| × | 0 | 1 | 2 | 3 | 4 | 5 | 6 | 7 | 8 | 9 |
|---|---|---|---|---|---|---|---|---|---|---|
| 0 | 0 | 0 | 0 | 0 | 0 | 0 | 0 | 0 | 0 | 0 |
| 1 | 0 | 1 | 2 | 3 | 4 | 5 | 6 | 7 | 8 | 9 |
| 2 | 0 | 2 | 4 | 6 | 8 | 10 | 12 | 14 | 16 | 18 |
| 3 | 0 | 3 | 6 | 9 | 12 | 15 | 18 | 21 | 24 | 27 |
| 4 | 0 | 4 | 8 | 12 | 16 | 20 | 24 | 28 | 32 | 36 |
| 5 | 0 | 5 | 10 | 15 | 20 | 25 | 30 | 35 | 40 | 45 |
| 6 | 0 | 6 | 12 | 18 | 24 | 30 | 36 | 42 | 48 | 54 |
| 7 | 0 | 7 | 14 | 21 | 28 | 35 | 42 | 49 | 56 | 63 |
| 8 | 0 | 8 | 16 | 24 | 32 | 40 | 48 | 56 | 64 | 72 |
| 9 | 0 | 9 | 18 | 27 | 36 | 45 | 54 | 63 | 72 | 81 |

3단 곱셈구구는 곱이 3씩 커집니다.

점선(---)을 따라 접었을 때 만나는 두 수는 같습니다.
└ $6 \times 8 = 48$
  $8 \times 6 = 48$

● 곱셈표는 세로줄(↓)과 가로줄(→)의 수가 만나는 칸에 두 수의 곱을 쓴 것입니다.

● 곱하는 두 수의 순서를 서로 바꾸어도 곱은 같습니다.
■×▲＝▲×■

**9** 곱셈구구를 이용하여 문제 해결하기

문제 장난감 1개에 건전지 2개가 들어갑니다. 장난감 5개에 필요한 건전지는 모두 몇 개일까요?

해결 ① 장난감 1개에 건전지 2개 → 2단 곱셈구구 이용
② 장난감 5개에 필요한 건전지의 수 → $2 \times 5 = 10$(개)

[01~02] 상자 한 개에 로봇이 1개씩 들어 있습니다. 물음에 답하세요.

**01** 상자 3개에 들어 있는 로봇은 몇 개일까요?

$$1 \times 3 = \boxed{\phantom{0}} \text{(개)}$$

**02** 상자 4개에 들어 있는 로봇은 몇 개일까요?

$$1 \times 4 = \boxed{\phantom{0}} \text{(개)}$$

[03~04] 0점과 2점 과녁에 화살 3개를 쏘았습니다. 물음에 답하세요.

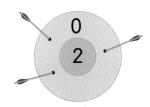

**03** 0점에 맞힌 점수는 몇 점일까요?

$$0 \times 3 = \boxed{\phantom{0}} \text{(점)}$$

**04** 2점에 맞힌 점수는 몇 점일까요?

$$2 \times 0 = \boxed{\phantom{0}} \text{(점)}$$

[05~07] 곱셈표를 보고 물음에 답하세요.

| × | 1 | 2 | 3 | 4 | 5 | 6 | 7 | 8 | 9 |
|---|---|---|---|---|---|---|---|---|---|
| 2 | | | 6 | 8 | 10 | 12 | 14 | 16 | 18 |
| 3 | 3 | 6 | 9 | | 15 | | 21 | 24 | |
| 4 | | | | 16 | 20 | 24 | 28 | 32 | 36 |

**05** 곱셈표의 빈칸에 알맞은 수를 써넣으세요.

**06** ☐ 안에 알맞은 수를 써넣으세요.

> 4단 곱셈구구는 곱이
> ☐ 씩 커집니다.

**07** ☐ 안에 알맞은 수를 써넣으세요.

> $2 \times 4$와 곱이 같은 곱셈구구는
> $4 \times \boxed{\phantom{0}}$ 입니다.

[08~09] 강당에 의자가 한 줄에 5개씩 3줄 있습니다. 의자는 모두 몇 개인지 알아보려고 합니다. 물음에 답하세요.

**08** 의자의 수를 곱셈식으로 나타내세요.

$$5 \times \boxed{\phantom{0}} = \boxed{\phantom{0}}$$

**09** 의자는 모두 몇 개일까요?

( )

---

**유형 18** ┃ 1단 곱셈구구

**예제** 접시 1개에 케이크가 1조각씩 놓여 있습니다. 케이크의 수를 구하세요.

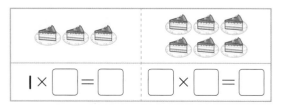

$$1 \times \boxed{\phantom{0}} = \boxed{\phantom{0}} \qquad \boxed{\phantom{0}} \times \boxed{\phantom{0}} = \boxed{\phantom{0}}$$

**풀이** 1개씩 3접시 ➡ $1 \times \boxed{\phantom{0}} = \boxed{\phantom{0}}$

1개씩 6접시 ➡ $1 \times \boxed{\phantom{0}} = \boxed{\phantom{0}}$

**01** ☐ 안에 알맞은 수를 써넣으세요.

(1) $1 \times 5 = \boxed{\phantom{0}}$

(2) $2 \times 1 = \boxed{\phantom{0}}$

**02** 곱셈을 이용하여 빈 곳에 알맞은 수를 써넣으세요.

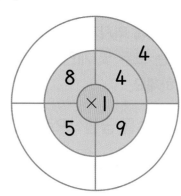

---

**03** ㉠, ㉡, ㉢에 알맞은 수의 크기를 비교하여 큰 수부터 차례로 기호를 쓰세요.

$$㉠ \times 7 = 7$$
$$9 \times 1 = ㉡$$
$$1 \times ㉢ = 4$$

(          )

---

**유형 19** 0의 곱

**예제** 상자가 4개 있습니다. 상자에 들어 있는 공은 모두 몇 개인지 ☐ 안에 알맞은 수를 써넣으세요.

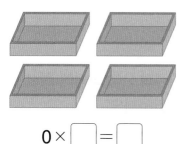

$$0 \times \boxed{\phantom{0}} = \boxed{\phantom{0}}$$

**풀이** 상자 1개에 들어 있는 공은 $\boxed{\phantom{0}}$개입니다.

0개씩 4상자 ➡ $0 \times \boxed{\phantom{0}} = \boxed{\phantom{0}}$

**04** 계산 결과가 다른 하나는 어느 것일까요?

(      )

① $1 \times 0$     ② $0 \times 5$     ③ $5 \times 1$

④ $0 \times 7$     ⑤ $8 \times 0$

**05** ☐ 안에 알맞은 수를 써넣으세요.
중요★

| 3 | 6 | 9 |
|---|---|---|
| 0 | 0 | 0 |

× ☐

**06** 그림과 알맞은 식을 이어 보고, 계산해 보세요.

(1)   ·  · 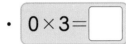 $0 \times 3 =$ ☐

(2)   ·  · 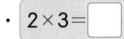 $2 \times 3 =$ ☐

(3)   ·  · 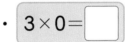 $3 \times 0 =$ ☐

**07** 1부터 9까지의 수 중에서 ☐ 안에 들어갈 수 있는 수는 모두 몇 개인지 풀이 과정을 쓰고, 답을 구하세요.
서술형

 ☐ $\times 0 = 0$

(1단계) ☐ 안에 들어갈 수 있는 수 알아보기

_____

_____

(2단계) ☐ 안에 들어갈 수 있는 수의 개수 구하기

_____

_____

답 _____

**+플러스**
**유형 20** 크기 비교에서 ☐ 안에 알맞은 수 구하기

예제 ■가 될 수 있는 수에 모두 색칠해 보세요.

$5 \times$ ■ $< 13$

| 0 | 1 | 2 | 3 | 4 | 5 |
|---|---|---|---|---|---|

풀이 $5 \times 0 =$ ☐, $5 \times 1 =$ ☐,

$5 \times 2 =$ ☐, $5 \times 3 =$ ☐, …

$5 \times$ ■가 13보다 작아야 하므로 ■가 될 수 있는 수는 ☐, ☐, ☐입니다.

**08** 0부터 9까지의 수 중에서 ☐ 안에 들어갈 수 있는 수를 모두 쓰세요.

$4 \times$ ☐ $> 30$

(                    )

**09** 0부터 9까지의 수 중에서 ☐ 안에 들어갈 수 있는 수는 모두 몇 개일까요?

$6 \times$ ☐ $< 33$

(                    )

**10** 한 자리 수 중에서 ☐ 안에 들어갈 수 있는 가장 작은 수를 구하세요.

$42 < 8 \times$ ☐

(                    )

2
단원

유형 21 **곱셈표에서 규칙 찾기**

예제 2단 곱셈구구에서 곱이 몇씩 커지는지 구하세요.

| × | 2 | 3 | 4 | 5 | 6 | 7 | 8 | 9 |
|---|---|---|---|---|---|---|---|---|
| 2 | 4 | 6 | 8 | 10 | 12 | 14 | 16 | 18 |
| 3 | 6 | 9 | 12 | 15 | 18 | 21 | 24 | 27 |

( )

풀이 ■단 곱셈구구에서는 곱이 ■씩 커집니다.

→ 2단 곱셈구구에서는 곱이 ☐씩 커집니다.

[11~12] **곱셈표를 보고 물음에 답하세요.**

| × | 1 | 2 | 3 | 4 | 5 | 6 | 7 | 8 | 9 |
|---|---|---|---|---|---|---|---|---|---|
| 3 | 3 | 6 | 9 | 12 | 15 | 18 | 21 | 24 | 27 |
| 4 | 4 | 8 | 12 | 16 | 20 | 24 | 28 | 32 | 36 |
| 5 | 5 | 10 | 15 | 20 | 25 | 30 | 35 | 40 | 45 |

**11** ☐ 안에 알맞은 수를 써넣으세요.

5단 곱셈구구에서 곱의 일의 자리 숫자가 ☐, ☐ (으)로 반복됩니다.

**12** 곱이 모두 짝수인 것에 ○표 하세요.

3단 곱셈구구      4단 곱셈구구

( )          ( )

**13** 중요★ 빨간색 선으로 둘러싸인 곳과 규칙이 같은 곳을 찾아 색칠해 보세요.

| × | 1 | 2 | 3 | 4 | 5 |
|---|---|---|---|---|---|
| 1 | 1 | 2 | 3 | 4 | 5 |
| 2 | 2 | 4 | 6 | 8 | 10 |
| 3 | 3 | 6 | 9 | 12 | 15 |
| 4 | 4 | 8 | 12 | 16 | 20 |
| 5 | 5 | 10 | 15 | 20 | 25 |

**14** 창의형 곱셈표의 가로줄 또는 세로줄 하나를 색칠하고, 색칠한 줄의 규칙을 쓰세요.

| × | 5 | 6 | 7 | 8 | 9 |
|---|---|---|---|---|---|
| 6 | 30 | 36 | 42 | 48 | 54 |
| 7 | 35 | 42 | 49 | 56 | 63 |
| 8 | 40 | 48 | 56 | 64 | 72 |
| 9 | 45 | 54 | 63 | 72 | 81 |

규칙

유형 22 **곱셈표 만들기**

예제 빈칸에 알맞은 수를 써넣어 곱셈표를 완성해 보세요.

| × | 2 | 4 | 6 |
|---|---|---|---|
| 3 | 6 | | |
| 5 | | | 30 |
| 7 | | 28 | |

풀이 세로줄과 가로줄의 수가 만나는 칸에 두 수의 곱을 써넣습니다.

**15** 곱셈표에서 ㉠과 ㉡에 알맞은 수의 합은 얼마인지 풀이 과정을 쓰고, 답을 구하세요.
(서술형)

| × | 5 | 6 | 7 |
|---|---|---|---|
| 2 | 10 | | ㉠ |
| 5 | | ㉡ | |

(1단계) ㉠과 ㉡에 알맞은 수 각각 구하기

_____

_____

(2단계) ㉠과 ㉡에 알맞은 수의 합 구하기

_____

답 _____

**16** 오른쪽 곱셈표에서 ㉠과 ㉡에 알맞은 수를 각각 구해 차례로 쓰세요.

| × | ㉠ | 4 |
|---|---|---|
| 6 | 18 | 24 |
| ㉡ | | 32 |

(        ), (        )

유형 **23** **곱셈표에서 수 또는 곱셈구구 찾기**

예제 곱이 15가 되는 곱셈구구를 쓰세요.

| × | 3 | 4 | 5 |
|---|---|---|---|
| 3 | 9 | 12 | 15 |
| 4 | 12 | 16 | 20 |
| 5 | 15 | 20 | 25 |

☐ × ☐ = 15

☐ × ☐ = 15

풀이 곱이 15인 칸의 세로줄과 가로줄에서 곱하는 두 수를 찾습니다.

**[17~19] 곱셈표를 보고 물음에 답하세요.**

| × | 2 | 3 | 4 | 5 | 6 | 7 | 8 | 9 |
|---|---|---|---|---|---|---|---|---|
| 2 | 4 | 6 | | 10 | 12 | 14 | 16 | |
| 3 | 6 | 9 | 12 | 15 | 18 | | 24 | 27 |
| 4 | 8 | 12 | 16 | 20 | 24 | 28 | 32 | 36 |
| 5 | 10 | | 20 | 25 | | 35 | 40 | 45 |
| 6 | 12 | 18 | | 30 | 36 | 42 | | 54 |
| 7 | 14 | 21 | 28 | | 42 | 49 | 56 | 63 |
| 8 | | 24 | 32 | 40 | 48 | 56 | 64 | |
| 9 | 18 | | 36 | 45 | 54 | | 72 | 81 |

**17** 곱셈표를 완성하고, 곱이 50보다 큰 칸을 모두 색칠해 보세요.

**18** 곱셈표에서 5 × 7과 곱이 같은 곱셈구구를 찾아 쓰세요.
(중요★)

(             )

**19** 곱셈표를 보고 알맞은 수를 찾아 쓰세요.

- 7단 곱셈구구의 수입니다.
- 홀수입니다.
- 십의 자리 숫자는 20을 나타냅니다.

(             )

2

**플러스**
**유형 24** 두 수의 순서를 바꾸어 곱하기

**예제** 그림을 보고 ☐ 안에 알맞은 수를 써넣으세요.

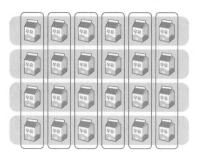

$4 \times 6 =$ ☐   $6 \times$ ☐ $=$ ☐

**풀이** 곱하는 두 수의 순서를 서로 바꾸어도 곱은 같습니다.

➡ $4 \times 6 =$ ☐ , $6 \times 4 =$ ☐

**20** 빈칸에 알맞은 수를 써넣으세요.

(1) | 9 | ×7 | |
(2) | 7 | ×9 | |

**21** 곱이 같은 것끼리 이어 보세요.

(1) $7 \times 1$ ・   ・ $7 \times 8$

(2) $9 \times 3$ ・   ・ $1 \times 7$

(3) $8 \times 7$ ・   ・ $3 \times 9$

**22** 다음을 보고 ■×▲를 구하세요.

・$3 \times 9 = 9 \times$ ■
・$5 \times$ ▲ $= 4 \times 5$

(                    )

**유형 25** 실생활 속 곱셈구구

**예제** <u>준서의 나이는 9살입니다. 준서 아버지의 연세는 준서 나이의 5배입니다.</u> 준서 아버지의 연세는 몇 세일까요?

(                    )

**풀이** 준서 아버지의 연세는 9살의 ☐ 배이므로

☐ $\times$ ☐ $=$ ☐ (세)입니다.

**23** 막대 한 개의 길이는 8 cm입니다. 막대 5개를 이은 전체 길이는 몇 cm일까요?

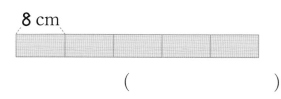

8 cm

(                    )

**24** 문구점에서 풀을 한 상자에 3개씩 넣어 팔고 있습니다. 희연이가 문구점에서 풀을 3상자 샀다면 희연이가 산 풀은 모두 몇 개일까요?

식 _____

답 _____

**25** 금붕어가 들어 있지 <u>않은</u> 어항이 있습니다. 이 어항 **4**개에 들어 있는 금붕어는 모두 몇 마리일까요?

식 _____

답 _____

**+플러스
유형
26** **실생활 속 곱셈구구의 크기 비교**

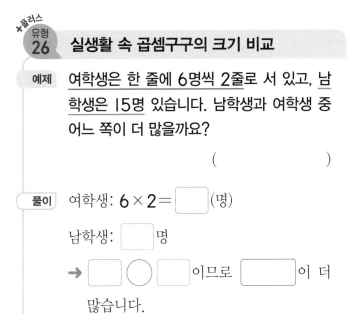

예제 <u>여학생은 한 줄에 **6**명씩 **2**줄로 서 있고, 남학생은 15명</u> 있습니다. 남학생과 여학생 중 어느 쪽이 더 많을까요?

(          )

풀이 여학생: $6 \times 2 =$ ☐ (명)

남학생: ☐ 명

→ ☐ ◯ ☐ 이므로 ☐ 이 더 많습니다.

**26**
중요★ 놀이공원에 행복 열차와 사랑 열차가 있습니다. 두 열차에 다음과 같이 탔을 때 탄 사람 수가 더 많은 열차는 어느 것일까요?

• 행복 열차: 한 칸에 **2**명씩 **5**칸
• 사랑 열차: 한 칸에 **4**명씩 **3**칸

(          )

**27**
서술형 태희가 주말에 턱걸이를 한 횟수입니다. 토요일에는 일요일보다 턱걸이를 몇 회 더 많이 했는지 풀이 과정을 쓰고, 답을 구하세요.

• 토요일: **2**회씩 **1**번
• 일요일: **0**회씩 **9**번

1단계 토요일과 일요일의 턱걸이 횟수 각각 구하기

_____
_____

2단계 토요일에는 일요일보다 턱걸이를 몇 회 더 많이 했는지 구하기

_____
_____

답 _____

**28** 동화책을 가장 많이 읽은 사람의 이름을 쓰세요.

현우: 나는 하루에 **5**쪽씩 **4**일 동안 읽었어.

미나: 나는 하루에 **7**쪽씩 **3**일 동안 읽었어.

준호: 나는 하루에 **3**쪽씩 **6**일 동안 읽었어.

(          )

+플러스
유형 27 **두 곱셈식의 합 또는 차로 전체 개수 구하기**

예제 곱셈구구를 이용하여 연결 모형의 수를 구하세요.

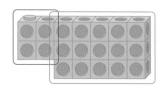

$2 \times \boxed{\phantom{0}}$ 와 $5 \times \boxed{\phantom{0}}$ 을 더하면

모두 $\boxed{\phantom{0}}$ 개입니다.

풀이 빨간색 선 부분: $2 \times \boxed{\phantom{0}} = \boxed{\phantom{0}}$ (개)

파란색 선 부분: $5 \times \boxed{\phantom{0}} = \boxed{\phantom{0}}$ (개)

→ $\boxed{\phantom{0}} + \boxed{\phantom{0}} = \boxed{\phantom{0}}$ (개)

**29** ☐ 안에 알맞은 수를 써넣으세요.

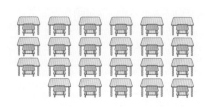

$\boxed{\phantom{0}} \times 4$ 에서 1을 빼면

책상은 모두 $\boxed{\phantom{0}}$ 개입니다.

**30** 곱셈구구를 이용하여 바둑돌이 몇 개인지 구하려고 합니다. 방법을 설명해 보세요.
서술형

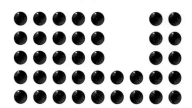

방법

+플러스
유형 28 **실생활 속 전체 개수 구하기**

예제 사과를 한 봉지에 8개씩 5봉지에 담았더니 3개가 남았습니다. 사과는 모두 몇 개일까요?

(                    )

풀이 8개씩 5봉지 → $8 \times \boxed{\phantom{0}} = \boxed{\phantom{0}}$ (개)

→ (전체 사과의 수)

$= \boxed{\phantom{0}} + \boxed{\phantom{0}} = \boxed{\phantom{0}}$ (개)

**31** 지안이는 리본을 9 cm씩 4도막을 사용하고 5 cm를 더 사용했습니다. 지안이가 사용한 리본은 모두 몇 cm일까요?

(                    )

**32** 노란색 구슬이 5개 있고, 파란색 구슬은 노란색 구슬 수의 5배 있습니다. 노란색 구슬과 파란색 구슬은 모두 몇 개일까요?

(                    )

**33** 멜론이 한 상자에 4개씩 2줄로 들어 있습니다. 7상자에 들어 있는 멜론은 모두 몇 개일까요?

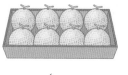

(                    )

**34** 규민이와 연서가 접은 종이배는 모두 몇 개일까요?

나는 하루에 6개씩 7일 동안 접었어.

나는 하루에 8개씩 4일 동안 접었어.

규민

연서

( )

---

<sup>플러스</sup>
유형 **29** **얻은 점수 구하기**

예제 세아는 한 문제에 5점인 수학 시험에서 7개를 맞혔습니다. 세아가 얻은 점수는 몇 점일까요?

( )

풀이 세아의 점수는 5점의 ☐ 배이므로

☐ × ☐ = ☐ (점)입니다.

---

**35** 지우는 다음과 같이 과녁 맞히기 놀이를 하였습니다. 화살 수만큼 맞힌 색깔에 적힌 점수를 얻을 수 있습니다. 지우가 얻은 점수는 몇 점일까요?

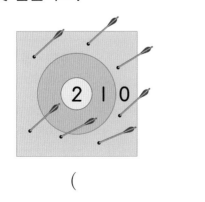

( )

---

**36** 원판을 돌려 멈췄을 때 💡가 가리키는 수만큼 점수를 얻는 놀이를 했습니다. 태주가 원판을 5번을 돌려서 얻은 점수를 알아 보세요.

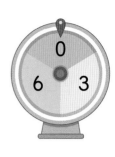

(1) 태주가 원판을 돌려 멈춘 곳을 적은 것입니다. 빈칸에 알맞은 곱셈식을 쓰세요.

| 원판에 적힌 수 | 멈춘 횟수(번) | 점수(점) |
|---|---|---|
| 0 | 2 | |
| 3 | 1 | |
| 6 | 2 | 6×2=12 |

(2) 태주가 원판을 5번 돌려 얻은 점수는 모두 몇 점일까요?

( )

---

**37** 유희가 친구와 가위바위보 놀이를 했습니다. 이기면 1점, 지거나 비기면 0점입니다. 유희가 5번 이기고, 3번 비겼을 때 얻은 점수는 몇 점인지 풀이 과정을 쓰고, 답을 구하세요.

1단계 5번 이기고, 3번 비겼을 때 얻은 점수 각각 구하기

_____

_____

2단계 유희가 얻은 점수 구하기

_____

답 _____

# STEP 3 응용 해결하기

문제 강의

학생 수가 같을 때 모둠 수 구하기

**1** I반과 2반의 학생 수가 같고 I반이 한 모둠에 3명씩 8모둠입니다. 2반이 한 모둠에 4명씩이면 몇 모둠일까요?

(          )

변의 수의 차 구하기

**2** 삼각형과 사각형을 이용하여 그림을 그렸습니다. 이용한 삼각형과 사각형의 변의 수는 어느 도형이 몇 개 더 많은지 차례로 쓰세요.

삼각형과 사각형의 변의 수는?

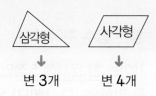

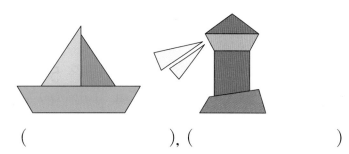

(       ), (       )

바르게 계산한 값 구하기    〔서술형〕

**3** 어떤 수에 6을 곱해야 할 것을 잘못하여 9를 곱했더니 63이 되었습니다. 바르게 계산하면 얼마인지 풀이 과정을 쓰고, 답을 구하세요.

〔풀이〕 _____

_____

_____

〔답〕 _____

바르게 계산한 값을 구하려면?

어떤 수를 ◯로 하여 잘못 계산한 식 만들기

⬇

어떤 수 구하기

⬇

바르게 계산한 값 구하기

곱셈식에서 모르는 수 찾기

**4** 세 수 ㉠, ㉡, ㉢의 합이 **18**입니다. ☐ 안에 알맞은 수는 얼마인지 풀이 과정을 쓰고, 답을 구하세요.

$$6 \times ㉠ = 48 \qquad ㉡ \times 1 = 3 \qquad ☐ \times ㉢ = 35$$

풀이

답 _____

해결 tip

공통으로 들어갈 수 있는 수 구하기

**5** **1**부터 **9**까지의 수 중에서 ☐ 안에 공통으로 들어갈 수 있는 수를 모두 쓰세요.

$$0 \times ☐ = 0 \qquad 6 \times 8 < 9 \times ☐$$

(         )

수 카드의 수 구하기

**6** 준호와 리아가 **4**장의 카드 중에서 **2**장을 뽑아 두 수의 곱을 구한 것입니다. 뒤집혀 있는 카드에 적힌 수는 얼마인지 작은 수부터 차례로 쓰세요.

두 수의 곱이 0이려면?

$$■ \times ▲ = 0$$

두 수 중 적어도 하나는 0입니다.

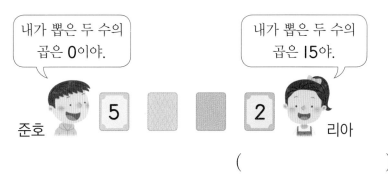

내가 뽑은 두 수의 곱은 0이야.

내가 뽑은 두 수의 곱은 15야.

준호   5     2   리아

(         )

곱의 합을 알 때 곱하는 수 구하기

**7** 경수가 점수가 적힌 공을 던져 넣는 놀이를 한 결과입니다. 경수가 얻은 점수가 **61**점이라면 **7**개를 넣은 것은 몇 점짜리 공인지 구하세요.

| 공에 적힌 점수 | ☐점 | 3점 | 1점 |
|---|---|---|---|
| 넣은 개수 | 7개 | 5개 | 4개 |

(1) **3**점짜리, **1**점짜리 공을 넣어서 얻은 점수는 각각 몇 점일까요?

3점짜리 공 (                    )

1점짜리 공 (                    )

(2) ☐점짜리 공 **7**개를 넣어 얻은 점수는 몇 점일까요?

(                    )

(3) **7**개를 넣은 것은 몇 점짜리 공일까요?

(                    )

바퀴 수의 합을 알 때 종류별 자전거의 수 구하기

**8** 자전거 보관대에 자전거가 **8**대 있습니다. 두발자전거와 네발자전거만 있고, 자전거의 바퀴가 모두 **28**개일 때 네발자전거는 몇 대 있는지 구하세요.

(1) 두발자전거와 네발자전거가 **4**대씩일 때 바퀴는 모두 몇 개일까요?

(                    )

(2) 바퀴의 수가 **28**개이려면 두발자전거와 네발자전거 중 어느 자전거가 더 많아야 할까요?

(                    )

(3) 네발자전거는 몇 대 있을까요?

(                    )

합을 알고 있을 때 개수를 구하려면?

합이 적은 것을 기준으로 예상하여 답을 찾습니다.

병아리 **3**마리 → 다리 **6**개
강아지 **3**마리 → 다리 **12**개

**6**마리     다리 **18**개

다리가 **16**개이려면 강아지 수가 적어져야 해.

**01** 펼친 손가락은 모두 몇 개인지 ⬜ 안에 알맞은 수를 써넣으세요.

$$2 \times 8 = \boxed{\phantom{00}}$$

**02** 컵에 꽂혀 있는 칫솔은 모두 몇 개인지 ⬜ 안에 알맞은 수를 써넣으세요.

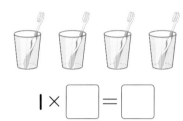

$$1 \times \boxed{\phantom{0}} = \boxed{\phantom{0}}$$

**03** ⬜ 안에 알맞은 수를 써넣으세요.

$$5 \times 0 = \boxed{\phantom{00}}$$

**04** 빈칸에 두 수의 곱을 써넣으세요.

| 6 | 3 |
|---|---|
|   |   |

**[05~07]** 곱셈표를 보고 물음에 답하세요.

| × | 1 | 2 | 3 | 4 | 5 | 6 | 7 | 8 | 9 |
|---|---|---|---|---|---|---|---|---|---|
| 3 | 3 | 6 |   | 12 | 15 | 18 | 21 | 24 |   |
| 4 | 4 |   | 12 | 16 | 20 | 24 |   | 32 | 36 |
| 5 |   | 10 | 15 |   | 25 | 30 | 35 | 40 | 45 |
| 6 | 6 | 12 | 18 | 24 |   |   | 42 | 48 | 54 |

**05** 곱셈표를 완성하세요.

**06** 5단 곱셈구구에서는 곱이 몇씩 커질까요?

(            )

**07** 곱셈표에서 $3 \times 5$와 곱이 같은 곱셈구구를 찾아 쓰세요.

(            )

**08** ⬜ 안에 알맞은 수를 써넣으세요.

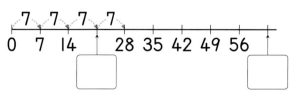

**09** ☐ 안에 알맞은 수를 써넣으세요.

$$8 \times 7 = \boxed{\phantom{0}} \times 8$$

**10** 곱이 같은 것끼리 선으로 이어 보세요.

(1) 2×6 ·         · 9×4

(2) 8×3 ·         · 4×3

(3) 6×6 ·         · 6×4

**11** 사탕의 수를 구하는 방법으로 잘못된 것을 찾아 기호를 쓰세요.

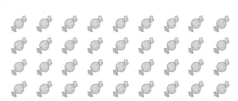

> ㉠ 9×3에 9를 더해서 구합니다.
> ㉡ 4와 9의 곱을 구합니다.
> ㉢ 9×2를 3번 더해서 구합니다.

(                    )

**12** 다음 중 곱이 가장 큰 것은 무엇일까요?

(                    )

① 2×7          ② 1×9
③ 4×5          ④ 3×6
⑤ 8×0

**13** 현주의 나이는 9살입니다. 현주 할아버지의 연세는 현주 나이의 9배입니다. 현주 할아버지의 연세는 몇 세일까요?

(                    )

**14** 세윤이가 고리 던지기 놀이에서 다음과 같이 고리를 걸었습니다. 고리를 걸면 1점, 걸지 못하면 0점일 때 세윤이가 얻은 점수는 모두 몇 점인지 풀이 과정을 쓰고, 답을 구하세요.

서술형

풀이 _____

_____

_____

답 _____

**15** ●와 ▲에 알맞은 수의 합은 얼마인지 풀이 과정을 쓰고, 답을 구하세요.

(서술형)

$$4 \times ● = 0 \qquad ▲ \times 6 = 6$$

(풀이)

(답)

**16** 수지가 동화책을 매일 8쪽씩 4일 동안 읽었더니 4쪽이 남았습니다. 동화책은 모두 몇 쪽일까요?

(                    )

**17** 가게에 다리가 3개인 의자가 5개, 다리가 4개인 의자가 7개 있습니다. 가게에 있는 의자의 다리는 모두 몇 개일까요?

(                    )

**18** 0부터 9까지의 수 중에서 ☐ 안에 들어갈 수 있는 수를 모두 구하세요.

$$6 \times \square > 40$$

(                    )

**19** 다음 수 카드 중 2장을 골라 카드에 적힌 두 수를 곱하려고 합니다. 곱이 가장 큰 경우와 가장 작은 경우는 각각 얼마인지 풀이 과정을 쓰고, 답을 구하세요.

(서술형)

4  1  8  9

(풀이)

(답)  가장 큰 경우:

가장 작은 경우:

**20** 주사위를 6번 던져서 나온 횟수를 나타낸 것입니다. 표를 완성하고, 주사위 눈의 수의 전체 합을 구하세요.

| 주사위 눈 | | | |
|---|---|---|---|
| 나온 횟수(번) | 3 | 1 | 2 |
| 주사위 눈의 수의 합 | $2 \times 3 = 6$ | | |

(                    )

# 3

# 길이 재기

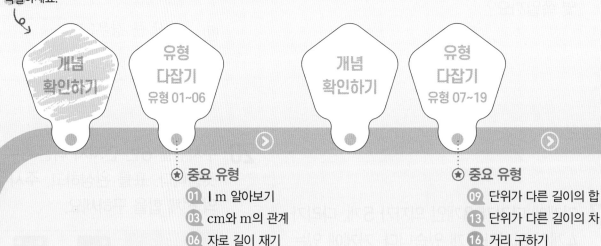

학습을 끝낸 후
색칠하세요.

개념
확인하기

유형
다잡기
유형 01~06

개념
확인하기

유형
다잡기
유형 07~19

⊗ 이전에 배운 내용

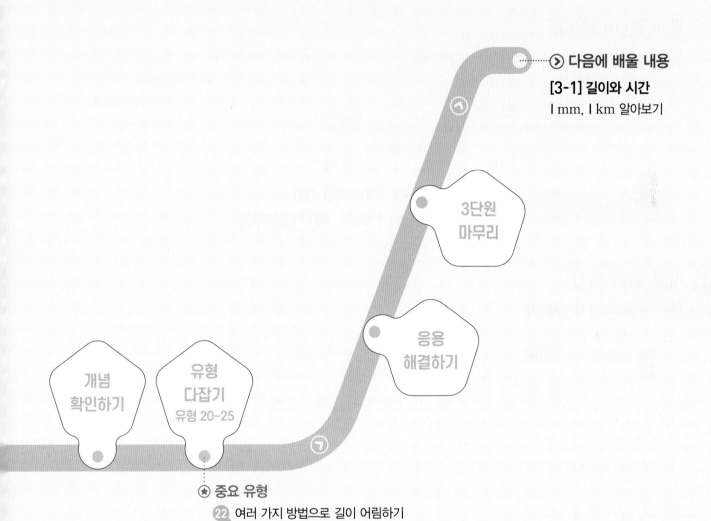

⊙ **다음에 배울 내용**

**[3-1] 길이와 시간**

1 mm, 1 km 알아보기

3단원
마무리

응용
해결하기

개념
확인하기

유형
다잡기
유형 20~25

★ **중요 유형**

㉒ 여러 가지 방법으로 길이 어림하기

㉓ 실제 길이에 맞게 어림하기

㉕ 더 가깝게 어림한 길이 찾기

## ① cm보다 더 큰 단위 알아보기

### 1 m 알아보기

100 cm는 1 m와 같습니다. 1 m는 1 미터라고 읽습니다.

100 cm = 1 m ➡ [쓰기] 1 m  [읽기] 1 미터

### 몇 m 몇 cm 알아보기

140 cm는 1 m보다 40 cm 더 깁니다.
<u> </u>
=100 cm

● 140 cm
　= 100 cm + 40 cm
　= 1 m + 40 cm
　= 1 m 40 cm

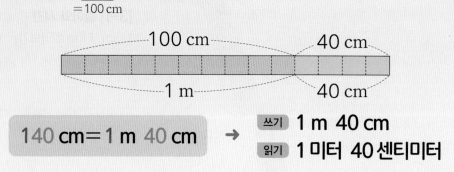

140 cm = 1 m 40 cm ➡ [쓰기] 1 m 40 cm
　　　　　　　　　　　　[읽기] 1 미터 40 센티미터

## ② 자로 길이 재기

### 줄자와 곧은 자 비교하기

| 줄자 | 곧은 자 |
|---|---|
| 1 m보다 긴 길이를 재기에 편리합니다. | 짧은 물건의 길이를 잴 수 있습니다. |
| 둥근 부분이 있는 물건의 길이를 잴 수 있습니다. | 곧은 물건의 길이를 잴 수 있습니다. |

● 줄자와 곧은 자의 공통점
　눈금이 있고, 길이를 잴 때 사용합니다.

### 줄자로 길이 재기

① 물건의 한끝을 줄자의 눈금 0에 맞춥니다.

② 다른 쪽 끝에 있는 줄자의 눈금을 읽습니다.

① 눈금 0에 맞추기
② 끝의 눈금 읽기 ➡ 120

➡ 책상의 길이는 **120 cm** 또는 **1 m 20 cm**입니다.

**[01~02] 주어진 길이를 2번씩 쓰세요.**

**01** 2 m
_____

**02** 3 m
_____

**[03~04] 길이를 바르게 읽은 것에 ○표 하세요.**

**03** 4 m → ┌ 4 미터 　( 　　 )
　　　　　└ 4 센티미터 ( 　　 )

**04** 1 m 50 cm

→ ┌ 1 센티미터 50 미터 ( 　　 )
　└ 1 미터 50 센티미터 ( 　　 )

**[05~06] ☐ 안에 알맞은 수를 써넣으세요.**

**05** 169 cm = ☐ cm + 69 cm

= ☐ m + 69 cm

= ☐ m ☐ cm

**06** 2 m 45 cm = ☐ m + 45 cm

= ☐ cm + 45 cm

= ☐ cm

**07** 강당의 긴 쪽의 길이를 재는 데 알맞은 자에 ○표 하세요.

( 　　 ) 　　 ( 　　 )

**[08~10] 줄자를 사용하여 털실의 길이를 바르게 잰 것에 ○표, <u>잘못</u> 잰 것에 ✕표 하세요.**

**08**

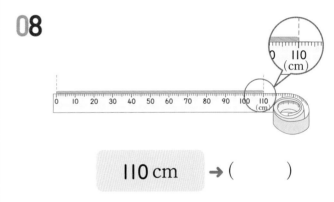

110 cm → ( 　　 )

**09**

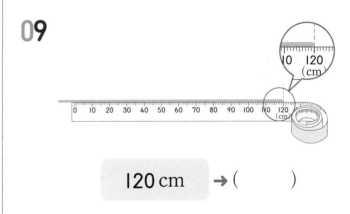

120 cm → ( 　　 )

**10**

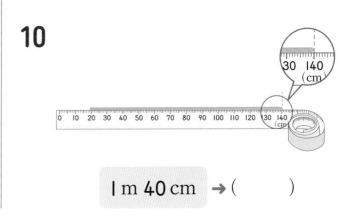

1 m 40 cm → ( 　　 )

**유형 01** **| m 알아보기**

**예제** | cm를 100번 이은 길이는 몇 m일까요?

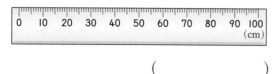

(                    )

**풀이** | cm를 100번 이은 길이: ☐ cm

→ ☐ cm = ☐ m

**01** ☐ 안에 알맞은 수를 써넣으세요.

(1) 400 cm = ☐ m

(2) 7 m = ☐ cm

**02** 같은 길이끼리 이어 보세요.

(1) 300 cm •          • 9 m

(2) 600 cm •          • 3 m

(3) 900 cm •          • 6 m

**03** 철사의 길이는 800 cm입니다. 이 철사의 길이는 몇 m일까요?

(                    )

**04** | m에 대한 설명으로 옳은 것을 찾아 기호를 쓰세요. **중요★**

> ㉠ | m는 | cm보다 짧습니다.
> ㉡ | cm가 100번인 길이와 | m의 길이는 같습니다.
> ㉢ 50 cm는 5 m와 같습니다.

(                    )

**05** 길이가 10 cm인 리본을 겹치는 부분 없이 한 줄로 20개 이으면 전체 길이는 몇 m가 될까요?

(                    )

**유형 02** **알맞은 단위 사용하기**

**예제** cm 단위를 사용하여 나타내기에 알맞은 것에 ◯표 하세요.

| 연필의 길이 | 기차의 길이 |
|:---:|:---:|
| (        ) | (        ) |

**풀이** | m보다 짧은 길이는 cm 단위를 사용하여 나타내기에 알맞습니다.

→ cm 단위를 사용하여 나타내기에 알맞은 것은 ☐ 의 길이입니다.

**06** cm와 m 중 알맞은 단위를 ☐ 안에 써넣으세요.

(1) 포크의 길이는 약 13 ☐ 입니다.

(2) 농구 골대의 높이는 약 3 ☐ 입니다.

(3) 자동차의 길이는 약 4 ☐ 입니다.

**07** 알맞은 단위를 사용하여 길이를 나타낸 사람의 이름을 쓰세요.

도율 — 리모콘의 길이는 약 20 m야.

리아 — 옷장의 높이는 약 2 m야.

(            )

**08** 주변에서 cm와 m로 나타내기 알맞은 길이를 하나씩 찾아 문장으로 쓰세요.

**cm로 나타내기 알맞은 길이**

☐ 의 길이는 약 ☐ cm입니다.

**m로 나타내기 알맞은 길이**

_____

**예제** 다음 길이는 몇 m 몇 cm인지 쓰세요.

> 1 m보다 39 cm 더 긴 길이

(            )

**풀이** 1 m보다 39 cm 더 긴 길이

→ ☐ m + ☐ cm

= ☐ m ☐ cm

**09** 주어진 길이와 같은 길이를 〈 보기 〉에서 찾아 쓰세요.

〈 보기 〉

| 500 cm | 501 cm | 510 cm |

(1) 5 m 10 cm    (          )

(2) 5 m 1 cm    (          )

**10** 표지판의 긴 쪽과 짧은 쪽의 길이를 몇 cm 또는 몇 m 몇 cm로 나타내세요.

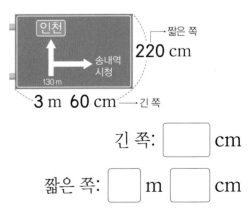

인천 / 송내역 시청 / 130 m

짧은 쪽 220 cm

3 m 60 cm — 긴 쪽

긴 쪽: ☐ cm

짧은 쪽: ☐ m ☐ cm

**11** 길이를 <u>잘못</u> 나타낸 것을 모두 찾아 기호를 쓰세요.

> ㉠ 7 m 49 cm = 749 cm
> ㉡ 502 cm = 50 m 2 cm
> ㉢ 804 cm = 8 m 4 cm
> ㉣ 1 m 90 cm = 109 cm

(          )

---

유형 **04** **길이 비교하기**

예제 길이를 비교하여 ◯ 안에 >, =, <를 알맞게 써넣으세요.

356 cm ◯ 4 m 10 cm

풀이 4 m 10 cm = [ ] cm

→ 356 cm ◯ [ ] cm

**12** 길이를 바르게 비교한 것에 ◯표 하세요.

215 cm > 2 m 51 cm   (    )

5 m 74 cm > 538 cm   (    )

860 cm < 8 m 33 cm   (    )

---

**13** 길이가 더 긴 것의 기호를 쓰려고 합니다. 풀이 과정을 쓰고, 답을 구하세요.

서술형

> ㉠ 672 cm      ㉡ 6 m 27 cm

1단계 ㉡은 몇 cm인지 구하기

2단계 길이가 더 긴 것의 기호 쓰기

답        

**14** 찬우는 동계 올림픽의 썰매 종목에서 각 썰매의 길이를 조사하였습니다. 썰매의 길이가 가장 짧은 종목은 어느 것일까요?

중요★

> • 봅슬레이: 2 m 70 cm
> • 루지: 1 m 20 cm
> • 스켈레톤: 110 cm

(          )

---

+플러스

유형 **05** **길이 비교에서 ☐ 안에 알맞은 수 구하기**

예제 ■에 올 수 있는 수를 모두 찾아 ◯표 하세요.

> 3 m 28 cm > ■ m 34 cm
>
> ( 1 , 2 , 3 , 4 , 5 )

풀이 28 cm < 34 cm이므로 ■에는 [ ]보다 작은 수가 와야 합니다. → [ ] , [ ]

**15** 0부터 9까지의 수 중에서 ☐ 안에 들어갈 수 있는 수를 모두 쓰세요.

$$7\,\square\,3\,cm > 7\,m\,69\,cm$$

( )

**16** ♥는 1부터 9까지의 수 중 하나입니다. ♥에 알맞은 수 중에서 가장 큰 수는 무엇일까요?

$$8\,m\,♥7\,cm < 848\,cm$$

( )

**유형 06** 자로 길이 재기

**예제** 물고기의 길이를 자로 잰 것입니다. 물고기는 몇 m 몇 cm일까요?

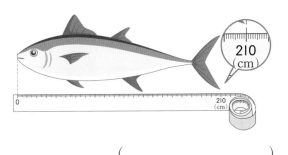

( )

**풀이** 물고기의 한끝이 줄자의 눈금 0에 있고 다른 쪽 끝이 눈금 ☐ 에 있습니다.

➔ ☐ cm = ☐ m ☐ cm

**17** 밧줄의 길이는 몇 m 몇 cm일까요?

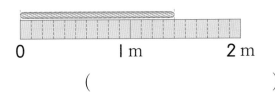

( )

**18** 거울의 한쪽 끝을 자의 눈금 0에 맞추었습니다. 거울의 길이를 두 가지 방법으로 나타내세요.

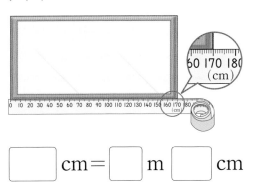

☐ cm = ☐ m ☐ cm

**19** 한 줄로 놓인 물건들의 길이를 자로 재었습니다. 전체 길이는 몇 m 몇 cm일까요?

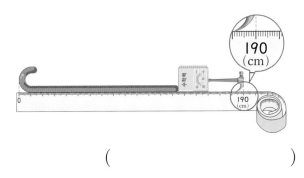

( )

**20** 주경이가 줄넘기의 길이를 잘못 잰 이유를 쓰세요.

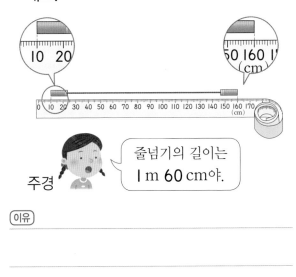

이유

# 개념 확인하기

## ③ 길이의 합 구하기

1 m 10 cm + 1 m 20 cm **계산하기**

m는 m끼리, cm는 cm끼리 더하여 구합니다.

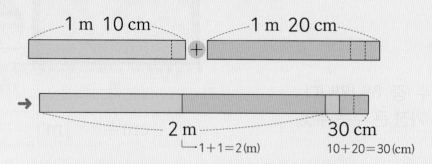

1 m 10 cm + 1 m 20 cm = 2 m 30 cm

| | 1 m | 10 cm | | | 1 m | 10 cm |
|---|---|---|---|---|---|---|
| + | 1 m | 20 cm | → | + | 1 m | 20 cm |
| | | 30 cm | | | 2 m | 30 cm |

● 길이의 단위가 다를 때에는 단위를 같게 바꾸어 계산합니다.

● **받아올림이 있는 길이의 합**

cm끼리의 합이 100이거나 100보다 크면 100 cm를 1 m로 받아올림합니다.

```
      1
    1 m   80 cm
 +  1 m   60 cm
 ─────────────
    3 m   40 cm
```

## ④ 길이의 차 구하기

2 m 60 cm − 1 m 40 cm **계산하기**

m는 m끼리, cm는 cm끼리 빼서 구합니다.

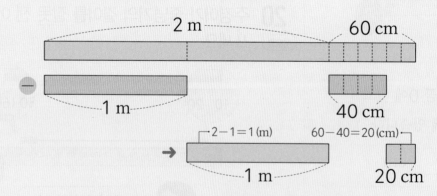

2 m 60 cm − 1 m 40 cm = 1 m 20 cm

| | 2 m | 60 cm | | | 2 m | 60 cm |
|---|---|---|---|---|---|---|
| − | 1 m | 40 cm | → | − | 1 m | 40 cm |
| | | 20 cm | | | 1 m | 20 cm |

● **받아내림이 있는 길이의 차**

cm끼리 뺄 수 없으면 1 m를 100 cm로 받아내림합니다.

```
    2      100
    3 m    10 cm
 −  1 m    80 cm
 ─────────────
    1 m    30 cm
```

[01~02] 그림을 보고 ☐ 안에 알맞은 수를 써넣으세요.

**01**

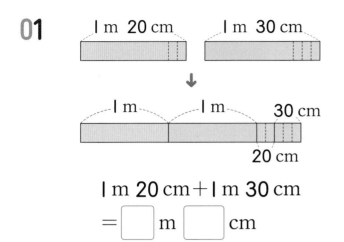

1 m 20 cm + 1 m 30 cm

= ☐ m ☐ cm

**02**

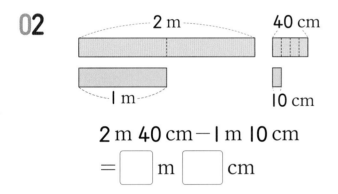

2 m 40 cm − 1 m 10 cm

= ☐ m ☐ cm

[03~04] ☐ 안에 알맞은 수를 써넣으세요.

**03** 2 m 40 cm + 3 m 30 cm

= ☐ m ☐ cm

**04** 5 m 65 cm − 2 m 20 cm

= ☐ m ☐ cm

[05~07] 길이의 합을 구하세요.

**05**

```
    4 m  25 cm
 +  2 m  50 cm
 ───────────────
    ☐ m   ☐ cm
```

**06**

```
    8 m   9 cm
 +  1 m  17 cm
 ───────────────
    ☐ m   ☐ cm
```

**07**

```
    ☐
    1 m  50 cm
 +  2 m  80 cm
 ───────────────
    ☐ m   ☐ cm
```

[08~09] 길이의 차를 구하세요.

**08**

```
    7 m  95 cm
 −  5 m  55 cm
 ───────────────
    ☐ m   ☐ cm
```

**09**

```
    ☐    ☐
    6 m  20 cm
 −  1 m  50 cm
 ───────────────
    ☐ m   ☐ cm
```

**유형 07** 받아올림이 없는 길이의 합

예제 두 길이의 합은 몇 m 몇 cm일까요?

4 m 54 cm     1 m 22 cm

(           )

풀이 m는 m끼리, cm는 cm끼리 더합니다.

$54 \text{ cm} + 22 \text{ cm} = \boxed{\phantom{00}} \text{ cm}$

$4 \text{ m} + 1 \text{ m} = \boxed{\phantom{00}} \text{ m}$

➡ $\boxed{\phantom{00}} \text{ m} \boxed{\phantom{00}} \text{ cm}$

**01** 바르게 계산한 것에 ○표 하세요.

5 m 90 cm + 3 m
= 5 m 93 cm

(    )

5 m 90 cm + 3 m
= 8 m 90 cm

(    )

**02** 길이의 합을 구하세요.

(1)
```
    3 m 29 cm
+   2 m 61 cm
```

(2) 2 m 30 cm + 6 m 25 cm

**03** 두 막대의 길이의 합은 몇 cm인지 구하세요.

중요★

3 m 42 cm

4 m 10 cm

(           )

**유형 08** 받아올림이 있는 길이의 합

예제 길이의 합을 구하세요.

```
    13 m 80 cm
+    1 m 30 cm
```

풀이 $80 \text{ cm} + 30 \text{ cm} = \boxed{\phantom{00}} \text{ cm}$이므로

$100 \text{ cm}$를 $\boxed{\phantom{00}} \text{ m}$로 받아올림합니다.

**04** 길이의 합은 몇 m 몇 cm인지 구하세요.

5 m 45 cm + 3 m 70 cm

(           )

**05** 길이의 합은 몇 m 몇 cm인지 빈칸에 써넣으세요.

+1 m 70 cm

2 m 60 cm    →    [       ]

**06** 길이가 더 긴 것의 기호를 쓰려고 합니다.
(서술형) 풀이 과정을 쓰고, 답을 구하세요.

> ㉠ 1 m 40 cm + 5 m 70 cm
> ㉡ 4 m 60 cm + 2 m 80 cm

(1단계) ㉠, ㉡의 길이 각각 구하기

_____

_____

(2단계) 두 길이 비교하기

_____

(답) _____

---

유형
**09** **단위가 다른 길이의 합**

(예제) ☐ 안에 알맞은 수를 써넣으세요.

356 cm → ☐ +5 m 21 cm

→ ☐ m ☐ cm

(풀이) 356 cm = ☐ m ☐ cm

→ ☐ m ☐ cm + 5 m 21 cm

= ☐ m ☐ cm

---

**07** 준호와 연서가 말하는 길이의 합은 몇 m
몇 cm일까요?

2 m 25 cm          372 cm

준호                  연서

( _____ )

---

**08** 초록색 색 테이프와 빨간색 색 테이프의
길이의 합은 몇 m 몇 cm일까요?

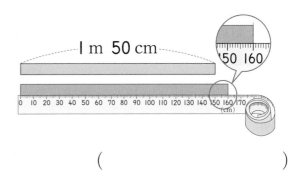

1 m 50 cm

( _____ )

---

**09** 가장 긴 길이와 가장 짧은 길이의 합은 몇
(중요★) m 몇 cm인지 구하세요.

> · 205 cm
> · 7 m 38 cm
> · 5 m 16 cm

( _____ )

---

**10** ■+●+●는 몇 m 몇 cm일까요?

> · ■ = 466 cm
> · ● = 1 m 5 cm

( _____ )

**유형 10  실생활 속 길이의 합**

예제  길이가 2 m 45 cm인 나무 막대 2개를 겹치지 않게 이어 붙이면 모두 몇 m 몇 cm가 될까요?

(                    )

풀이  (나무 막대 2개의 길이의 합)

= ☐ m ☐ cm + ☐ m ☐ cm

= ☐ m ☐ cm

**11**  준희는 빨간색 고무줄을 5 m 30 cm, 연두색 고무줄을 1 m 57 cm 가지고 있습니다. 준희가 가지고 있는 고무줄의 길이는 모두 몇 m 몇 cm일까요?

(                    )

**12**  어느 동물원의 사슴의 키는 117 cm이고, 기린의 키는 사슴의 키보다 1 m 28 cm 더 큽니다. 기린의 키는 몇 m 몇 cm인지 풀이 과정을 쓰고, 답을 구하세요.

(서술형)

(1단계) 사슴의 키를 몇 m 몇 cm로 나타내기

_____

_____

(2단계) 기린의 키는 몇 m 몇 cm인지 구하기

_____

_____

답 _____

**13**  세단뛰기 결과는 3번 뛴 거리를 모두 더하여 구합니다. 그림과 같이 뛰었을 때 세단뛰기 결과는 몇 m 몇 cm일까요?

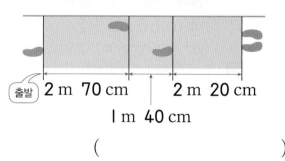

출발  2 m 70 cm        2 m 20 cm

1 m 40 cm

(                    )

**유형 11  받아내림이 없는 길이의 차**

예제  긴 길이에서 짧은 길이를 빼면 몇 m 몇 cm일까요?

| 4 m 35 cm | 9 m 68 cm |

(                    )

풀이  4 m 35 cm ◯ 9 m 68 cm

→ ☐ m ☐ cm − ☐ m ☐ cm

= ☐ m ☐ cm

**14**  길이의 차를 구하세요.

9 m 70 cm
− 7 m 40 cm
—————————

**15**  ☐ 안에 알맞은 수를 써넣으세요.

(중요*)

4 m 32 cm

☐ m ☐ cm        1 m 5 cm

**16** 나타내는 길이가 같은 것을 찾아 ◯ 안에 기호를 써넣으세요.

> ㉠ 3 m 55 cm   ㉡ 4 m 32 cm

7 m 56 cm − 3 m 24 cm  ◯

9 m 67 cm − 6 m 12 cm  ◯

**17** 수 카드를 한 번씩만 사용하여 규민이의 설명에 알맞은 길이를 만들어 보세요.

> 6   7   8

> 9 m 80 cm와 1 m 9 cm의 차보다 긴 길이를 만들어 봐.
>
> 규민

☐ m ☐☐ cm

---

유형 **12**  **받아내림이 있는 길이의 차**

예제  두 길이의 차는 몇 m 몇 cm인지 빈칸에 써 넣으세요.

| 5 m 20 cm | 3 m 70 cm |
|---|---|
|  |  |

풀이  1 m를 100 cm로 받아내림합니다.

```
        ☐    100
  →     5  m  20  cm
     −  3  m  70  cm
        ☐ m ☐ cm
```

---

**18** 6 m 20 cm보다 2 m 80 cm만큼 짧은 길이는 몇 m 몇 cm인지 구하세요.

(                    )

**19** 나무의 높이가 다음과 같을 때 두 나무의 높이의 차는 몇 m 몇 cm일까요?

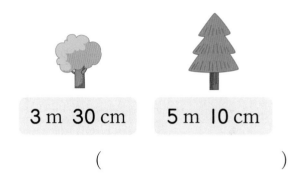

> 3 m 30 cm     5 m 10 cm

(                    )

**20** (서술형) 계산이 잘못된 이유를 쓰고, 바르게 계산해 보세요.

```
    8 m 10 cm          바르게 계산
  − 1 m 70 cm   →   ┌──────────┐
    7 m 40 cm        │          │
                     └──────────┘
```

이유 _____

_____

우리가 같다는 것을 기억해!

100cm = 1m

예제 ☐ 안에 알맞은 수를 써넣으세요.

$$463\,\text{cm} - 1\,\text{m}\ 47\,\text{cm}$$

$$= \boxed{\phantom{0}}\,\text{m}\ \boxed{\phantom{0}}\,\text{cm}$$

풀이
$463\,\text{cm} = \boxed{\phantom{0}}\,\text{m}\ \boxed{\phantom{0}}\,\text{cm}$

→ $\boxed{\phantom{0}}\,\text{m}\ \boxed{\phantom{0}}\,\text{cm} - 1\,\text{m}\ 47\,\text{cm}$

$= \boxed{\phantom{0}}\,\text{m}\ \boxed{\phantom{0}}\,\text{cm}$

**21** 길이의 차는 몇 m 몇 cm인지 빈칸에 써넣으세요.

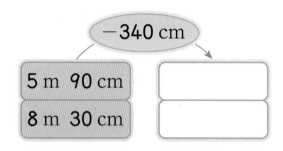

**22** 나타내는 길이가 더 짧은 것의 기호를 쓰세요.

㉠ $4\,\text{m}\ 52\,\text{cm} - 1\,\text{m}\ 30\,\text{cm}$
㉡ $5\,\text{m}\ 93\,\text{cm} - 244\,\text{cm}$

( )

예제 정우는 끈 <u>3 m 69 cm 중</u> 책을 묶는 데 <u>1 m 35 cm를 사용했습니다.</u> 남은 끈의 길이는 몇 m 몇 cm일까요?

( )

풀이 (남은 끈의 길이)
= (처음에 있던 길이) − (사용한 길이)

$= \boxed{\phantom{0}}\,\text{m}\ \boxed{\phantom{0}}\,\text{cm} - \boxed{\phantom{0}}\,\text{m}\ \boxed{\phantom{0}}\,\text{cm}$

$= \boxed{\phantom{0}}\,\text{m}\ \boxed{\phantom{0}}\,\text{cm}$

**23** 유나와 태우가 공 던지기를 하였습니다. 공을 유나는 4 m 48 cm 던졌고, 태우는 3 m 17 cm 던졌습니다. 유나와 태우 중요★ 중 누가 공을 몇 m 몇 cm 더 멀리 던졌을까요?

( ), ( )

**24** 다음은 연도별 남자 멀리뛰기의 세계 기록입니다. 1991년 기록은 1961년 기록과 몇 cm만큼 차이가 날까요?

| 연도(년) | 기록 |
|---|---|
| 1901 | 7 m 61 cm |
| 1961 | 8 m 28 cm |
| 1991 | 895 cm |

( )

**유형 15** **도형에서 길이의 합과 차 구하기**

예제 사각형의 네 변의 길이의 합은 몇 m 몇 cm 일까요?

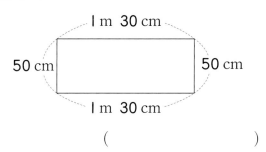

( )

풀이 사각형의 네 변의 길이를 차례로 더합니다.

I m 30 cm＋50 cm＋I m 30 cm ＋50 cm

＝ ☐ m ☐ cm＋I m 30 cm ＋50 cm

＝ ☐ m ☐ cm＋50 cm

＝ ☐ m ☐ cm

**25** 삼각형의 세 변의 길이의 합은 몇 m 몇 cm인지 풀이 과정을 쓰고, 답을 구하세요.
서술형

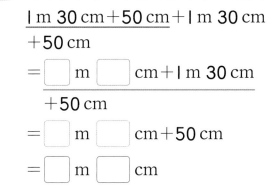

[1단계] 같은 단위로 나타내기

_____

[2단계] 삼각형의 세 변의 길이의 합 구하기

_____

_____

답 _____

**26** 사각형에서 길이가 가장 긴 변과 가장 짧은 변의 길이의 차는 몇 m 몇 cm일까요?

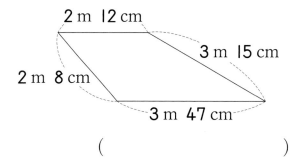

( )

**유형 16** **거리 구하기**

예제 집에서 문구점을 지나 학교까지 가는 거리는 몇 m 몇 cm일까요?

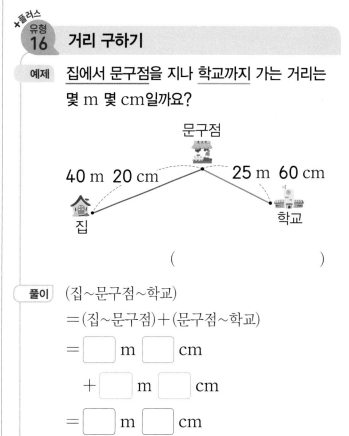

( )

풀이 (집~문구점~학교)
＝(집~문구점)＋(문구점~학교)

＝ ☐ m ☐ cm

＋ ☐ m ☐ cm

＝ ☐ m ☐ cm

**27** 놀이터 한 바퀴의 거리는 90 m 80 cm 입니다. 혜인이가 75 m 50 cm를 걸었다면 한 바퀴를 도는 데 남은 거리는 몇 m 몇 cm일까요?

( )

**28** 빨간색 막대에서 초록색 막대를 거쳐 파란
중요★ 색 막대까지 가는 거리는 빨간색 막대에서
파란색 막대로 바로 가는 거리보다 몇 m
몇 cm 더 멀까요?

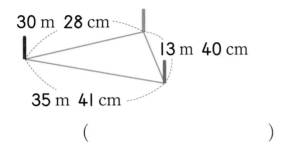

( )

+플러스
유형
**17** 길이의 합과 차에서 ☐ 안에 알맞은 수
구하기

예제 ☐ 안에 알맞은 수를 써넣으세요.

$$4 \text{ m } ^{\text{⊙}}\boxed{\phantom{0}} \text{ cm}$$
$$+ \quad 2 \text{ m } \quad 17 \text{ cm}$$
$$^{\text{⊙}}\boxed{\phantom{0}} \text{ m } \quad 47 \text{ cm}$$

풀이 · cm끼리의 계산: ⊙+17=47

→ ⊙=47−☐=☐

· m끼리의 계산: 4+2=⊙ → ⊙=☐

**29** ⊙과 ⊙에 알맞은 수는 각각 얼마일까요?

$$10 \text{ m } ^{\text{⊙}}\boxed{\phantom{0}} \text{ cm}$$
$$- \quad ^{\text{⊙}}\boxed{\phantom{0}} \text{ m } \quad 14 \text{ cm}$$
$$8 \text{ m } \quad 29 \text{ cm}$$

⊙ ( )

⊙ ( )

**30** ■는 몇 cm인지 풀이 과정을 쓰고, 답을
서술형 구하세요.

$$243 \text{ cm} + \blacksquare = 6 \text{ m } 85 \text{ cm}$$

1단계 ■는 몇 m 몇 cm인지 구하기

_____

_____

2단계 ■를 몇 cm로 나타내기

_____

_____

답 _____

+플러스
유형
**18** 겹치게 이어 붙였을 때 길이 구하기

예제 길이가 I m 32 cm인 종이테이프 2장을
10 cm만큼 겹치게 이어 붙였습니다. 이어
붙인 종이테이프의 전체 길이는 몇 m 몇
cm일까요?

I m 32 cm ⋯⋯ I m 32 cm

10 cm

( )

풀이 (종이테이프 2장의 길이의 합)

=I m 32 cm+I m 32 cm

=☐ m ☐ cm

→ (이어 붙인 종이테이프의 전체 길이)

=☐ m ☐ cm−☐ cm

=☐ m ☐ cm

**31** 나무 막대 2개를 그림과 같이 이어 붙였습니다. 이어 붙인 나무 막대의 전체 길이는 몇 m 몇 cm일까요?

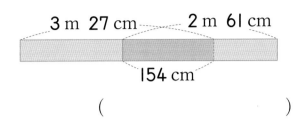

( )

**32** 색 테이프 2장을 그림과 같이 이어 붙였습니다. 이어 붙인 색 테이프의 전체 길이가 6 m 15 cm일 때, 겹친 부분의 길이는 몇 m 몇 cm인지 구하세요.

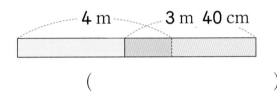

( )

+플러스
유형 **19** **수 카드로 만든 길이의 합과 차**

예제 3장의 수 카드를 한 번씩 모두 사용하여 ⬜m ⬜⬜cm인 가장 긴 길이를 만들고, 그 길이와 5 m 10 cm의 차를 구하세요.

| 8 | 3 |
| 6 |

┌ 가장 긴 길이
⬜ m ⬜ cm
− 5 m 10 cm
─────────────
⬜ m ⬜ cm
└ 차

풀이 8>6>3이므로 만들 수 있는 가장 긴 길이는 ⬜ m ⬜ cm입니다.

→ ⬜ m ⬜ cm−5 m 10 cm
= ⬜ m ⬜ cm

**33** 3장의 수 카드를 한 번씩 모두 사용하여 ⬜m ⬜⬜cm인 길이를 만들려고 합니다. 만들 수 있는 가장 긴 길이와 가장 짧은 길이의 합은 몇 m 몇 cm인지 구하세요.

| 1 | 9 | 4 |

( )

**34** 수 카드 4장 중에서 3장을 골라 한 번씩만 사용하여 ⬜m ⬜⬜cm인 길이를 만들려고 합니다. 만들 수 있는 가장 긴 길이와 가장 짧은 길이의 차는 몇 m 몇 cm인지 풀이 과정을 쓰고, 답을 구하세요.

(서술형)

| 2 | 5 | 6 | 9 |

(1단계) 만들 수 있는 가장 긴 길이와 가장 짧은 길이 각각 구하기

_____

_____

_____

(2단계) 만든 두 길이의 차 구하기

_____

_____

답 _____

**5** 길이 어림하기(1) ▶ 몸으로 어림하기

**몸의 부분으로 1 m 재어 보기**

1 m는 몸의 부분으로 약 몇 번인지 잴 수 있습니다.

양팔을 벌렸을 때 한쪽 손 끝에서 다른 쪽 손목까지의 길이로 약 1번이야.

약 2걸음이야.

1 m는 약 6뼘이야.

| 양팔 벌려 재어 보기 | 걸음으로 재어 보기 | 뼘으로 재어 보기 |
|---|---|---|
| 1 m → **약 1번** | 1 m → **약 2걸음** | 1 m → **약 6뼘** |

몸의 부분이 같더라도 사람에 따라, 시간이 지남에 따라 달라질 수 있어.

● 길이에 따라 사용하기 알맞은 몸의 부분
 • 짧은 길이: 한 뼘의 길이, 발의 길이 등
 • 긴 길이: 한 걸음의 길이, 양팔을 벌린 길이 등

**6** 길이 어림하기(2) ▶ 여러 가지 방법으로 어림하기

**자동차 앞면의 길이 어림하기**

● 어림한 길이를 말할 때는 '약'을 사용합니다.

한 걸음의 길이는 약 50 cm이므로

**2걸음**은 **약 1 m**입니다.

→ 자동차 앞면의 길이는 **4걸음**이므로

**약 1 m의 2배** 정도로 어림했습니다.

어림한 길이 **약 2 m**

**주차 구역의 긴 쪽의 길이 어림하기**

┌ 앞에서 어림한 길이를 이용할 수 있어.

자동차 앞면의 길이는 **약 2 m**입니다.

→ 주차 구역의 긴 쪽에 자동차를

**5대** 세울 수 있으므로

**약 2 m의 5배** 정도로 어림했습니다.

어림한 길이 **약 10 m**

**[01~02]** 몸의 부분으로 1 m는 약 몇 번인지 알아 보세요.

**01**

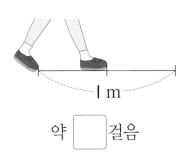

약 ☐ 걸음

**02**

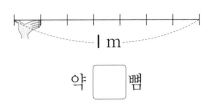

약 ☐ 뼘

**[03~05]** 양팔을 벌린 길이가 약 1 m일 때 막대의 길이를 어림해 보세요.

**03**

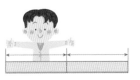

약 ☐ m

**04**

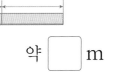

약 ☐ m

**05**

약 ☐ m

**[06~07]** 깃발 사이의 거리를 어림해 보세요.

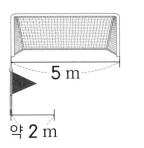 

5 m

약 2 m

**06** 축구 골대 긴 쪽의 길이의 2배 정도이므로
약 ☐ m입니다.

**07** 약 2 m를 어림한 것의 5배 정도이므로
약 ☐ m입니다.

**[08~10]** 길이가 주어진 색 테이프를 이용하여 털 실의 길이는 약 몇 m인지 어림해 보세요.

**08**

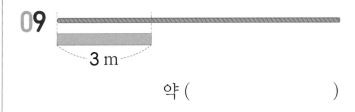

2 m

약 ( )

**09**

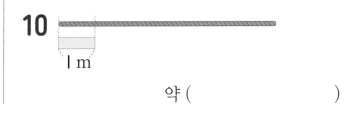

3 m

약 ( )

**10**

1 m

약 ( )

## 유형 20 | 1 m 어림하기

**예제** 미란이의 손바닥 폭의 길이는 약 10 cm입니다. 우산의 길이는 손바닥 폭의 길이로 약 10번일 때 우산의 길이는 약 몇 m일까요?

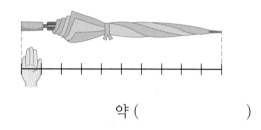

약 (        )

**풀이** 약 10 cm로 약 10번

→ 약 ☐ cm＝약 ☐ m

**01** 책장 한 칸의 높이는 50 cm입니다. 선풍기의 높이는 약 몇 m일까요?

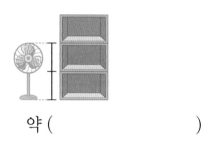

약 (        )

**02** 몸에서 약 1 m인 부분을 찾아 바르게 나타낸 것에 ○표 하세요.

(    ) (    ) (    )

**03** 〈보기〉와 같이 주변에서 길이가 1 m 정도 되는 물건을 찾아 문장을 만들어 보세요.

〈 보기 〉

야구방망이의 길이는 약 1 m입니다.

문장 만들기

## 유형 21 | 1 m를 기준으로 길이 어림하기

**예제** 수찬이가 양팔을 벌린 길이가 약 1 m일 때 칠판 긴 쪽의 길이는 약 몇 m일까요?

약 (        )

**풀이** 칠판 긴 쪽의 길이

→ 양팔을 벌린 길이로 ☐ 번

→ 약 1 m의 ☐ 배

→ 약 ☐ m

**04** 주어진 1 m로 끈의 길이를 어림하였습니다. 어림한 끈의 길이는 약 몇 m일까요?

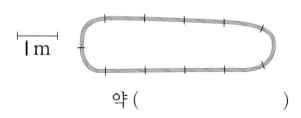

약 (        )

**05** 두 걸음이 1 m라면 울타리의 길이는 약 몇 m일까요?

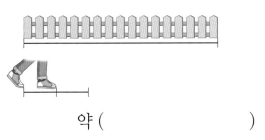

약 (                    )

**06** 긴 길이를 어림한 사람부터 차례로 이름을 쓰세요.
(중요★)

재민: 내 양팔을 벌린 길이가 약 1 m 인데 5번 잰 길이가 책꽂이의 길이와 같았어.

서희: 내 7뼘이 약 1 m인데 창문의 길이가 21뼘과 같았어.

준우: 내 두 걸음이 약 1 m인데 시소의 길이가 8걸음과 같았어.

(                    )

유형 22 **여러 가지 방법으로 길이 어림하기**

예제 사물함의 높이가 50 cm일 때 사물함의 긴 쪽의 길이는 약 몇 m일까요?

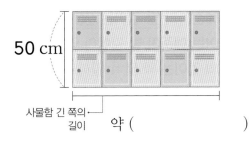

50 cm

사물함 긴 쪽의 길이     약 (          )

풀이 사물함의 긴 쪽의 길이

➔ 사물함의 높이의 약 [   ] 배

➔ 50 cm의 약 [   ] 배

➔ 약 [   ] cm＝약 [   ] m

**07** 자전거 보관소의 길이는 약 몇 m일까요?

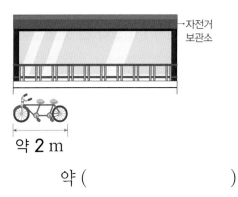

→자전거 보관소

약 2 m

약 (                    )

**08** 가로등과 가로등 사이의 거리는 약 몇 m 인지 구하고, 구한 방법을 설명해 보세요.
(서술형)

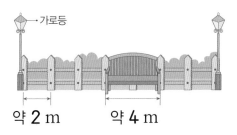

→가로등

약 2 m     약 4 m

• 의자의 길이는 약 4 m입니다.
• 울타리 한 칸의 길이는 약 2 m입니다.

[거리 어림하기]

[설명]

**09** 다음과 같이 여러 명이 어깨에 손을 올려 이어 서 있습니다. 3 m에 가장 가까운 길이를 만들려면 몇 명이 이어 서야 할까요?

약 60 cm  약 60 cm  └약 60 cm

(                    )

+플러스
유형 23 **실제 길이에 맞게 어림하기**

예제 길이가 1 m보다 긴 것을 찾아 ○표 하세요.

| 문제집 긴 쪽의 길이 | 내 볼펜의 길이 | 교문의 높이 |
|:---:|:---:|:---:|

(      )   (      )   (      )

풀이 약 1 m는 양팔을 벌린 길이이므로 양팔을 벌린 길이보다 긴 것을 찾습니다.

**10** 실제 길이에 가장 가까운 것을 찾아 이어 보세요.

(1) 지팡이의 길이 ·    · 10 m

(2) 방문의 높이 ·    · 2 m

(3) 가로등의 높이 ·    · 1 m

**11** 〈보기〉에서 알맞은 길이를 골라 문장을 완
중요★ 성해 보세요.

〈보기〉
120 cm    5 m    400 m

(1) 아빠 기린의 키는 약 ☐ 입니다.

(2) 기차의 길이는 약 ☐ 입니다.

**12** 길이가 10 m보다 짧은 것과 긴 것을 쓰
창의형 세요.

| 10 m보다 짧은 것 | 10 m보다 긴 것 |
|:---:|:---:|
| | |

**13** 어림한 길이가 알맞지 <u>않은</u> 것을 모두 찾아 기호를 쓰세요.

㉠ 축구 골대 긴 쪽의 길이는 5 m 정도입니다.
㉡ 버스의 길이는 약 10 cm입니다.
㉢ 엄마 타조의 키는 약 2 cm입니다.
㉣ 식탁의 긴 쪽의 길이는 약 150 cm입니다.

(          )

+플러스
유형 24 **실생활 속 길이 어림하기**

예제 예준이의 발 길이는 20 cm이고 철사의 길이는 예준이 발 길이의 약 10배입니다. 철사의 길이는 약 몇 m일까요?

약 (        )

풀이 발 길이의 약 ☐ 배

→ 20 cm의 약 ☐ 배

→ 약 ☐ cm=약 ☐ m

**14** 길이가 1 m인 우산이 있습니다. 교실의 짧은 쪽의 길이는 이 우산의 길이의 약 **7**배입니다. 교실의 짧은 쪽의 길이는 약 몇 m일까요?

약 (                 )

**15** 도서관의 긴 쪽의 길이를 세은이의 걸음으로 재었더니 **36**걸음이었습니다. 세은이의 **4**걸음이 약 **2** m라면 도서관의 긴 쪽의 길이는 약 몇 m일까요?

(중요★)

약 (                 )

+플러스
유형 **25** **더 가깝게 어림한 길이 찾기**

예제 신애와 승화가 교실 문의 높이를 어림한 것입니다. 실제 교실 문의 높이가 1 m 75 cm일 때 실제 높이에 더 가깝게 어림한 사람의 이름을 쓰세요.

| 신애 | 승화 |
|------|------|
| 약 1 m 70 cm | 약 1 m 83 cm |

(            )

풀이 어림한 높이와 실제 높이의 차가 작을수록 더 가깝게 어림한 것입니다.

신애: 1 m 75 cm − 1 m 70 cm

= ☐ cm

승화: 1 m 83 cm − 1 m 75 cm

= ☐ cm

→ 더 가깝게 어림한 사람: ☐

**16** 영지, 찬우, 동현이가 각자 어림하여 **3** m가 되도록 리본을 잘랐습니다. 자른 길이가 다음과 같을 때 **3** m에 가장 가깝게 어림한 사람은 누구인지 풀이 과정을 쓰고, 답을 구하세요.

(서술형)

- 영지: **312** cm
- 찬우: **2** m **92** cm
- 동현: **3** m **7** cm

(1단계) 세 사람이 자른 리본의 길이와 3 m와의 차이 각각 구하기

_____

_____

(2단계) 3 m에 가장 가깝게 어림한 사람 구하기

_____

답 _____

**17** 은성이네 모둠과 호철이네 모둠이 각각 **5** m를 어림하여 나타낸 것입니다. **5** m에 더 가까운 모둠은 누구네 모둠인지 구하세요.

은성이네 모둠

호철이네 모둠

(              )

일부분의 길이 구하기

**1** 호영이가 만든 리본과 선아가 만든 리본의 길이가 같습니다.
빨간색 리본의 길이는 몇 m 몇 cm일까요?

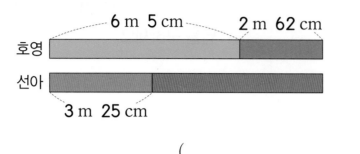

( )

숫자가 지워진 자로 길이 재기

**2** 숫자가 지워진 자로 물건의 길이를 재었습니다. 물통의 길이
가 30 cm일 때 한 줄로 이어 놓은 물건의 전체 길이는 몇
m 몇 cm일까요?

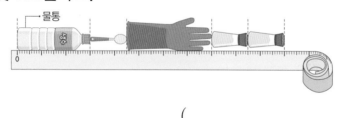

( )

해결 tip

숫자가 지워진 자로 길이를 재려면?

자의 눈금 사이의 간격은 모두 일정하
므로 눈금 사이의 길이가 얼마인지 먼
저 확인합니다.

두 단위로 잰 길이 알아보기

서술형

**3** 교실에서 화장실까지의 거리를 재었더니 40 cm인 한 걸
음의 길이로 6번 잰 것보다 20 cm인 자의 길이만큼 더 길
었습니다. 교실에서 화장실까지의 거리는 약 몇 m 몇 cm
인지 풀이 과정을 쓰고, 답을 구하세요.

풀이 _____

_____

_____

_____

답 _____

두 지점 사이의 거리 구하기

**4** 햄스터가 ㉮에서 ㉯를 향해 4 m 20 cm만큼 달리다가 반대 방향으로 1 m 10 cm만큼 간 뒤 다시 ㉯를 향해 7 m 45 cm만큼 달려서 ㉯에 도착했습니다. ㉮와 ㉯ 사이의 거리는 몇 m 몇 cm인지 구하세요.

(                    )

**해결 tip**

반대 방향으로 가는 것의 의미는?

간 길이에서 반대 방향으로 간 길이만큼 빼야 합니다.

다른 단위로 잴 때의 잰 횟수 구하기           서술형

**5** 민규와 소현이의 한 걸음은 각각 60 cm, 50 cm입니다. 민규가 10걸음만큼 간 거리를 소현이 걸음으로 가면 몇 걸음인지 풀이 과정을 쓰고, 답을 구하세요.

풀이

답

수 카드로 조건에 맞는 길이 만들기

**6** 3장의 수 카드를 한 번씩 모두 사용하여 몇 m 몇 cm의 길이를 만들려고 합니다. 조건에 맞는 길이를 모두 구하세요.

4 m보다 길고 540 cm보다 짧은 길이

(                    )

수 카드를 놓아 조건에 맞는 길이를 만들려면?

☐ m ☐ cm에서 m 앞에 올 수 있는 수를 먼저 구합니다.

같은 길이의 철사로 도형 만들기

**7** 같은 길이의 철사 **2**개를 각각 겹치지 않게 구부려 삼각형 **2**개를 만들었습니다. 왼쪽 삼각형의 세 변의 길이가 같을 때 오른쪽 삼각형의 가장 긴 변의 길이는 몇 m 몇 cm인지 구하세요.

(1) 삼각형을 만드는 데 사용한 철사 **1**개의 길이는 몇 m 몇 cm일까요?

( )

(2) 오른쪽 삼각형의 가장 긴 변의 길이는 몇 m 몇 cm일까요?

( )

같은 간격으로 물건을 놓았을 때의 거리 구하기

**8** 공원 산책로의 한쪽에 처음부터 끝까지 **3** m 간격으로 **1** m **20** cm짜리 화분 **8**개를 놓았습니다. 이 산책로의 전체 길이는 몇 m 몇 cm인지 구하세요.

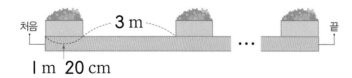

(1) 화분 **8**개의 길이의 합은 몇 m 몇 cm일까요?

( )

(2) 화분 사이의 간격의 합은 몇 m일까요?

( )

(3) 산책로의 전체 길이는 몇 m 몇 cm일까요?

( )

**해결 tip**

물건의 수와 간격의 수 사이의 관계를 알아보면?

물건 사이의 간격은 물건의 수보다 **1**개 더 적습니다.

(물건의 수)−**1**=(간격의 수)

# 평가 3단원 마무리

**01** ☐ 안에 알맞은 수를 써넣으세요.

761 cm = ☐ m ☐ cm

**02** ☐ 안에 cm와 m 중 알맞은 단위를 써넣으세요.

> 침대의 긴 쪽의 길이는
> 약 2 ☐ 입니다.

**03** 나무 막대의 길이를 두 가지 방법으로 나타내세요.

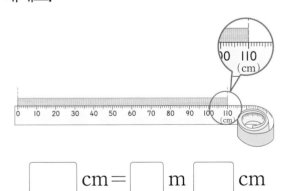

☐ cm = ☐ m ☐ cm

**04** 길이의 합을 구하세요.

$$5 \text{ m } 40 \text{ cm} + 3 \text{ m } 25 \text{ cm}$$

**05** 수찬이가 양팔을 벌린 길이가 약 1 m일 때 벽의 긴 쪽의 길이는 약 몇 m일까요?

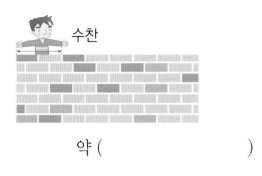
수찬

약 (                )

**06** 길이가 1 m보다 긴 것에 ○표, 1 m보다 짧은 것에 △표 하세요.

숟가락의 길이 (       )

버스의 높이 (       )

**07** ☐ 안에 알맞은 수를 써넣으세요.

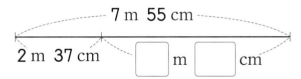

7 m 55 cm

2 m 37 cm    ☐ m ☐ cm

**08** 길이를 비교하여 ○ 안에 >, =, <를 알맞게 써넣으세요.

185 cm ○ 1 m 27 cm

**09** 〈보기〉에서 가장 알맞은 길이를 골라 문장을 완성해 보세요.

〈보기〉
100 cm    50 m    2 m

비행기의 길이는 약 [ ] 입니다.

**10** 소연이의 키는 1 m 9 cm입니다. 소연이의 키는 몇 cm일까요?

(                    )

**11** (서술형) 길이가 긴 것부터 차례로 기호를 쓰려고 합니다. 풀이 과정을 쓰고, 답을 구하세요.

㉠ 8 m 74 cm
㉡ 917 cm
㉢ 10 m 3 cm

풀이

답

**12** 수족관의 긴 쪽의 길이는 짧은 쪽의 길이보다 몇 m 몇 cm 더 길까요?

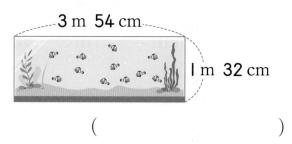

3 m 54 cm
1 m 32 cm

(                    )

**13** 나타내는 길이가 더 짧은 것의 기호를 쓰세요.

㉠ 2 m 47 cm＋3 m 25 cm
㉡ 9 m 83 cm－4 m 38 cm

(                    )

**14** 삼각형의 세 변의 길이의 합은 몇 m 몇 cm일까요?

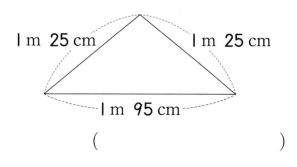

1 m 25 cm        1 m 25 cm
1 m 95 cm

(                    )

**15** ☐ 안에 알맞은 수를 써넣으세요.

$$348\,\text{cm} + \boxed{\phantom{00}}\,\text{cm}$$
$$= 7\,\text{m}\ 52\,\text{cm}$$

**16** 3장의 수 카드를 한 번씩 모두 사용하여 길이가 가장 긴 ☐ m ☐☐ cm를 만들려고 합니다. 만든 길이와 3 m 85 cm 의 합은 몇 m 몇 cm일까요?

$$\boxed{0}\quad\boxed{5}\quad\boxed{7}$$

(           )

**17** 우주네 집 담벼락의 긴 쪽의 길이는 4 m
<sub>서술형</sub> 50 cm입니다. 담벼락의 긴 쪽의 길이를 우주와 민정이가 어림한 것입니다. 실제 길이에 더 가깝게 어림한 사람은 누구인지 풀이 과정을 쓰고, 답을 구하세요.

| 우주 | 민정 |
|------|------|
| 약 330 cm | 약 5 m 60 cm |

풀이

답 _____

**18** 트럭의 길이를 지호의 걸음 수로 나타낸 것입니다. 트럭의 길이는 약 몇 m일까요?

- 지호의 두 걸음의 길이: 1 m
- 트럭의 길이:
  지호의 걸음 수로 약 18걸음인 길이

약 (          )

**19** 학교에서 유리네 집과 승주네 집까지의 거
<sub>서술형</sub> 리를 각각 나타낸 것입니다. 학교에서 누구네 집이 몇 m 몇 cm 더 가까운지 차례로 구하려고 합니다. 풀이 과정을 쓰고, 답을 구하세요.

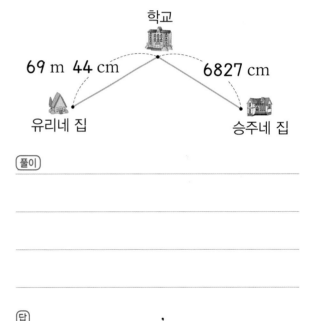

풀이

답 _____ , _____

**20** 그림과 같이 종이테이프 2장을 겹치게 이어 붙였습니다. 이어 붙인 종이테이프의 전체 길이는 몇 m 몇 cm일까요?

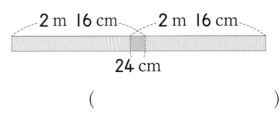

(           )

# 4

# 시각과 시간

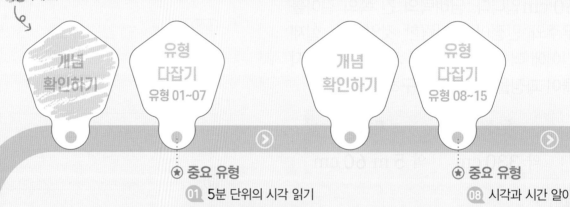

학습을 끝낸 후
색칠하세요.

개념
확인하기

유형
다잡기
유형 01~07

개념
확인하기

유형
다잡기
유형 08~15

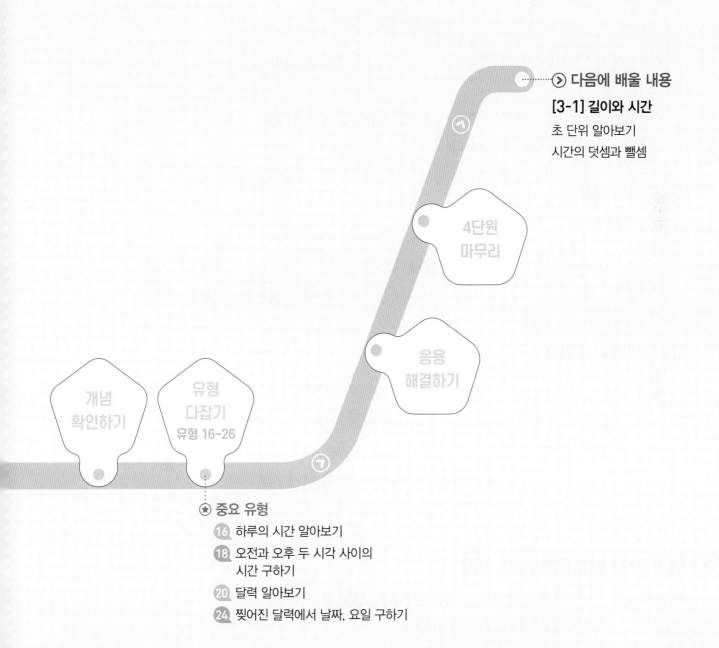

### ① 몇 시 몇 분 읽어 보기

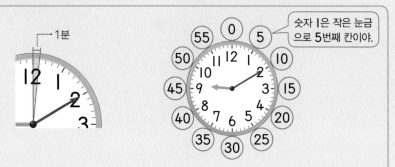

> 숫자 1은 작은 눈금으로 5번째 칸이야.

**디지털시계 읽기**
' : ' 왼쪽의 수는 '시'를 나타내고 ' : ' 오른쪽의 수는 '분'을 나타냅니다.

**9: 10** → 9시 10분
시    분

- 시계에서 긴바늘이 가리키는 작은 눈금 한 칸은 **1분**을 나타냅니다.
- 시계의 긴바늘이 가리키는 숫자가 **1**이면 **5분**, **2**이면 **10분**, **3**이면 **15분**, ...을 나타냅니다.

**5분 단위의 시각 읽기**

- 짧은바늘: **6**과 **7** 사이 → 6시
- 긴바늘: **3** → 15분
- → 시계가 나타내는 시각: **6시 15분**

**1분 단위의 시각 읽기**

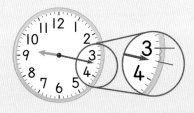

- 짧은바늘: **9**와 **10** 사이 → 9시
- 긴바늘: **3**에서 작은 눈금 **2**칸 더 간 곳 → 17분 〔15분〕
- → 시계가 나타내는 시각: **9시 17분**

● 짧은바늘: ■와 (■＋1) 사이
긴바늘: 작은 눈금 ▲칸
→ ■시 ▲분

### ② 여러 가지 방법으로 시각 읽기

- 시계가 나타내는 시각은 **6시 50분**입니다.
- **10분** 후에 **7시**가 됩니다.
- **7시**가 되기 **10분 전**입니다.

> **6시 50분＝7시 10분 전**

**01** 시계에서 숫자가 몇 분을 나타내는지 빈칸에 알맞게 써넣으세요.

**[02~03]** 시계에서 짧은바늘과 긴바늘이 가리키는 곳을 찾아 ☐ 안에 알맞은 수를 써넣으세요.

**02**

짧은바늘: 5와 ☐ 사이

긴바늘: 10

→ 나타내는 시각: 5시 ☐ 분

**03**

짧은바늘: 2와 ☐ 사이

긴바늘: 6에서 작은 눈금 ☐ 칸 더 간 곳

→ 나타내는 시각: 2시 ☐ 분

**[04~06]** 시계를 보고 시각을 읽어 보세요.

**04**

1시 ☐ 분

**05**

8시 ☐ 분

**06**

☐ 시 ☐ 분

**[07~08]** 여러 가지 방법으로 시각을 읽어 보세요.

**07**

6시 ☐ 분

7시 ☐ 분 전

**08**

1 시 ☐ 분

☐ 시 ☐ 분 전

**유형 01** **5분 단위의 시각 읽기**

**예제** 시계를 보고 몇 시 몇 분인지 쓰세요.

☐ 시 ☐ 분

**풀이** 짧은바늘: **2**와 **3** 사이 ➡ ☐ 시

긴바늘: **5** ➡ ☐ 분

**01** 같은 시각끼리 이어 보세요.

(1)

· **4시 5분**

· **3시 40분**

(2)

· **4시 10분**

**02 중요★** 주어진 설명이 나타내는 시각은 몇 시 몇 분일까요?

· 짧은바늘은 **12**와 **1** 사이에 있습니다.
· 긴바늘은 **7**을 가리키고 있습니다.

( )

**03** 유진이의 일기를 보고 집에서 출발한 시각과 돌아온 시각은 몇 시 몇 분인지 각각 쓰세요.

○월 ○일 ○요일    날씨: ☀

오늘 미술관에 다녀왔다. 예쁜 그림을 봤더니 나도 그림이 그리고 싶었다. 집에서 출발하는 내 모습과 돌아온 내 모습을 그렸다.

출발한 시각 ( )
돌아온 시각 ( )

**04 서술형** 준호가 시각을 잘못 읽었습니다. 그 이유를 쓰고, 시각을 바르게 읽어 보세요.

준호    긴바늘이 **4**를 가리키고 있으므로 **9**시 **4**분이야.

이유

바르게 읽기

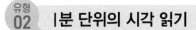

**유형 02** 1분 단위의 시각 읽기

**예제** 시각을 바르게 읽은 것에 색칠해 보세요.

4시 7분

4시 37분

**풀이** 짧은바늘: 4와 5 사이 → □시

긴바늘: 7에서 작은 눈금 2칸 더 간 곳

→ □분

**05** 시계를 보고 몇 시 몇 분인지 쓰세요.

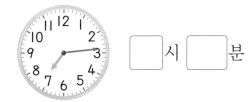

□시 □분

**06** 오른쪽 시계를 보고 밑줄 친 부분이 잘못된 것의 기호를 쓰세요.

시계의 짧은바늘이 11과 12 사이를 가리키므로 11시, 시계의 긴바늘이 5에
　　　　　　　　　　　　　　　　ⓐ
서 작은 눈금 3칸 더 간 곳을 가리키므로 53분입니다.
　　　ⓑ

(　　　　　　　　)

**07** 읽은 시각이 맞으면 →, 틀리면 ↓로 가서 만나는 보석에 ○표 하세요.

**08** □ 안에 1부터 4까지의 수 중 하나를 써넣고, 두 사람이 말한 시계는 몇 시 몇 분을 나타내는지 쓰세요.

현우
짧은바늘은 1과 2 사이를 가리키고 있어.

긴바늘은 9에서 작은 눈금 □칸 더 간 곳을 가리키고 있어.

미나

(　　　　　　　　)

<br>

유형
**03** **몇 시 몇 분 전으로 시각 읽기**

예제 시계가 나타내는 시각은 몇 시 몇 분 전일까요?

( )

풀이 **8**시가 되려면 ☐ 분이 더 지나야 하므로

☐ 시 ☐ 분 전입니다.

**09** 시각을 두 가지 방법으로 읽어 보세요.

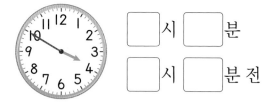

☐ 시 ☐ 분

☐ 시 ☐ 분 전

**10** 주어진 시각 중 다른 시각을 나타내는 것 하나에 △표 하세요.

6시 5분 전 ◯

5시 55분 ◯

6시 15분 전 ◯

**11** 선아의 글을 읽고 ☐ 안에 알맞은 수를 써 넣으세요.

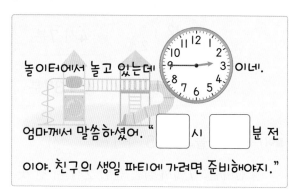

놀이터에서 놀고 있는데 ☐ 이네.

엄마께서 말씀하셨어. "☐ 시 ☐ 분 전

이야. 친구의 생일 파티에 가려면 준비해야지."

**12** 오른쪽 시계를 보고 시각
중요★ 을 바르게 읽은 것을 모두
찾아 기호를 쓰세요.

⊙ 11시 50분 ⓒ 10시 50분

ⓒ 11시 10분 전 ⓔ 10시 5분 전

( )

**13** 은우는 성호와 5시에 만나기로 했는데 5분 전에 약속 장소에 도착했습니다. 은우가 약속 장소에 도착한 시각은 몇 시 몇 분일까요?

( )

## 유형 04 디지털시계의 시각 읽기

**예제** 시계가 나타내는 시각은 몇 시 몇 분일까요?

(                    )

**풀이** ':' 왼쪽의 수가 4이므로 ☐시,

':' 오른쪽의 수가 38이므로 ☐분입니다.

**14** 디지털시계와 같은 시각을 나타낸 것에 ○표 하세요.
**중요**

10:05

(        )        (          )

**15** 시계의 시각을 잘못 읽은 사람의 이름을 쓰세요.

8:55

8시 55분  8시 50분  9시 5분 전

규민  미나  연서

(                    )

**16** 디지털시계의 분을 나타내는 곳에 수를 써 넣고, 몇 시 몇 분인지 쓰세요.
**창의형**

 ☐시 ☐분

## 유형 05 더 이른 시각 구하기
**+플러스**

**예제** 양치를 하기 전과 양치를 한 후에 본 시계입니다. 어느 시계가 양치를 하기 전 시계인지 기호를 쓰세요.

㉠ 9:24    ㉡ 9:27

(                    )

**풀이** ㉠ 9시 ☐분    ㉡ 9시 ☐분

시간이 지날수록 분의 수가 커지므로 양치 하기 전의 시각은 ☐입니다.

**17** 세진이가 집에 도착한 시각입니다. 집에 더 일찍 도착한 날은 어제와 오늘 중 언제일까요?

- 어제: 2시 45분
- 오늘: 3시 10분 전

(                    )

**18** 리아와 도율이 중에서 오늘 아침에 더 일찍 일어난 사람의 이름을 쓰세요.

리아: 내가 오늘 아침에 일어난 시각은 8시 5분 전이야.

도율: 나는 오늘 아침에 7시 50분에 일어났어.

(           )

**19** 윤주가 각 과목 숙제를 시작한 시각입니다. 가장 먼저 시작한 과목부터 차례로 쓰세요.

> • 수학: 5시 25분
> • 국어: 6시 5분 전
> • 미술: 5시 10분 전

(           )

---

**유형 06** **시각을 시계에 나타내기**

예제: 시각에 맞게 긴바늘을 그려 넣으세요.

7시 5분

풀이: 짧은바늘은 **7**과 **8** 사이에 있고, 긴바늘은 ☐을 가리켜야 합니다.

---

**20** 3시 27분을 나타내도록 긴바늘을 그려 넣으세요.

중요★

**21** 시각에 맞게 긴바늘을 그려 넣으세요.

10시 15분 전

**22** 왼쪽 시계는 예찬이가 6시 42분을 나타낸 것입니다. 잘못 나타낸 이유를 쓰고, 바르게 나타내세요.

서술형

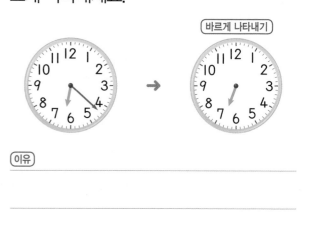

바르게 나타내기

(이유)

_____

_____

_____

**23** 8시 10분을 시계에 나타내려고 합니다. 각 바늘이 가리키는 곳에 맞게 ☐ 안에 수를 써넣고, 시계에 시각을 나타내세요.

- 짧은바늘: ☐ 와/과 **9** 사이
- 긴바늘: ☐

**24** 시계에 원하는 시각을 나타내고, 그 시각에 한 일을 쓰세요.

문장 ☐ 시 ☐ 분에

_____

**+플러스**
**유형 07** 거울에 비친 시각 읽기

예제 거울에 비친 시계를 보고 이 시계가 나타내는 시각은 몇 시 몇 분인지 구하세요.

☐ 시 ☐ 분

풀이 짧은바늘: **5**와 **6** 사이 ➡ ☐ 시

긴바늘: **3** ➡ ☐ 분

**25** 거울에 비친 시계를 본 것입니다. 바르게 본 시계에 긴바늘을 그려 넣고, 나타내는 시각은 몇 시 몇 분인지 구하세요.

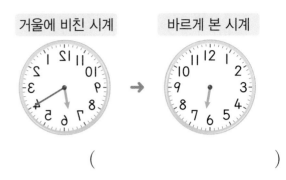

거울에 비친 시계     바르게 본 시계

(          )

**26** 거울에 비친 시계를 보고 이 시계가 나타내는 시각을 두 가지 방법으로 읽어 보세요.

**1**시 ☐ 분

**2**시 ☐ 분 전

**27** 오른쪽은 거울에 비친 시계를 나타낸 것입니다. 시각을 바르게 말한 사람의 이름을 쓰세요.

민지: **2**시 **3**분을 나타내고 있어.
동준: 아니야, **9**시 **57**분이야.
성우: **10**시 **57**분이지.

(          )

## ③ 1시간 알아보기

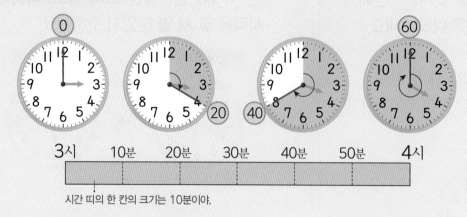

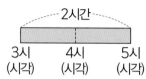

● 시각과 시간
시각: 어떤 일이 일어난 때
시간: 시각과 시각의 사이

시간 띠의 한 칸의 크기는 10분이야.

> 시계의 긴바늘이 한 바퀴 도는 데 걸린 시간은 **60분**입니다.

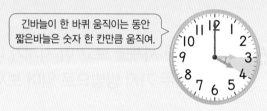

긴바늘이 한 바퀴 움직이는 동안 짧은바늘은 숫자 한 칸만큼 움직여.

**60분= 1시간**

## ④ 걸린 시간 알아보기

### 3시부터 4시 10분까지 걸린 시간 알아보기

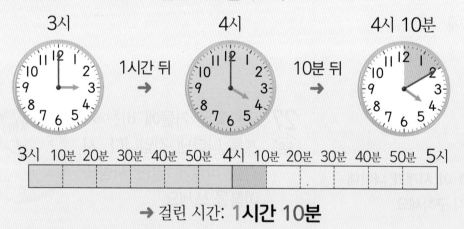

→ 걸린 시간: **1시간 10분**

### 걸린 시간을 몇 분 또는 몇 시간 몇 분으로 나타내기

1시간이 60분임을 이용하여 몇 시간 몇 분을 몇 분으로, 몇 분을 몇 시간 몇 분으로 나타낼 수 있습니다.

1시간 10분= 1시간＋ 10분
＝60분＋ 10분
＝70분

110분＝60분＋ 50분
＝ 1시간＋ 50분
＝ 1시간 50분

· 1시간＝60분
· 2시간＝60분씩 2번
→ 120분
· 3시간＝60분씩 3번
→ 180분

**01** 시계를 보고 알맞은 말에 ○표 하세요.

시계의 ( 긴바늘 , 짧은바늘 )이
한 바퀴 도는 데 걸린 시간은
( 60분 , 120분 )입니다.

**[02~05]** ☐ 안에 알맞은 수를 써넣으세요.

**02** 60분＝☐시간

**03** 1시간＝☐분

**04** 1시간 40분＝☐시간＋40분

＝☐분＋40분

＝☐분

**05** 90분＝60분＋☐분

＝☐시간＋☐분

＝☐시간☐분

**[06~08]** 활동을 시작한 시각과 끝낸 시각을 나타낸 것입니다. 걸린 시간을 구하세요.

**06**

시작한 시각　　　　끝낸 시각

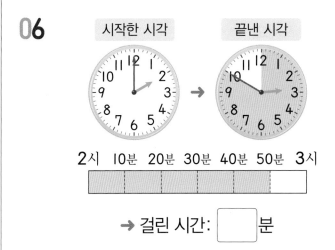

2시　10분　20분　30분　40분　50분　3시

→ 걸린 시간: ☐분

**07**

시작한 시각　　　　끝낸 시각

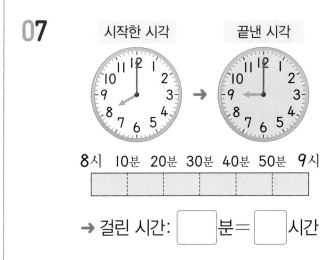

8시　10분　20분　30분　40분　50분　9시

→ 걸린 시간: ☐분＝☐시간

**08**　시작한 시각　　　　　　　　끝낸 시각

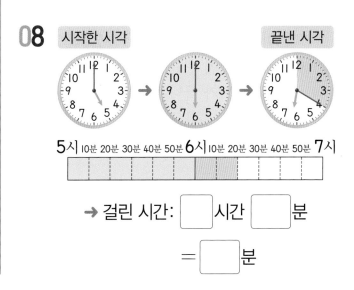

5시 10분 20분 30분 40분 50분 6시 10분 20분 30분 40분 50분 7시

→ 걸린 시간: ☐시간☐분

＝☐분

**유형 08** 시각과 시간 알아보기

예제 시각과 시간을 바르게 적은 문장의 기호를 쓰세요.

> ㉠ 학교 가는 데 걸리는 시각은 **30**분입니다.
> ㉡ 수업이 끝난 시각은 **3**시입니다.

(       )

풀이 시각과 시각 사이를 ( 시각 , 시간 )이라고 합니다.

따라서 '학교 가는 데 걸리는 ⬜'으로 적어야 합니다.

**01** 알맞은 말에 ○표 하세요.

> 세나가 공원에 도착한 ( 시각 , 시간 )은 **l**시이고, 공원을 산책한 ( 시각 , 시간 )은 **l**시간입니다.

**02** 다음 중 <u>틀리게</u> 말한 사람의 이름을 쓰고, (서술형) 바르게 고쳐 보세요.

> 은아: 경기 시작 시각은 **3**시 **20**분이야.
> 현호: 중간에 쉬는 시각이 **30**분 있어.
> 세훈: 경기가 끝나는 시각은 **6**시야.

[이름]

_____

[바르게 고치기]

_____

_____

**유형 09** 시간과 분 사이의 관계

예제 ⬜ 안에 알맞은 수를 써넣으세요.

$$2\text{시간 }30\text{분}=\boxed{\phantom{00}}\text{분}$$

풀이 2시간 30분＝2시간＋30분

$$=\boxed{\phantom{00}}\text{분}＋30\text{분}$$

$$=\boxed{\phantom{00}}\text{분}$$

**03** ⬜ 안에 알맞은 수를 써넣으세요.

(1) **l**시간 **20**분＝⬜분

(2) **200**분＝⬜시간 ⬜분

**04** 같은 것끼리 이어 보세요.
(중요★)

(1) **l시간 l5분** ·　　· **l05분**

(2) **2시간 25분** ·　　· **75분**

(3) **l시간 45분** ·　　· **l45분**

**05** 바르게 말한 사람의 이름을 쓰세요.

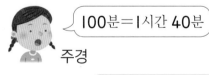

> **l00**분＝**l**시간 **40**분
>
> 주경

> **l70**분＝**3**시간 **50**분
>
> 현우

(       )

**06** 주환이가 오늘 운동한 시간을 적은 것입니다. 더 오래 한 운동은 어느 것일까요?

> • 농구: 1시간 5분  • 달리기: 70분

(            )

**유형 10** **걸린 시간 구하기**

**예제** 청소를 하는 데 걸린 시간을 시간 띠에 색칠하고, 구하세요.

시작한 시각      끝난 시각

4시   10분   20분   30분   40분   50분   5시

☐ 분 = ☐ 시간

**풀이** 4시부터 ☐ 시까지 색칠합니다.

색칠한 칸은 ☐ 칸이므로 청소를 하는 데

걸린 시간은 ☐ 분 = ☐ 시간입니다.

**07** 공부를 시작한 시각과 끝낸 시각을 나타낸 것입니다. 공부를 하는 데 걸린 시간을 구하세요.

시작한 시각      끝낸 시각

☐ 시간 = ☐ 분

**08** 민재가 버스를 탄 시간은 몇 시간 몇 분인지 시간 띠에 색칠하고, 구하세요.

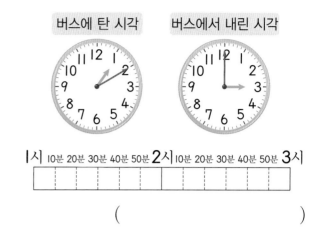

버스에 탄 시각      버스에서 내린 시각

1시 10분 20분 30분 40분 50분 2시 10분 20분 30분 40분 50분 3시

(            )

**09** 재석이가 수영을 시작한 시각과 끝낸 시각을 나타낸 것입니다. 재석이가 수영을 한 시간은 몇 시간 몇 분일까요?

시작한 시각      끝낸 시각

(            )

**10** 진희가 본 영화가 시작한 시각과 끝난 시각을 나타낸 것입니다. 영화의 상영 시간은 몇 분일까요?

시작한 시각      끝난 시각

1:20      3:30

(            )

### 유형 11 전체 시간 구하기

**예제** 다음 축구 경기에서 전반전부터 후반전까지의 전체 시간은 몇 시간 몇 분일까요?

| 전반전 | 5:00~5:45 |
|---|---|
| 휴식 시간 | 5:45~6:00 |
| 후반전 | 6:00~6:45 |

( )

**풀이** 5시부터 ☐시 ☐분까지의 시간을 구합니다.

5시 ──1시간 후──▶ 6시 ──☐분 후──▶ 6시 45분

➡ 전체 시간: ☐시간 ☐분

**11** 서울에서 서대구까지 간 뒤 기차를 갈아타서 부산을 가려고 합니다. 이동하는 데 걸린 시간을 구하세요.

서울     서대구     부산

출발      도착   갈아타는 시간
8:00 ──▶ 9:30 / : 15분

           출발       도착
           9:45 ──▶ 10:40

(1) 서울에서 서대구까지 걸린 시간은 ☐시간 ☐분입니다.

(2) 서대구에서 부산까지 걸린 시간은 ☐분입니다.

(3) 서울에서 부산까지 걸린 전체 시간은 ☐시간 ☐분입니다.

**12** 다음 음악회에서 1부부터 2부까지의 전체 시간은 몇 분인지 구하세요.

| 음악회 시간표 | | |
|---|---|---|
| 1부 | 쉬는 시간 | 2부 |
| 6:00 ~7:10 | 30분 | 7:40 ~8:50 |

( )

### 유형 12 걸린 시간 비교하기

**예제** 줄넘기를 더 오래 한 사람은 누구인지 이름을 쓰세요.

| 이름 | 시작한 시각 | 끝낸 시각 |
|---|---|---|
| 준우 | 4시 10분 | 4시 30분 |
| 서아 | 7시 20분 | 7시 50분 |

( )

**풀이** 두 사람이 줄넘기를 한 시간을 구합니다.

• 준우: ☐분     • 서아: ☐분

☐◯☐ 이므로 줄넘기를 더 오래 한 사람은 ( 준우 , 서아 )입니다.

**13** 연서와 준호 중 책 정리를 더 짧게 한 사람의 이름을 쓰세요.

책 정리를 1시간 10분 동안 했어.

2시 30분부터 책 정리를 했는데 3시 50분에 끝났어.

연서                준호

( )

**14** 체험 활동 시간표를 보고 어느 활동이 가장 오래 걸리는지 구하려고 합니다. 풀이 과정을 쓰고, 답을 구하세요.

<서술형>

| 체험 활동 시간표 | |
|---|---|
| 9 : 30 ~ 10 : 50 | 꽃 심기 |
| 10 : 50 ~ 12 : 00 | 딸기잼 만들기 |
| 1 : 00 ~ 2 : 50 | 전통 과자 만들기 |

[1단계] 각 활동에 걸리는 시간 구하기

_____

_____

[2단계] 가장 오래 걸리는 활동 구하기

_____

_____

답 _____

+플러스
유형
**13** **긴바늘이 도는 횟수와 시간 사이의 관계**

예제 시계의 긴바늘이 **2**바퀴 돌면 몇 시간이 지난 것일까요?

(        )

풀이 시계의 긴바늘이 ■바퀴 돌면 ■시간이 지난 것입니다.

**15** 다음과 같이 시간이 지나는 동안 시계의 긴바늘은 몇 바퀴를 돌까요?

3:20 → 4:20

(        )

**16** 예진이가 책을 읽기 시작해서 책을 다 읽을 때까지 시계의 긴바늘이 **3**바퀴 돌았습니다. 책을 다 읽을 때까지 걸린 시간은 몇 시간일까요?

(        )

**17** 시계의 짧은바늘이 **2**에서 **6**까지 가는 동안에 긴바늘은 몇 바퀴 돌까요?

(        )

**18** 시계가 멈춰서 현재 시각으로 맞추려고 합니다. 시계의 긴바늘을 몇 바퀴만 돌리면 되는지 구하세요.

<중요★>

멈춘 시계      현재 시각

8:30

(        )

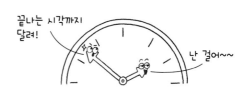

끝나는 시각까지 달려!

난 걸어~~

+플러스
유형 14 ■시간 ▲분 전의 시각 구하기

예제 시계가 나타내는 시각에서 10분 전의 시각은 몇 시 몇 분인지 구하세요.

( )

풀이 시계가 나타내는 시각: ☐ 시 ☐ 분

↓ 10분 전

10분 전의 시각: ☐ 시 ☐ 분

**19** 재희는 친구들을 만나 2시간 동안 함께 공부를 하고 4시 30분에 헤어졌습니다. 재희와 친구들이 만난 시각은 몇 시 몇 분일까요?

( )

**20** 윤주는 1시간 20분 동안 등산을 하였습니다. 등산을 끝낸 시각이 6시 30분이라면 윤주가 등산을 시작한 시각은 몇 시 몇 분일까요?

( )

**21** 오른쪽 시계가 나타내는 시각에서 100분 전의 시각을 왼쪽 시계에 나타내세요.

100분 전

**22** 영어 공부를 더 먼저 시작한 사람의 이름을 쓰세요.

| 이름 | 끝낸 시각 | 걸린 시간 |
|------|----------|-----------|
| 승호 | 7시 45분 | 1시간 30분 |
| 현지 | 7시 50분 | 1시간 40분 |

( )

**23** 세 만화 영화가 모두 10시 40분에 끝났습니다. 원하는 영화를 골라 문장을 완성해 보세요.

창의형

별똥별

상영 시간: 75분

럭키

상영 시간: 1시간 30분

피터팬

상영 시간: 1시간 10분

문장 내가 본 만화 영화는 ☐ 이고

☐ 시 ☐ 분에 시작했습니다.

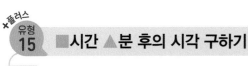

**■시간 ▲분 후의 시각 구하기**

예제 시계가 나타내는 시각에서 1시간 20분 후의 시각은 몇 시 몇 분일까요?

( )

풀이 9시 35분 $\xrightarrow{1시간 후}$ ☐시 ☐분

$\xrightarrow{20분 후}$ ☐시 ☐분

**24** 시계가 나타내는 시각에서 50분 후의 시각을 구하려고 합니다. ☐ 안에 알맞은 수를 써넣으세요.

**10:20**

10시 20분 $\xrightarrow{40분 후}$ ☐시

> 50분 후를 40분 후와 10분 후로 나누어 구해 봐.

$\xrightarrow{10분 후}$ ☐시 ☐분

**25** 왼쪽 시계가 나타내는 시각에서 주어진 시간만큼 지난 시각을 오른쪽 시계에 나타내세요.

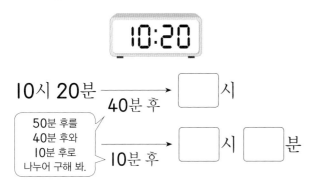

**26**
(서술형) 2시 25분에서 2시간 15분 후의 시각을 시계에 나타내려고 합니다. 긴바늘이 어떤 숫자를 가리키게 그려야 하는지 풀이 과정을 쓰고, 답을 구하세요.

1단계 2시 25분에서 2시간 15분 후의 시각 구하기

_____

_____

2단계 구한 시각에서 긴바늘이 가리키는 숫자 구하기

_____

답 _____

**27** 5시 40분에 출발하여 이모 댁에 가는 데 시계의 긴바늘이 2바퀴 돌았습니다. 이모 댁에 도착한 시각은 몇 시 몇 분일까요?

( )

**28** 오늘 태권도 학원에서 한 활동과 각 활동의 걸린 시간을 나타낸 것입니다. 활동을 시작한 시각이 1시 20분이라면 활동이 모두 끝난 시각은 몇 시 몇 분일까요?

| 활동 | 걸린 시간 |
|------|-----------|
| 트램펄린 | 20분 |
| 태권도 | 1시간 10분 |
| 줄넘기 | 15분 |

( )

## ⑤ 하루의 시간 알아보기

전날 밤 12시부터 낮 12시까지 ➡ 오전

낮 12시부터 밤 12시까지 ➡ 오후

하루는 24시간입니다. | **1일 = 24시간** |

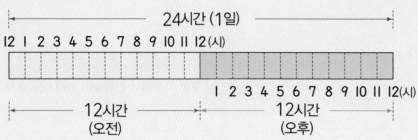

● **하루 동안 시곗바늘이 도는 횟수**
하루는 24시간이므로
긴바늘은 24바퀴,
짧은바늘은 2바퀴 돕니다.

## ⑥ 달력 알아보기

### 달력 알아보기

| 1주일은 7일입니다. | **1주일 = 7일** |

같은 요일이 돌아오는 데 걸리는 기간

#### 9월

| 일 | 월 | 화 | 수 | 목 | 금 | 토 |
|---|---|---|---|---|---|---|
|  |  |  | 1 | 2 | 3 | 4 | 5 |
| 6 | 7 | 8 | 9 | 10 | 11 | 12 |
| 13 | 14 | 15 | 16 | 17 | 18 | 19 |
| 20 | 21 | 22 | 23 | 24 | 25 | 26 |
| 27 | 28 | 29 | 30 |  |  |  |

+7일
+7일
+7일

• 9월은 모두 30일입니다.

• 일요일, 월요일, 화요일, 수요일,
목요일, 금요일, 토요일로
같은 요일이 7일마다 반복됩니다.

● • 1주일은 시작하는 요일과 상
관없이 7일을 의미합니다.
• 1년은 시작하는 달과 상관없
이 열두 달을 의미합니다.

### 1년 알아보기

| 1년은 12개월입니다. | **1년 = 12개월** |

1년은 1월부터 12월까지 있습니다. 각 월의 날수는 아래와 같습니다.

| 월 | 1 | 2 | 3 | 4 | 5 | 6 | 7 | 8 | 9 | 10 | 11 | 12 |
|---|---|---|---|---|---|---|---|---|---|---|---|---|
| 날수 (일) | 31 | 28 (29) | 31 | 30 | 31 | 30 | 31 | 31 | 30 | 31 | 30 | 31 |

2월은 4년마다 29일이 됩니다.

● **달의 날수 알아보기**

위로 솟은 달: 31일
안으로 들어간 달: 30일,
28(29)일

**[01~03]** 다희가 오늘 하루 동안 한 일을 시간 띠에 나타낸 것입니다. ☐ 안에 알맞은 수를 쓰거나, 알맞은 말에 ◯표 하세요.

**01** 하루는 ☐ 시간입니다.

**02** 다희는 ( 오전 , 오후 ) 8시에 일어났습니다.

**03** 다희가 오후에 한 일은
( 아침 식사 , 독서 , 블록 놀이 )입니다.

**[04~06]** ☐ 안에 알맞은 수를 써넣으세요.

**04** 24시간＝ ☐ 일

**05** 1일 9시간＝ ☐ 시간＋9시간
＝ ☐ 시간

**06** 26시간＝24시간＋ ☐ 시간
＝ ☐ 일 ☐ 시간

**[07~09]** 어느 해의 4월 달력을 보고 물음에 답하세요.

4월

| 일 | 월 | 화 | 수 | 목 | 금 | 토 |
|---|---|---|---|---|---|---|
|  | 1 | 2 | 3 | 4 | 5 | 6 |
| 7 | 8 | 9 | 10 | 11 | 12 | 13 |
| 14 | 15 | 16 | 17 | 18 | 19 | 20 |
| 21 | 22 | 23 | 24 | 25 | 26 | 27 |
| 28 | 29 | 30 |  |  |  |  |

**07** 4월의 날수는 ☐ 일입니다.

**08** 4월 23일은 ☐ 요일입니다.

**09** 이 달에서 토요일인 날짜는 6일,
☐ 일, ☐ 일, ☐ 일입니다.

**[10~12]** ☐ 안에 알맞은 수를 써넣으세요.

**10** 14일＝ ☐ 주일

**11** 1년 2개월＝ ☐ 개월＋2개월
＝ ☐ 개월

**12** 32개월
＝12개월＋12개월＋ ☐ 개월
＝ ☐ 년 ☐ 개월

4
단원

### 유형 16 하루의 시간 알아보기

예제 ☐ 안에 알맞은 수를 써넣으세요.

2일=☐시간

풀이 2일=1일+1일=☐시간+☐시간

=☐시간

**01** ☐ 안에 알맞은 수를 써넣으세요.

(1) 1일 8시간=☐시간

(2) 51시간=☐일 ☐시간

**02** 잘못 말한 사람의 이름을 쓰고, 바르게 고쳐 보세요.
서술형

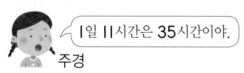 1일 11시간은 35시간이야.
주경

60시간은 3일 12시간이야. 규민

이름

바르게 고치기

**03** 하루 중 해가 떠 있는 시간을 낮, 해가 없는 시간을 밤이라고 합니다. 하루 중 낮이 13시간이었다면 밤은 몇 시간일까요?

( )

### 유형 17 오전과 오후 알아보기

예제 아침 8시는 오전과 오후 중 언제일까요?

( )

풀이 전날 밤 12시부터 낮 12시까지: ☐

낮 12시부터 밤 12시까지: ☐

→ 아침 8시: ☐

**04** 시우의 계획표를 보고 알맞은 말에 ○표 하세요.

숙제하기
잠자기
저녁 식사
친구들과 놀기
점심 식사
아침 식사
피아노 치기

( 오전 , 오후 ) 9시에 일어나고,
( 오전 , 오후 ) 7시에 숙제를 합니다.

**05** 오전과 오후를 알맞게 이어 보세요.
중요★

(1) 낮 2시 ·

(2) 저녁 5시 · · 오전

(3) 새벽 1시 · · 오후

**06** 희연이네 어머니는 밤 11시에 주무십니다. 희연이네 어머니가 주무시는 시각은 오전과 오후 중 언제일까요?

(            )

**07** 표를 보고 바르게 설명한 것을 찾아 기호를 쓰세요.

| 시간 | 일정 |
|---|---|
| 9 : 30 ~ 10 : 20 | 마술 공연 |
| 10 : 20 ~ 11 : 50 | 공 굴리기 |
| 11 : 50 ~ 1 : 00 | 점심 시간 |
| 1 : 00 ~ 2 : 00 | 줄다리기 |
| 2 : 00 ~ 2 : 50 | 이어달리기 |

⊙ 오전에 마술 공연을 합니다.
⊙ 오전에 줄다리기를 합니다.
⊙ 오후에 공 굴리기를 합니다.

(            )

**08** 연지는 저녁에 잠들어서 아침에 일어납니다. 잠든 시각과 일어난 시각이 다음과 같을 때, 각 시각은 오전 또는 오후 몇 시 몇 분인지 차례로 쓰세요.

잠든 시각 (          )
일어난 시각 (          )

**+플러스**
**유형 18** 오전과 오후 두 시각 사이의 시간 구하기

**예제** 현오가 오전 10시부터 오후 3시까지 축구를 했습니다. 축구를 한 시간은 몇 시간일까요?

(            )

**풀이**

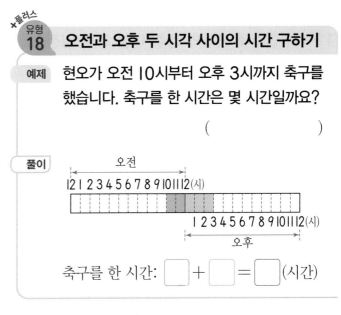

축구를 한 시간: ☐ + ☐ = ☐ (시간)

**[09~10]** 단우가 학교에 도착한 시각과 학교에서 나온 시각을 나타낸 시계입니다. 물음에 답하세요.

도착한 시각     나온 시각
오전              오후

**09** 단우가 학교에 있던 시간을 시간 띠에 색칠해 보세요.

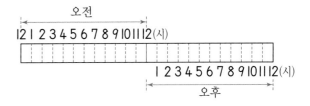

**10** 단우가 학교에 있던 시간은 몇 시간일까요?

(            )

[11~12] **민주네 가족의 경주 여행 하루 일정표를 보고 물음에 답하세요.**

| 시간 | 일정 |
|---|---|
| 9:00~10:00 | 집에서 출발, 불국사로 이동 |
| 10:00~11:30 | 불국사 구경 |
| 11:30~1:30 | 석굴암 구경 |
| 1:30~2:30 | 점심 식사 |
| 2:30~3:30 | 첨성대 구경 |
| ... | ... |
| 6:00~7:00 | 집으로 이동, 집에 도착 |

**11** 민주네 가족이 불국사와 석굴암을 구경한 시간은 몇 시간 몇 분일까요?

( )

**12** 민주네 가족이 집에서 출발한 때부터 집에 도착할 때까지 걸린 시간을 구하세요.

( )

**13** 윤선이네 가족이 할머니 댁에 다녀오는 데 걸린 시간을 구하세요.

| 첫날 출발한 시각 | 다음날 도착한 시각 |
|---|---|
| 오전 **9:00** | 오후 **8:00** |

( )

### 유형 19 1주일 알아보기

**예제** 목요일부터 다음주 수요일까지는 모두 며칠일까요?

( )

**풀이** 같은 요일이 돌아오는 데 걸리는 기간은 1주일입니다. → 1주일 = ☐ 일

**14** 바르게 나타낸 것에 ○표 하세요.

| 1주일 2일 = 12일 | ( ) |
| 21일 = 3주일 | ( ) |

**15** 연극 연습을 세화는 16일, 영지는 2주일 했습니다. 연습한 기간이 더 긴 사람의 이름을 쓰세요.

( )

**16** 현성이의 생일은 민우 생일의 14일 전입니다. 현성이의 생일은 매년 민우의 생일과 요일이 같은지 아닌지 쓰고, 그 이유를 쓰세요.

답 _____

이유 _____
_____

## 유형 20 달력 알아보기

**예제** 어느 해의 3월 달력입니다. 금요일은 몇 번 있을까요?

### 3월

| 일 | 월 | 화 | 수 | 목 | 금 | 토 |
|---|---|---|---|---|---|---|
|  |  |  |  | 1 | 2 | 3 |
| 4 | 5 | 6 | 7 | 8 | 9 | 10 |
| 11 | 12 | 13 | 14 | 15 | 16 | 17 |
| 18 | 19 | 20 | 21 | 22 | 23 | 24 |
| 25 | 26 | 27 | 28 | 29 | 30 | 31 |

( )

**풀이** 금요일을 모두 찾아 써 보면

☐일, ☐일, ☐일, ☐일, ☐일

로 ☐ 번 있습니다.

---

**[17~18]** 어느 해의 10월 달력을 보고 물음에 답하세요.

### 10월

| 일 | 월 | 화 | 수 | 목 | 금 | 토 |
|---|---|---|---|---|---|---|
|  |  | 1 | 2 | 3 | 4 | 5 |
| 6 | 7 | 8 | 9 | 10 | 11 | 12 |
| 13 | 14 | 15 | 16 | 17 | 18 | 19 |
| 20 | 21 | 22 | 23 | 24 | 25 | 26 |
| 27 | 28 | 29 | 30 | 31 |  |  |

**17** 일요일은 며칠마다 반복될까요?

( )

**18** 경수는 매주 토요일에 축구를 합니다. 경수가 10월에 축구를 하는 날짜를 모두 쓰세요.

( )

---

**[19~21]** 어느 해의 8월 달력과 준호의 수첩을 보고 물음에 답하세요.

### 8월

| 일 | 월 | 화 | 수 | 목 | 금 | 토 |
|---|---|---|---|---|---|---|
|  | 1 | 2 | 3 | 4 | 5 | 6 |
| 7 | 8 | 9 | 10 | 11 | 12 | 13 |
| 14 | 15 | 16 | 17 | 18 | 19 | 20 |
| 21 | 22 | 23 | 24 | 25 | 26 | 27 |
| 28 | 29 | 30 | 31 |  |  |  |

〈준호의 수첩〉

- 한자 공부: 시험 전 매주 월요일, 수요일, 금요일
- 한자 시험: 8월 셋째 토요일
- 시험 결과 발표: 8월의 마지막 날

**19** 준호의 한자 시험일은 몇 월 며칠일까요?

( )

**20** 준호의 한자 시험 결과를 발표하는 날은 몇 월 며칠이고, 무슨 요일일까요?

( ), ( )

**21** 시험 전까지 8월에 준호가 한자 공부를 한 날은 모두 며칠일까요?

( )

할 일이 있다면 나에게 적어 둬!

### +플러스 유형 21 ▲일 전(후)의 요일 알아보기

예제 어느 해의 5월 달력입니다. 5월 17일에서 9일 후는 무슨 요일일까요?

5월

| 일 | 월 | 화 | 수 | 목 | 금 | 토 |
|---|---|---|---|---|---|---|
| 1 | 2 | 3 | 4 | 5 | 6 | 7 |
| 8 | 9 | 10 | 11 | 12 | 13 | 14 |
| 15 | 16 | 17 | 18 | 19 | 20 | 21 |
| 22 | 23 | 24 | 25 | 26 | 27 | 28 |
| 29 | 30 | 31 | | | | |

(                    )

풀이 9일=7일+☐일=☐주일 ☐일

5월 17일은 화요일이고 1주일 후도 화요일입니다. 따라서 9일 후는 화요일에서 ☐일만큼 더 간 ☐요일입니다.

---

**[22~23] 어느 해의 6월 달력을 보고 물음에 답하세요.**

6월

| 일 | 월 | 화 | 수 | 목 | 금 | 토 |
|---|---|---|---|---|---|---|
| | | | | | 1 | 2 | 3 |
| 4 | 5 | 6 | 7 | 8 | 9 | 10 |
| 11 | 12 | 13 | 14 | 15 | 16 | 17 |
| 18 | 19 | 20 | 21 | 22 | 23 | 24 |
| 25 | 26 | 27 | 28 | 29 | 30 | |

**22** 중요★ 6월 12일에서 15일 후는 무슨 요일일까요?

(                    )

**23** 6월 6일에서 12일 전은 무슨 요일일까요?

(                    )

---

**24** 서술형 은재의 생일은 4월 17일 금요일이고, 어머니의 생신은 은재의 생일로부터 10일 후라고 합니다. 어머니의 생신은 무슨 요일인지 풀이 과정을 쓰고, 답을 구하세요.

(1단계) 10일은 몇 주일 며칠인지 구하기

_____

(2단계) 어머니의 생신은 무슨 요일인지 구하기

_____

_____

답 _____

---

### 유형 22 1년 알아보기

예제 현우는 피아노를 2년 5개월 동안 배웠습니다. 피아노를 배운 기간은 몇 개월일까요?

(                    )

풀이 2년 5개월
=1년+1년+5개월
=☐개월+☐개월+5개월
=☐개월

**25** ☐ 안에 알맞은 수를 써넣으세요.

(1) 27개월=☐년 ☐개월

(2) 1년 9개월=☐개월

**26** 나타내는 기간이 더 긴 것에 ○표 하세요.

| 1년 7개월 | 15개월 |
|:---:|:---:|
| (　　　　) | (　　　　) |

**27** 주희의 운동 이야기를 완성하려고 합니다. ☐ 안에 알맞은 수를 써넣으세요.

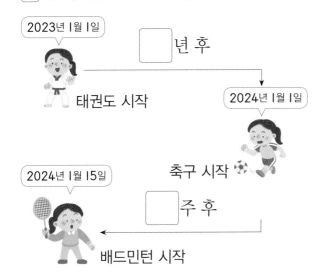

2023년 1월 1일
☐ 년 후
태권도 시작

2024년 1월 1일
축구 시작

2024년 1월 15일
☐ 주 후
배드민턴 시작

**유형 23** **각 달의 날수 알기**

**예제** 날수가 30일인 달을 찾아 쓰세요.

| 3월　　8월　　9월　　12월 |
|:---:|

(　　　　　　　　)

**풀이** 각 달의 날수를 알아봅니다.

3월 → ☐ 일, 8월 → ☐ 일,

9월 → ☐ 일, 12월 → ☐ 일

**28** 날수가 같은 달끼리 짝 지은 것에 모두 ○표 하세요.

| 2월, 8월 | 5월, 10월 | 9월, 11월 |
|:---:|:---:|:---:|
| (　　) | (　　) | (　　) |

**29** 잘못 설명한 것을 찾아 기호를 쓰세요.

> ㉠ 1월은 31일까지 있습니다.
> ㉡ 4월은 31일까지 있습니다.
> ㉢ 7월과 8월의 날수는 같습니다.

(　　　　　　　　)

**30** 어느 해의 7월 달력을 완성해 보세요.

7월

| 일 | 월 | 화 | 수 | 목 | 금 | 토 |
|:---:|:---:|:---:|:---:|:---:|:---:|:---:|
|  | 1 | 2 |  | 4 | 5 | 6 |
|  | 8 | 9 | 10 | 11 | 12 | 13 |
| 14 |  | 16 |  | 18 |  | 20 |
| 21 | 22 |  | 24 | 25 | 26 |  |
|  |  |  |  |  |  |  |

**31** 대호의 생일은 6월 마지막 날이고 수아는 대호보다 9일 먼저 태어났습니다. 수아의 생일은 몇 월 며칠일까요?

(　　　　　　　　)

**+플러스 유형 24** **찢어진 달력에서 날짜, 요일 구하기**

**예제** 어느 해의 5월 달력의 일부분입니다. ○표 한 날로부터 1주일 후는 며칠이고, 무슨 요일인지 차례로 쓰세요.

5월

| 일 | 월 | 화 | 수 | 목 | 금 | 토 |
|---|---|---|---|---|---|---|
|  |  |  | 1 | 2 | 3 | 4 |
| 5 | 6 | 7 | 8 | ⑨ | 10 | 11 |

(       ), (       )

**풀이** 9일에서 1주일 후는

9일＋□일＝□(일)이고, 1주일마다

같은 요일이 반복되므로 □요일입니다.

**32** 어느 해의 4월 달력의 일부분입니다. 이달의 27일은 무슨 요일일까요?
**(중요★)**

4월

| 일 | 월 | 화 | 수 | 목 | 금 | 토 |
|---|---|---|---|---|---|---|
|  |  |  |  |  | 1 | 2 |
| 3 | 4 | 5 | 6 | 7 | 8 | 9 |
|  |  |  |  | 14 | 15 |  |

(       )

**33** 어느 해 2월 달력의 일부분입니다. 이달에는 월요일이 모두 몇 번 있는지 구하세요.

2월

| 일 | 월 | 화 | 수 | 목 | 금 | 토 |
|---|---|---|---|---|---|---|
|  |  |  |  | 1 | 2 | 3 |
| 4 | 5 | 6 | 7 | 8 | 9 | 10 |

(       )

**[34~35]** 어느 해 9월 달력의 일부분입니다. 물음에 답하세요.

9월

| 일 | 월 | 화 | 수 | 목 | 금 | 토 |
|---|---|---|---|---|---|---|
|  | 1 | 2 | 3 | 4 | 5 | 6 |

**34** 이달의 둘째 목요일은 며칠일까요?

(       )

**35** 이달의 마지막 날은 무슨 요일일까요?

(       )

**+플러스 유형 25** **기간 구하기**

**예제** 놀이공원에서 5월 26일부터 6월 16일까지 어린이 축제가 열립니다. 어린이 축제가 열리는 기간은 모두 며칠일까요?

5월

| 일 | 월 | 화 | 수 | 목 | 금 | 토 |
|---|---|---|---|---|---|---|
|  | 1 | 2 | 3 | 4 | 5 | 6 |
| 7 | 8 | 9 | 10 | 11 | 12 | 13 |
| 14 | 15 | 16 | 17 | 18 | 19 | 20 |
| 21 | 22 | 23 | 24 | 25 | 26 | 27 |
| 28 | 29 | 30 | 31 |  |  |  |

6월

| 일 | 월 | 화 | 수 | 목 | 금 | 토 |
|---|---|---|---|---|---|---|
|  |  |  |  |  | 1 | 2 | 3 |
| 4 | 5 | 6 | 7 | 8 | 9 | 10 |
| 11 | 12 | 13 | 14 | 15 | 16 | 17 |
| 18 | 19 | 20 | 21 | 22 | 23 | 24 |
| 25 | 26 | 27 | 28 | 29 | 30 |  |

(       )

**풀이** 5월 26일～5월 31일의 날수: □일

6월 1일～6월 16일의 날수 □일

➡ □＋□＝□(일)

**36** 정우네 마을에서 세계 마술 대회가 열립니다. 세계 마술 대회를 하는 기간은 모두 며칠일까요?

세계 마술 대회

기간: 1월 25일
~ 2월 13일

( )

**+플러스**
**유형 26** 기간의 첫(마지막) 날짜 구하기

**예제** 수빈이는 12월 7일에 발레를 배우기 시작했습니다. 발레를 배운 날부터 오늘까지 매일 4일 동안 발레를 했다면 오늘은 몇 월 며칠일까요?

( )

**풀이** 12월 7일부터 4일 동안이므로
오늘은 7일에서 3일이 지난 날입니다.

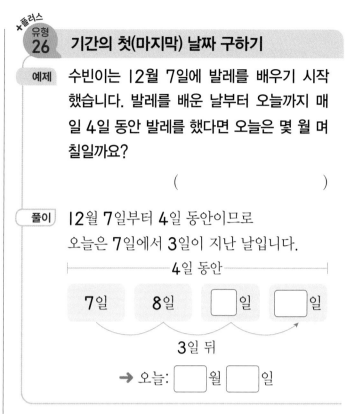

4일 동안

| 7일 | 8일 | ☐일 | ☐일 |

3일 뒤

→ 오늘: ☐월 ☐일

**37** 은혁이는 7월 20일부터 8월 12일까지 매일 문제를 풀어 문제집을 모두 풀었습니다. 문제집을 푼 기간은 며칠인지 풀이 과정을 쓰고, 답을 구하세요.

(서술형)

[1단계] 7월에 문제집을 푼 기간 구하기

_____

_____

[2단계] 8월에 문제집을 푼 기간 구하기

_____

_____

[3단계] 문제집을 푼 전체 기간 구하기

_____

답 _____

**38** 미술 작품을 11일 동안 만들어서 오늘 완성했습니다. 오늘이 6월 30일일 때 미술 작품을 만들기 시작한 날은 몇 월 며칠인지 구하세요.

( )

**39** 어린이 발명 대회가 30일 동안 열린다고 합니다. 발명 대회는 몇 월 며칠까지 열릴까요?

어린이 **발명** 대회

기간: 11월 20일
~ ○월 ○일

( )

# 응용 **해결하기**

바르게 본 시각 구하기

**1** 어떤 시계를 현지는 짧은바늘을 잘못 보고 **9**시 **15**분 전이라 하고, 태용이는 긴바늘을 잘못 보고 **3**시 **10**분이라고 하였습니다. 이 시계가 나타내는 시각은 몇 시 몇 분일까요?

(                )

해결 tip

잘못 본 시각으로 바른 시각을 구하려면?

잘못 본 것을 제외하고 바르게 본 것을 모아 시각을 읽습니다.

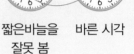

| 짧은바늘을<br>잘못 봄 | 바른 시각 | 긴바늘을<br>잘못 봄 |

연습한 기간 구하기

**2** 찬성이는 **3**월 **1**일부터 **5**월 **8**일까지 하루도 빠짐없이 매일 피아노 연습을 했습니다. 모두 며칠 동안 피아노 연습을 했는지 풀이 과정을 쓰고, 답을 구하세요. **서술형**

풀이

답 _____

끝난 시각 구하기

**3** 어느 체험학습 수업 시간표입니다. 모든 수업 사이에 쉬는 시간이 있고, **1**교시는 **9**시에 시작할 때 **4**교시 수업이 끝나는 시각은 몇 시 몇 분인지 구하세요.

> **수업 시간표**
> • 수업 시간: 35분
> • 쉬는 시간: 10분

(                )

4교시 수업이 끝나는 시각을 구하려면?

1교시부터 4교시까지 차례대로 시작한 시각과 끝난 시각을 구합니다.

다음달 ■일의 요일 구하기

**4** 어느 해의 3월 2일은 토요일입니다. 같은 해 4월 1일은 무슨 요일인지 풀이 과정을 쓰고, 답을 구하세요.

(서술형)

(풀이)

(답)

해결 tip

3월 마지막 날의 요일을 구하려면?

3월 2일과 요일이 같은 날을 이용하여 3월 마지막 날의 요일을 구합니다.

| 토 | |
|---|---|
| 2 | |
| 9 | |
| 16 | |
| 23 | |
| 30 | 31 |

+7 +7 +7 +7

긴바늘이 돈 횟수와 시각 알아보기

**5** 현재 날짜와 시각에서 시계의 긴바늘이 5바퀴 돌면 며칠 몇 시가 되는지 ◻ 안에 알맞은 수를 써넣고, 알맞은 말에 ○표 하세요.

10월 14일    오후

◻월 ◻일 ( 오전 , 오후 ) ◻시

조건을 만족하는 시각은 모두 몇 번인지 구하기

**6** 첫차가 오전 6시이고, 1시간 10분마다 출발하는 기차가 있습니다. 이 기차는 오전 중에 몇 번 출발하는지 구하세요.

(                    )

정답 35쪽

빨라지는 시계의 시각 구하기

**7** 1시간에 1분씩 빨라지는 시계가 있습니다. 이 시계의 시각을 오늘 오전 9시에 정확하게 맞추었습니다. 내일 오전 9시에 이 시계가 가리키는 시각은 몇 시 몇 분인지 구하세요.

오늘 오전 9시 → 내일 오전 9시

(1) 오늘 오전 9시부터 내일 오전 9시까지는 몇 시간일까요?

( )

(2) 내일 오전 9시에 이 시계가 가리키는 시각은 몇 시 몇 분일까요?

( )

나라 사이의 시각 차이 알아보기

**8** 서울이 오후 3시일 때 프랑스 파리의 시각은 같은 날 오전 7시입니다. 서울이 2월 1일 오전 2시 15분일 때 파리의 날짜와 시각을 구해 보세요.

(1) 파리의 시각은 서울의 시각보다 몇 시간 느린지 구해 보세요.

( )

(2) 서울이 2월 1일 오전 2시 15분일 때 파리의 날짜와 시각을 구해 보세요.

☐ 월 ☐ 일 ( 오전 , 오후 ) ☐ 시 ☐ 분

해결 tip

몇 분 빨라지는지 구하려면?

1시간에 1분씩 빨라지는 시계는 ■시간이 지나면 ■분이 빨라집니다.

**01** 시계에서 긴바늘이 숫자 **4**를 가리키면 몇 분을 나타낼까요?

( )

**02** 시계를 보고 몇 시 몇 분인지 쓰세요.

  시 □ 분

**03** □ 안에 알맞은 수를 써넣으세요.

105분＝□시간□분

**04** 오전, 오후 중 알맞은 말을 □ 안에 써넣으세요.

민하는 □ 6시에 가족과 함께 저녁 식사를 하였습니다.

**05** 시각을 두 가지 방법으로 읽어 보세요.

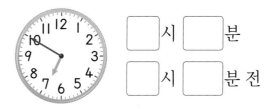

□시□분

□시□분 전

**06** 주어진 설명이 나타내는 시각은 몇 시 몇 분일까요?

- 시계의 짧은바늘이 **4**와 **5** 사이를 가리킵니다.
- 시계의 긴바늘이 **7**을 가리킵니다.

( )

**07** 디지털시계가 나타내는 시각에 맞게 긴바늘을 그려 넣으세요.

5:47

**08** 다음 중 날수가 30일인 달은 어느 것일까요? ( )

① 2월 ② 3월 ③ 5월
④ 6월 ⑤ 10월

[09~10] **어느 해의 1월 달력입니다. 달력을 보고 물음에 답하세요.**

1월

| 일 | 월 | 화 | 수 | 목 | 금 | 토 |
|---|---|---|---|---|---|---|
|  |  |  |  |  |  | 1 |
| 2 | 3 | 4 | 5 | 6 | 7 | 8 |
| 9 | 10 | 11 | 12 | 13 | 14 | 15 |
| 16 | 17 | 18 | 19 | 20 | 21 | 22 |
| 23 | 24 | 25 | 26 | 27 | 28 | 29 |
| 30 | 31 |  |  |  |  |  |

**09** 1월의 월요일인 날짜를 모두 쓰세요.

☐ 일, ☐ 일, ☐ 일,

☐ 일, ☐ 일

**10** 1월 8일에서 16일 후는 몇 월 며칠이고, 무슨 요일일까요?

(          ), (          )

**11** 도율이가 책 읽기를 끝낸 시각은 몇 시 몇 분일까요?

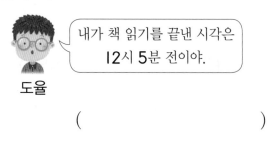

내가 책 읽기를 끝낸 시각은 12시 5분 전이야.

도율

(             )

**12** 서술형 바이올린을 보라는 30개월 동안 배웠고, 윤수는 2년 4개월 동안 배웠습니다. 바이올린을 배운 기간이 더 긴 사람은 누구인지 풀이 과정을 쓰고, 답을 구하세요.

풀이 _____

_____

_____

답 _____

**13** 민정이가 학교에 있었던 시간은 몇 시간일까요?

학교에 도착한 시각      학교에서 나온 시각
오전            →         오후

(             )

**14** 요원이는 숙제를 1시간 25분 동안 하였습니다. 요원이가 숙제를 끝낸 시각이 7시 55분이라면 숙제를 시작한 시각은 몇 시 몇 분일까요?

(             )

**15** 시계를 거울에 비추었더니 오른쪽과 같았습니다. 시계가 나타내는 시각은 몇 시 몇 분일까요?

(                    )

**16** 시현이가 모래 놀이를 하는 동안 시계의 긴바늘은 몇 바퀴 돌았을까요?

시작한 시각                끝난 시각

(                    )

**17** 어느 해의 3월 달력의 일부분입니다. 3월 마지막 목요일의 날짜는 몇 월 며칠인지 풀이 과정을 쓰고, 답을 구하세요.

서술형

3월

| 일 | 월 | 화 | 수 | 목 | 금 | 토 |
|---|---|---|---|---|---|---|
|  | 1 | 2 | 3 | 4 | 5 | 6 |

풀이

답

**18** 공부를 더 오래 한 사람의 이름을 쓰세요.

| 이름 | 시작한 시각 | 끝낸 시각 |
|---|---|---|
| 연주 | 2시 30분 | 3시 40분 |
| 석호 | 3시 50분 | 5시 20분 |

(                    )

**19** 창민이네 학교는 1교시 수업 후 10분 동안 쉰 다음 2교시를 시작합니다. 1교시는 9시에 시작하고, 수업 시간은 각각 40분입니다. 2교시 수업이 끝나는 시각은 몇 시 몇 분인지 풀이 과정을 쓰고, 답을 구하세요.

서술형

풀이

답

**20** 10월 20일부터 11월 22일까지 어린이 미술 대회를 열기로 했습니다. 미술 대회를 하는 기간은 모두 며칠일까요?

(                    )

4단원

# 5

# 표와 그래프

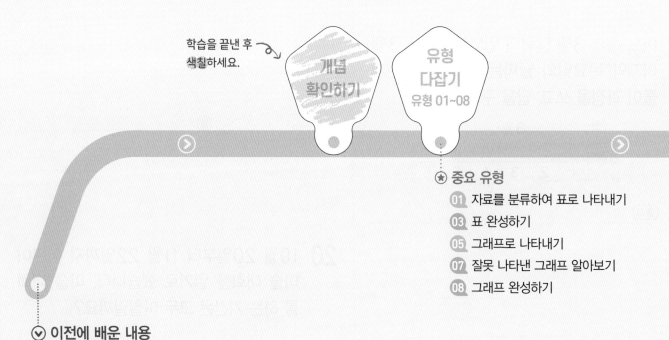

학습을 끝낸 후
색칠하세요.

개념
확인하기

유형
다잡기
유형 01~08

★ 중요 유형

⌄ 이전에 배운 내용

[2-1] 분류하기
기준에 따라 분류하기
기준에 따라 분류한 결과 말하기

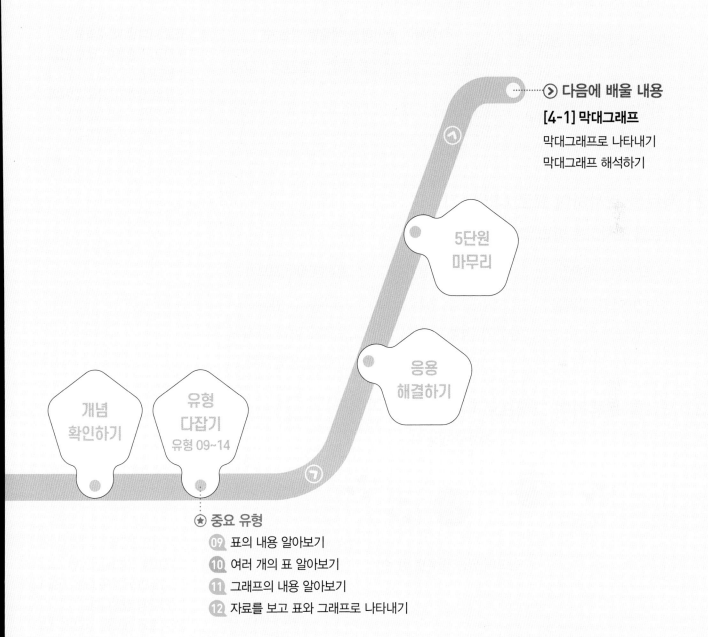

# 개념 확인하기

## ① 자료를 분류하여 표로 나타내기

### 학생들이 좋아하는 색깔

| 형호 | 민서 | 연우 | 희연 | 재성 | 혜빈 |
|---|---|---|---|---|---|

### ① 자료 분류하기

| 파란색 | 초록색 | 빨간색 |
|---|---|---|
| 형호<br>희연 | 민서 | 연우<br>재성<br>혜빈 |

└─ 자료를 빠뜨리거나 여러 번 쓰지 않도록 주의해.

### ② 표로 나타내기

학생들이 좋아하는 색깔별 학생 수

| 색깔 | 파란색 | 초록색 | 빨간색 | 합계 |
|---|---|---|---|---|
| 학생 수<br>(명) | 2 | 1 | 3 | 6 |

합계에 전체 학생 수를 써.

● 표로 나타낼 때 주의할 점
 • 자료의 종류에 맞게 칸을 나눕니다.
 • 표의 합계가 자료 전체의 수와 같은지 확인합니다.
 • 제목을 적어야 합니다.

## ② 자료를 조사하여 표로 나타내기

### 자료를 조사하는 방법 알아보기

| 한 사람씩 말하기 | 종류별로 손 들기 | 종이에 적어 모으기 |
|---|---|---|
| 누가 어떤 의견을 냈는지 알 수 있습니다. | 나올 수 있는 종류가 정해져 있을 때 사용합니다. | 나올 수 있는 종류가 여러 가지일 때 사용합니다. |

## ③ 자료를 분류하여 그래프로 나타내기

### 창고에 있는 공

### 창고에 있는 종류별 공 수

| 공 수(개)<br>세로:<br>공의 수 ＼ 종류 | 축구공 | 농구공 | 테니스공 |
|---|---|---|---|
| 4 | | | ○ |
| 3 | ○ | | ○ |
| 2 | ○ | ○ | ○ |
| 1 | ○ | ○ | ○ |

가로: 공의 종류

자료의 수가 가장 많은 것과 같거나 더 많도록 그래프 칸 수를 정해.

● 그래프를 나타내는 방법
 ① 가로와 세로에 어떤 것을 나타낼지 정합니다.
 ② 가로와 세로를 각각 몇 칸으로 할지 정합니다.
 ③ 그래프에 간단한 기호(○, ×, /)를 사용하여 자료를 나타냅니다.
 ④ 그래프의 제목을 씁니다.

**[01~04]** 래미네 반 학생들이 좋아하는 채소를 조사하였습니다. 물음에 답하세요.

래미네 반 학생들이 좋아하는 채소

🥔감자 🥒오이 🥕당근 🍆가지

**01** 래미가 좋아하는 채소는 무엇일까요?

( )

**02** 래미네 반 학생은 모두 몇 명일까요?

( )

**03** 래미네 반 학생들이 좋아하는 채소를 보고 학생들의 이름을 알맞게 써넣으세요.

| 감자 | 래미, |
|------|------|
| 오이 | |
| 당근 | |
| 가지 | |

**04** 자료를 보고 표로 나타내세요.

래미네 반 학생들이 좋아하는 채소별 학생 수

| 채소 | 감자 | 오이 | 당근 | 가지 | 합계 |
|------|------|------|------|------|------|
| 학생 수(명) | | | | | |

**05** 다음 자료를 조사하는 방법으로 가장 알맞은 것에 ○표 하세요.

- 종류별로 손 들기 ( )
- 종이에 적어 모으기 ( )

**[06~07]** 민우네 반 학생들이 좋아하는 동물을 조사하였습니다. 물음에 답하세요.

민우네 반 학생들이 좋아하는 동물

| 민우 🐶 | 선아 🐑 | 재호 🐧 | 지유 🦆 |
|--------|--------|--------|--------|
| 주희 🐧 | 재민 🐶 | 화영 🦆 | 도현 🐑 |
| 준서 🐶 | 서아 🦆 | 성철 🐶 | 윤주 🐧 |

🐶 강아지 🐑 양 🐧 펭귄 🦆 오리

**06** 조사한 자료를 보고 ○를 이용하여 그래프로 나타내세요.

민우네 반 학생들이 좋아하는 동물별 학생 수

| 4 | | | | |
|---|---|---|---|---|
| 3 | | | | |
| 2 | | | | |
| 1 | | | | |
| 학생 수(명) / 동물 | 강아지 | 양 | 펭귄 | 오리 |

**07** 그래프의 세로에 나타낸 것은 무엇일까요?

( )

### 유형 01 자료를 분류하여 표로 나타내기

**예제** 사탕을 색깔에 따라 분류한 것입니다. 표로 나타내세요.

색깔별 사탕 수

| 색깔 | 빨간색 | 노란색 | 초록색 | 합계 |
|------|--------|--------|--------|------|
| 사탕 수(개) | 4 | | | |

**풀이** 빨간색: 4개, 노란색 : ☐개,

초록색: ☐개

→ 합계: 4+☐+☐=☐(개)

**[01~02]** 상민이네 반 학생들이 좋아하는 새를 조사하였습니다. 물음에 답하세요.

상민이네 반 학생들이 좋아하는 새

| 상민 앵무새 | 현규 참새 | 진호 독수리 | 인영 앵무새 | 소민 백조 |
|------|------|------|------|------|
| 선주 독수리 | 지현 앵무새 | 유나 백조 | 연정 참새 | 효성 앵무새 |

**01** 좋아하는 새별로 분류하여 이름을 쓰세요.

| 앵무새 | 참새 | 독수리 | 백조 |
|------|------|------|------|
| | | | |

**02** 자료를 보고 표로 나타내세요.

상민이네 반 학생들이 좋아하는 새별 학생 수

| 새 | 앵무새 | 참새 | 독수리 | 백조 | 합계 |
|------|------|------|------|------|------|
| 학생 수(명) | | | | | |

**03** 곤충별 수를 표로 나타내세요.

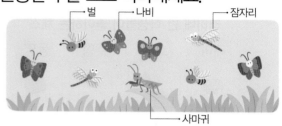

곤충별 수

| 곤충 | 벌 | 나비 | 잠자리 | 사마귀 | 합계 |
|------|------|------|------|------|------|
| 곤충 수 (마리) | | | | | |

**[04~05]** 예지네 모둠 학생들이 어제 공부를 한 시간을 조사하였습니다. 물음에 답하세요.

예지네 모둠 학생들이 공부를 한 시간

| 이름 | 시간 | 이름 | 시간 | 이름 | 시간 |
|------|------|------|------|------|------|
| 예지 | 30분 | 세호 | 1시간 | 유리 | 30분 |
| 정혁 | 30분 | 서진 | 1시간 | 지원 | 30분 |
| 을호 | 2시간 | 채아 | 1시간 | 유민 | 2시간 |

**04** 자료를 보고 표로 나타내세요.

예지네 모둠 학생들이 공부를 한 시간별 학생 수

| 시간 | 30분 | 1시간 | 2시간 | 합계 |
|------|------|------|------|------|
| 학생 수(명) | | | | |

**05 (중요★)** 표로 나타내면 편리한 점을 바르게 설명한 사람의 이름을 쓰세요.

> 민채: 공부를 한 시간별 학생 수를 한 눈에 알 수 있어.
> 우진: 누가 얼마나 공부했는지 알 수 있어.

( )

**유형 02** **자료를 조사하여 표로 나타내기**

**예제** 자료를 조사하여 표로 나타내는 순서에 맞게 기호를 쓰세요.

> ㉠ 무엇을 조사할지 정하기
> ㉡ 조사한 자료를 표로 정리하기
> ㉢ 조사 방법 정하기
> ㉣ 정한 방법에 따라 조사하기

㉠ → ☐ → ☐ → ☐

**풀이** 무엇을 ☐ 할지 정했으면 조사 ☐ 을 정합니다. 그 다음 정한 방법에 따라 조사한 것을 ☐ 로 정리해야 합니다.

**[06~07]** 진성이네 반 학생들이 가고 싶은 나라를 붙임딱지를 붙이는 방법으로 조사한 것입니다. 물음에 답하세요.

진성이네 반 학생들이 가고 싶은 나라

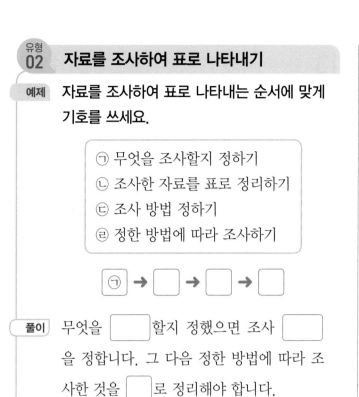

**06** 진성이네 반 학생들이 가고 싶은 나라가 <u>아닌</u> 것을 찾아 기호를 쓰세요.

> ㉠ 미국   ㉡ 프랑스
> ㉢ 중국   ㉣ 영국

(                    )

**07** 자료를 보고 표로 나타내세요.

진성이네 반 학생들이 가고 싶은 나라별 학생 수

| 나라 | 미국 | 영국 | 중국 | 합계 |
|------|------|------|------|------|
| 학생 수(명) | | | | |

**[08~09]** 윤재네 반 학생들이 좋아하는 운동을 한 사람씩 말했습니다. 물음에 답하세요.

윤재네 반 학생들이 좋아하는 운동

**08** 윤재네 반 학생들이 좋아하는 운동은 모두 몇 가지일까요?

(                    )

**09** **중요★** 자료를 보고 표로 나타내세요.

윤재네 반 학생들이 좋아하는 운동별 학생 수

| 운동 | | 합계 |
|------|------|------|
| 학생 수 (명) | | 12 |

**10** **창의형** ☐, △, ◯ 모양을 사용하여 원하는 모양을 만들고, 모양을 만드는 데 사용한 ☐, △, ◯ 모양의 수를 표로 나타내세요.

모양을 만드는 데 사용한 모양별 개수

| 모양 | ☐ | △ | ◯ | 합계 |
|------|------|------|------|------|
| 개수(개) | | | | |

**표 완성하기**

예제 경호네 반 학생들이 좋아하는 장난감을 조사하여 표로 나타냈습니다. 빈칸에 알맞은 수를 써넣으세요.

경호네 반 학생들이 좋아하는 장난감별 학생 수

| 장난감 | 로봇 | 자동차 | 슬라임 | 합계 |
|---|---|---|---|---|
| 학생 수(명) | 7 | 9 | | 20 |

풀이 합계에서 다른 자료의 수를 빼서 구합니다.

(슬라임을 좋아하는 학생 수)

$= 20 - \boxed{\phantom{0}} - \boxed{\phantom{0}} = \boxed{\phantom{0}}$(명)

**11** 연아네 반 학생들이 배우고 싶은 악기를 조사하여 표로 나타냈습니다. 빈칸에 알맞은 수를 써넣으세요.

연아네 반 학생들이 배우고 싶은 악기별 학생 수

| 악기 | 피아노 | 바이올린 | 기타 | 드럼 | 합계 |
|---|---|---|---|---|---|
| 학생 수(명) | 10 | 9 | 3 | | 28 |

**12** 진희네 반 학생들이 좋아하는 음료수를 조사하여 표로 나타냈습니다. 우유와 주스를 좋아하는 학생 수가 같을 때 우유를 좋아하는 학생은 몇 명일까요?

진희네 반 학생들이 좋아하는 음료수별 학생 수

| 음료수 | 우유 | 주스 | 콜라 | 사이다 | 합계 |
|---|---|---|---|---|---|
| 학생 수(명) | | | 6 | 3 | 17 |

( )

**13** 형식이네 반 학생들이 듣는 외국어 수업을 조사하여 표로 나타냈습니다. 가장 많은 학생들이 듣는 수업은 무엇인지 풀이 과정을 쓰고, 답을 구하세요.

서술형

형식이네 반 학생들이 듣는 외국어 수업별 학생 수

| 수업 | 영어 | 일본어 | 독일어 | 중국어 | 합계 |
|---|---|---|---|---|---|
| 학생 수(명) | | 4 | 5 | 6 | 22 |

1단계 영어 수업을 듣는 학생 수 구하기

2단계 가장 많은 학생들이 듣는 수업 구하기

답 _____

**그래프 알아보기**

예제 그래프에 대한 설명으로 옳은 것에 ○표 하세요.

마지막 칸에 합계를 적습니다. ( )

○, ×, / 등과 같은 간단한 기호로 나타냅니다. ( )

풀이 그래프는 각 항목의 수를 간단한 기호를 사용하여 나타냅니다.

**[14~15]** 송이네 반 학생들이 방학에 다녀온 장소를 조사하여 나타낸 표를 보고 그래프로 나타내려고 합니다. 물음에 답하세요.

송이네 반 학생들이 방학에 다녀온 장소별 학생 수

| 장소 | 바다 | 산 | 계곡 | 강 | 합계 |
|------|------|-----|------|-----|------|
| 학생 수(명) | 4 | 5 | 6 | 5 | 20 |

**14** 그래프의 가로에 장소를 나타내면 세로에는 무엇을 나타내야 할까요?

( )

**15** 그래프의 세로 한 칸이 한 명을 나타낼 때 세로를 적어도 몇 칸으로 해야 할까요?

( )

유형
05 **그래프로 나타내기 ▶ 세로 모양 그래프**

예제 표를 보고 그래프를 완성해 보세요.

수지가 한 달 동안 접은 종류별 종이접기 수

| 종류 | 배 | 학 | 모자 | 거북 | 합계 |
|------|-----|-----|------|------|------|
| 수(개) | 3 | 1 | 2 | 1 | 7 |

수지가 한 달 동안 접은 종류별 종이접기 수

| 3 | ○ | | | |
|---|---|---|---|---|
| 2 | ○ | | | |
| 1 | ○ | | | |
| 수(개) | 배 | 학 | 모자 | 거북 |
| 종류 | | | | |

풀이 종류별 종이접기 수만큼 아래에서 위로 ○를 한 칸에 하나씩 빠짐없이 표시합니다.

배 ➡ **3**칸, 학 ➡ ☐ 칸,

모자 ➡ ☐ 칸, 거북 ➡ ☐ 칸

**16** 미나네 반 학생들이 좋아하는 꽃을 그림 카드로 분류하여 칠판에 붙였습니다. 조사한 것을 보고 그래프를 완성해 보세요.

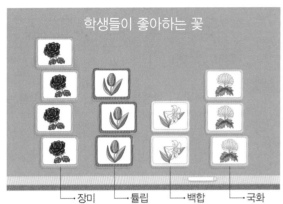

학생들이 좋아하는 꽃

→ 장미 → 튤립 → 백합 → 국화

미나네 반 학생들이 좋아하는 꽃별 학생 수

| 4 | | | | |
|---|---|---|---|---|
| 3 | | | | |
| 2 | | | | |
| 1 | ○ | | | |
| 학생 수(명) | 장미 | 튤립 | 백합 | 국화 |
| 꽃 | | | | |

5
단원

**17** 찬우네 반 학생들이 좋아하는 간식을 조사하여 나타낸 표를 보고 ×를 이용하여 그래프로 나타내세요.

찬우네 반 학생들이 좋아하는 간식별 학생 수

| 간식 | 사탕 | 젤리 | 껌 | 초콜릿 | 합계 |
|------|------|------|-----|--------|------|
| 학생 수(명) | 2 | 3 | 1 | 4 | 10 |

찬우네 반 학생들이 좋아하는 간식별 학생 수

| 학생 수(명) | 사탕 | 젤리 | 껌 | 초콜릿 |
|------|------|------|-----|--------|
| 간식 | | | | |

### 유형 06 그래프로 나타내기 ▶ 가로 모양 그래프

**예제** 표를 보고 그래프를 완성해 보세요.

지혜네 반 학생들이 태어난 계절별 학생 수

| 계절 | 봄 | 여름 | 가을 | 겨울 | 합계 |
|------|----|------|------|------|------|
| 학생 수(명) | 1 | 4 | 2 | 3 | 10 |

지혜네 반 학생들이 태어난 계절별 학생 수

| 겨울 | | | | |
|------|---|---|---|---|
| 가을 | | | | |
| 여름 | | | | |
| 봄 | / | | | |
| 계절 \ 학생 수(명) | 1 | 2 | 3 | 4 |

**풀이** 봄 → 1칸, 여름 → ☐칸,

가을 → ☐칸, 겨울 → ☐칸

**[18~19]** 유주네 모둠 학생들이 지난주에 읽은 책 수를 조사하여 나타낸 표입니다. 물음에 답하세요.

유주네 모둠 학생들이 지난주에 읽은 책 수

| 이름 | 책 수(권) |
|------|-----------|
| 유주 | 3 |
| 현태 | 1 |
| 채희 | 2 |
| 합계 | 6 |

| 채희 | | | |
|------|---|---|---|
| 현태 | | | |
| 유주 | | | |
| 이름 \ 책 수(권) | 1 | 2 | 3 |

**18** 위의 표를 보고 ×를 이용하여 그래프로 나타내세요.

**19** 그래프의 가로에 나타낸 것은 무엇일까요?

( )

**20** 민재네 반 학생들이 먹은 떡을 조사하여 그래프로 나타냈습니다. /를 이용하여 학생 수를 가로로 하는 그래프로 나타내세요.

민재네 반 학생들이 먹은 떡별 학생 수

| 4 | ○ | | |
|---|----|----|----|
| 3 | ○ | | ○ |
| 2 | ○ | ○ | ○ |
| 1 | ○ | ○ | ○ |
| 학생 수(명) \ 떡 | 꿀떡 | 인절미 | 찹쌀떡 |

민재네 반 학생들이 먹은 떡별 학생 수

| 찹쌀떡 | |
|--------|---|
| 인절미 | |
| 꿀떡 | |
| 떡 \ 학생 수(명) | |

### 유형 +플러스 07 잘못 나타낸 그래프 알아보기

**예제** 표를 보고 그래프로 나타낸 것입니다. 잘못 나타낸 곳에 ×표 하세요.

유진이네 반 학생들의 신발 종류별 학생 수

| 신발 | 샌들 | 구두 | 운동화 | 합계 |
|------|------|------|--------|------|
| 학생 수(명) | 4 | 3 | 5 | 12 |

유진이네 반 학생들의 신발 종류별 학생 수

| 운동화 | / | / | / | / | / |
|--------|---|---|---|---|---|
| 구두 | / | // | | | |
| 샌들 | / | / | / | / | |
| 신발 \ 학생 수(명) | 1 | 2 | 3 | 4 | 5 |

**풀이** /를 한 칸에 하나씩 빠짐없이 표시해야 합니다.

**21** 희찬이네 반 학생들이 좋아하는 주스를 조사하여 표로 나타냈습니다. 표를 보고 그 래프로 나타낼 때 그래프를 완성할 수 <u>없</u> <u>는</u> 이유를 쓰세요.

희찬이네 반 학생들이 좋아하는 주스별 학생 수

| 주스 | 딸기 주스 | 포도 주스 | 오렌지 주스 | 레몬 주스 | 합계 |
|---|---|---|---|---|---|
| 학생 수 (명) | 6 | 3 | 4 | 1 | 14 |

희찬이네 반 학생들이 좋아하는 주스별 학생 수

| 4 | | | | |
|---|---|---|---|---|
| 3 | | | | |
| 2 | | | | |
| 1 | ○ | | | |
| 학생 수(명) 주스 | 딸기주스 | 포도주스 | 오렌지주스 | 레몬주스 |

[이유]

---

**22** 준석이네 반 학생들이 좋아하는 인형을 조사하여 표와 그래프로 나타냈습니다. 잘못된 부분을 찾아 바르게 고쳐 보세요.

준석이네 반 학생들이 좋아하는 인형별 학생 수

| 인형 | 곰 | 공룡 | 토끼 | 합계 |
|---|---|---|---|---|
| 학생 수(명) | 5 | 2 | 4 | 11 |

준석이네 반 학생들이 좋아하는 인형별 학생 수

| 토끼 | × | | | × | |
|---|---|---|---|---|---|
| 공룡 | | × | | | |
| 곰 | × | × | | × | × |
| 인형 학생 수(명) | 1 | 2 | 3 | 4 | 5 |

---

+플러스

## 유형 08 그래프 완성하기

**예제** 유리네 반 학생 8명의 취미를 조사하여 나타낸 그래프에서 취미가 수집인 부분이 비어 있습니다. 그래프를 완성해 보세요.

유리네 반 학생들의 취미별 학생 수

| 3 | | ○ | | |
|---|---|---|---|---|
| 2 | ○ | ○ | | |
| 1 | ○ | ○ | ○ | |
| 학생 수(명) 취미 | 운동 | 게임 | 독서 | 수집 |

**풀이** (취미가 수집인 학생 수)

$$= 8 - \boxed{\phantom{0}} - \boxed{\phantom{0}} - \boxed{\phantom{0}} = \boxed{\phantom{0}} \text{(명)}$$

→ 그래프의 수집 자리에 ○를 $\boxed{\phantom{0}}$ 개 그립니다.

---

**23** 17명의 학생들에게 사는 동네를 조사하여 나타낸 그래프에서 가와 라 동네 부분이 지워졌습니다. 두 동네에 사는 학생 수가 같을 때 풀이 과정을 쓰고, 그래프를 완성해 보세요.

사는 동네별 학생 수

| 라 | | | | | | |
|---|---|---|---|---|---|---|
| 다 | ○ | ○ | ○ | ○ | ○ | ○ |
| 나 | ○ | ○ | ○ | ○ | ○ | |
| 가 | | | | | | |
| 동네 학생 수(명) | 1 | 2 | 3 | 4 | 5 | 6 |

[1단계] 가 또는 라 동네에 사는 학생 수 구하기

[2단계] 가 동네와 라 동네에 사는 각 학생 수 구하기

④ 표와 그래프를 보고 내용 알아보기

**현아네 반의 모둠별 줄넘기 횟수**

| 모둠 | 1모둠 | 2모둠 | 3모둠 | 합계 |
|---|---|---|---|---|
| 횟수(회) | 10 | 6 | 8 | 24 |

• 현아네 반의 전체 모둠의 줄넘기 횟수: **24회**
• 2모둠의 줄넘기 횟수: **6회**

**현아네 반의 모둠별 줄넘기 횟수**

| 3모둠 | ○ | ○ | ○ | ○ | ○ | ○ | ○ | ○ | | |
|---|---|---|---|---|---|---|---|---|---|---|
| 2모둠 | ○ | ○ | ○ | ○ | ○ | ○ | | | | |
| 1모둠 | ○ | ○ | ○ | ○ | ○ | ○ | ○ | ○ | ○ | ○ |
| 모둠 \ 횟수(회) | 1 | 2 | 3 | 4 | 5 | 6 | 7 | 8 | 9 | 10 |

• 줄넘기 횟수가 가장 많은 모둠: **1모둠**, 가장 적은 모둠: **2모둠**
• 줄넘기 횟수가 <u>7회보다 많은</u> 모둠: **1모둠, 3모둠**
  └─ 7을 기준으로 선을 그으면 찾기 쉬워.

• **표의 편리한 점**
  ① 조사한 자료의 전체 수를 알아보기 편리합니다.
  ② 항목별 수를 알기 쉽습니다.

• **그래프의 편리한 점**
  많고 적음을 한눈에 비교할 수 있습니다.

⑤ 표와 그래프로 나타내기

조사할 내용 정하기 → 모둠 친구들이 좋아하는 꽃 조사하기

조사 방법 정하기 → 한 사람씩 말하기

| | →튤립 | →수선화 | →붓꽃 | | | |
|---|---|---|---|---|---|---|
| | 서아 | 하민 | 단우 | 빛나 | 다온 | 홍렬 |

**좋아하는 꽃별 학생 수**

표로 나타내기 →

| 꽃 | 튤립 | 수선화 | 붓꽃 | 합계 |
|---|---|---|---|---|
| 학생 수(명) | 3 | 1 | 2 | 6 |

**좋아하는 꽃별 학생 수**

그래프로 나타내기 →

| 3 | / | | |
|---|---|---|---|
| 2 | / | | / |
| 1 | / | / | / |
| 학생 수(명) \ 꽃 | 튤립 | 수선화 | 붓꽃 |

[01~04] 지아네 반 학급 문고에 있는 책을 조사하여 표와 그래프로 나타냈습니다. ☐ 안에 알맞은 수나 말을 써넣으세요.

지아네 반 학급 문고에 있는 종류별 책 수

| 종류 | 동화책 | 위인전 | 만화책 | 사전 | 합계 |
|------|--------|--------|--------|------|------|
| 책 수(권) | 5 | 2 | 4 | I | I2 |

지아네 반 학급 문고에 있는 종류별 책 수

| 5 | ○ | | | |
|---|---|---|---|---|
| 4 | ○ | | ○ | |
| 3 | ○ | | ○ | |
| 2 | ○ | ○ | ○ | |
| I | ○ | ○ | ○ | ○ |
| 책 수(권) / 종류 | 동화책 | 위인전 | 만화책 | 사전 |

**01** 지아네 반 학급 문고에 있는 책은 모두 ☐ 권입니다.

**02** 지아네 반 학급 문고에 있는 위인전은 ☐ 권입니다.

**03** 학급 문고에 가장 많이 있는 책은 ☐ 입니다.

**04** 학급 문고에 가장 적게 있는 책은 ☐ 입니다.

[05~06] 정욱이네 반 학생들이 동물원에서 보고 싶은 동물을 조사하였습니다. 물음에 답하세요.

정욱이네 반 학생들이 보고 싶은 동물

| 이름 | 동물 | 이름 | 동물 | 이름 | 동물 |
|------|------|------|------|------|------|
| 정욱 | 판다 | 미래 | 호랑이 | 하진 | 사슴 |
| 지원 | 판다 | 유진 | 사슴 | 로아 | 사슴 |
| 인우 | 판다 | 정민 | 기린 | 혜수 | 사슴 |
| 태영 | 판다 | 성우 | 기린 | 채원 | 기린 |
| 동현 | 판다 | 유라 | 판다 | 성아 | 호랑이 |

**05** 조사한 자료를 보고 표로 나타내세요.

정욱이네 반 학생들이 보고 싶은 동물별 학생 수

| 동물 | 판다 | 호랑이 | 사슴 | 기린 | 합계 |
|------|------|--------|------|------|------|
| 학생 수(명) | 6 | | | 3 | 15 |

**06** 위 **05**의 표를 보고 그래프로 나타내세요.

정욱이네 반 학생들이 보고 싶은 동물별 학생 수

| 6 | / | | | |
|---|---|---|---|---|
| 5 | / | | | |
| 4 | / | | | |
| 3 | / | | | / |
| 2 | / | | | / |
| I | / | | | / |
| 학생 수(명) / 동물 | 판다 | 호랑이 | 사슴 | 기린 |

## 유형 09 표의 내용 알아보기

**예제** 아영이네 모둠 학생들이 가지고 있는 붙임딱지 수를 조사하여 나타낸 표입니다. 붙임딱지를 가장 많이 가지고 있는 사람의 이름을 쓰세요.

아영이네 모둠 학생별 가지고 있는 붙임딱지 수

| 이름 | 아영 | 연후 | 선아 | 광현 | 합계 |
|------|------|------|------|------|------|
| 붙임딱지 수(장) | 4 | 3 | 7 | 5 | 19 |

(                    )

**풀이** 붙임딱지의 수를 비교하면

☐ > ☐ > ☐ > ☐ 입니다.

→ 붙임딱지를 가장 많이 가지고 있는 사람:

☐

**[01~02]** 지수네 반 학생들의 혈액형을 조사하여 표로 나타냈습니다. 물음에 답하세요.

지수네 반 학생들의 혈액형별 학생 수

| 혈액형 | A형 | B형 | O형 | AB형 | 합계 |
|--------|-----|-----|-----|------|------|
| 학생 수(명) | 6 | 7 | 3 | 9 | 25 |

**01** AB형인 학생은 몇 명일까요?

(                    )

**02** 표를 보고 ☐ 안에 알맞은 혈액형을 써넣으세요.

학생 수가 많은 혈액형부터 차례로 쓰면

☐ , ☐ , ☐ , ☐ 입니다.

**[03~04]** 형우가 가지고 있는 학용품 수를 조사하여 표로 나타냈습니다. 물음에 답하세요.

형우가 가지고 있는 학용품별 개수

| 학용품 | 연필 | 자 | 색연필 | 지우개 | 합계 |
|--------|------|-----|--------|--------|------|
| 개수(개) | 5 | 1 | 3 | 2 | 11 |

**03** 형우가 가지고 있는 학용품은 모두 몇 개일까요?

(                    )

**04** 형우가 가장 적게 가지고 있는 학용품은 무엇일까요?

(                    )

**05** 건우네 반 학생들이 좋아하는 샌드위치를 조사하여 표로 나타냈습니다. 표를 보고 알 수 있는 내용이 <u>잘못된</u> 것을 찾아 기호를 쓰세요.

건우네 반 학생들이 좋아하는 샌드위치별 학생 수

| 샌드위치 | 참치 | 햄치즈 | 단호박 | 치킨 | 합계 |
|----------|------|--------|--------|------|------|
| 학생 수(명) | 3 | 5 | 3 | 4 | 15 |

ㄱ 조사한 학생은 모두 15명입니다.

ㄴ 햄치즈 샌드위치를 좋아하는 학생은 치킨 샌드위치를 좋아하는 학생보다 2명 더 많습니다.

ㄷ 참치 샌드위치와 단호박 샌드위치를 좋아하는 학생 수는 같습니다.

(                    )

## +플러스
## 유형 10  여러 개의 표 알아보기

예제  가와 나 상자에 있는 장난감을 조사하여 표로 나타냈습니다. 로봇을 좋아하는 친구에게 선물하면 좋은 것은 어느 상자일까요?

가 상자의 장난감별 개수

| 장난감 | 개수(개) |
|---|---|
| 인형 | 4 |
| 로봇 | 1 |
| 퍼즐 | 3 |
| 합계 | 8 |

나 상자의 장난감별 개수

| 장난감 | 개수(개) |
|---|---|
| 인형 | 1 |
| 로봇 | 5 |
| 퍼즐 | 2 |
| 합계 | 8 |

(                              )

풀이  두 상자의 로봇의 수를 비교하면

1 ◯ 5입니다.

➜ 친구에게 선물하면 좋을 상자: ☐ 상자

06  좋아하는 깃발의 색깔을 조사하여 표로 나타냈습니다. 정우네 반과 세희네 반의 깃발 색깔을 정해 보고, 그 이유를 쓰세요.
서술형

정우네 반 학생들이 좋아하는 깃발 색깔별 학생 수

| 색깔 | 빨강 | 주황 | 파랑 | 보라 | 합계 |
|---|---|---|---|---|---|
| 학생 수 (명) | 3 | 7 | 4 | 5 | 19 |

세희네 반 학생들이 좋아하는 깃발 색깔별 학생 수

| 색깔 | 빨강 | 주황 | 파랑 | 보라 | 합계 |
|---|---|---|---|---|---|
| 학생 수 (명) | 1 | 5 | 6 | 8 | 20 |

정우네 반                   세희네 반

이유

[07~08] 민서와 성진이가 가위바위보를 한 결과를 표로 나타냈습니다. 물음에 답하세요.

가위바위보 결과

| 결과 \ 이름 | 이긴 횟수(회) | 비긴 횟수(회) | 진 횟수(회) | 합계 |
|---|---|---|---|---|
| 민서 | 5 | 1 | 4 | 10 |
| 성진 | 4 | 1 | 5 | 10 |

07  민서와 성진이 중에서 더 많이 이긴 사람의 이름을 쓰세요.

(                              )

08  가위바위보를 해서 이기면 3점, 비기면 2점, 지면 1점을 얻습니다. 민서가 얻은 점수는 몇 점인지 빈칸에 알맞은 수를 써넣으세요.

민서가 얻은 점수

| 결과 | 이김 | 비김 | 짐 | 합계 |
|---|---|---|---|---|
| 결과별 점수 | 3 | 2 | 1 |  |
| 횟수(회) | 5 |  |  | 10 |
| 얻은 점수: (결과별 점수) ×(횟수) |  |  |  |  |

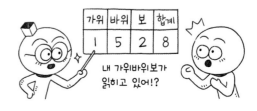

| 가위 | 바위 | 보 | 합계 |
|---|---|---|---|
| 1 | 5 | 2 | 8 |

내 가위바위보가 읽히고 있어!?

유형 11 **그래프의 내용 알아보기**

예제 어느 해 1월부터 4월까지 비가 온 날수를 조사하여 그래프로 나타냈습니다. 비가 가장 적게 온 때는 몇 월일까요?

월별 비 온 날수

| 월 \ 날수(일) | 1 | 2 | 3 | 4 | 5 |
|---|---|---|---|---|---|
| 4월 | ○ | ○ | ○ | ○ | |
| 3월 | ○ | ○ | ○ | ○ | ○ |
| 2월 | ○ | ○ | | | |
| 1월 | ○ | ○ | ○ | | |

(          )

풀이 그래프에서 ○의 수가 가장 많은 달부터 차례로 쓰면 3월, 4월, ▢월, ▢월입니다.

→ 비가 가장 적게 온 때: ▢월

**[09~12] 다래네 반 학생들이 좋아하는 과자를 조사하여 그래프로 나타냈습니다. 물음에 답하세요.**

다래네 반 학생들이 좋아하는 과자별 학생 수

| 학생 수(명) \ 과자 | 새우 과자 | 감자 과자 | 초콜릿 과자 | 고구마 과자 | 피자 과자 |
|---|---|---|---|---|---|
| 6 | | / | | | |
| 5 | / | / | | | |
| 4 | / | / | / | | |
| 3 | / | / | / | | / |
| 2 | / | / | / | / | / |
| 1 | / | / | / | / | / |

**09** 좋아하는 학생 수가 3명인 과자는 무슨 과자일까요?

(          )

**10** 좋아하는 학생 수가 4명보다 적은 과자를 모두 찾아 쓰세요.

(          )

**11** 서술형 초콜릿 과자를 좋아하는 학생은 고구마 과자를 좋아하는 학생보다 몇 명 더 많은지 풀이 과정을 쓰고, 답을 구하세요.

1단계 각 과자를 좋아하는 학생 수 구하기

_____

_____

2단계 두 과자를 좋아하는 학생 수의 차 구하기

_____

답 _____

**12** 중요★ 그래프를 보고 다래의 일기를 완성해 보세요.

| ○○월 ○일 ○요일 | ☀ ⛅ ☁ ☂ ☃ |
|---|---|

제목: 과자 파티 준비하기

선생님께서 다음 주 과자 파티를 위해 각자 과자를 한 개씩 가지고 오라고 하셨다. 우리 반에서 가장 많은 학생이 좋아하는 과자는 ▢ 과자로 ▢명의 학생이 좋아한다. 나는 두 번째로 많은 학생이 좋아하는 ▢ 과자를 가져갈 생각이다.

**13** 찬희네 모둠 학생들이 받고 싶은 선물을 조사하여 그래프로 나타냈습니다. 그래프를 보고 알 수 있는 내용이 <u>아닌</u> 것을 찾아 기호를 쓰세요.

찬희네 모둠 학생들이 받고 싶은 선물별 학생 수

| 3 | | | × | |
|---|---|---|---|---|
| 2 | × | | × | × |
| 1 | × | × | × | × |
| 학생 수(명) / 선물 | 옷 | 책 | 게임기 | 인형 |

㉠ 찬희가 받고 싶은 선물
㉡ 인형을 받고 싶은 학생 수
㉢ 가장 많은 학생들이 받고 싶은 선물

(                    )

**유형 12** 자료를 보고 표와 그래프로 나타내기

**예제** 조사한 자료를 보고 표와 그래프를 완성해 보세요.

민재네 모둠 학생들이 마신 음료

| 민재 | 주스 | 서아 | 두유 | 준서 | 주스 |
|---|---|---|---|---|---|
| 진혁 | 두유 | 이슬 | 주스 | 도영 | 콜라 |

민재네 모둠 학생들이 마신 음료별 학생 수

| 음료수 | 학생 수(명) |
|---|---|
| 주스 | 3 |
| 두유 | 2 |
| 콜라 | |
| 합계 | |

| 3 | × | |
|---|---|---|
| 2 | × | |
| 1 | × | |
| 학생 수(명) / 음료수 | 주스 | 두유 | 콜라 |

**풀이** 주스: ☐ 명, 두유: ☐ 명, 콜라: ☐ 명

→ 합계: ☐ + ☐ + ☐ = ☐ (명)

[14~16] 재하네 반 학생들이 좋아하는 사탕의 맛을 조사하였습니다. 물음에 답하세요.

재하네 반 학생들이 좋아하는 사탕의 맛

| 재하 딸기 맛 | 성지 포도 맛 | 세준 딸기 맛 | 준휘 레몬 맛 |
|---|---|---|---|
| 원우 포도 맛 | 석희 사과 맛 | 정한 포도 맛 | 민규 사과 맛 |
| 승철 레몬 맛 | 민아 딸기 맛 | 윤호 레몬 맛 | 한솔 딸기 맛 |

**14** 조사한 자료를 보고 표로 나타내세요.

재하네 반 학생들이 좋아하는 사탕의 맛별 학생 수

| 맛 | 딸기 맛 | 포도 맛 | 레몬 맛 | 사과 맛 | 합계 |
|---|---|---|---|---|---|
| 학생 수 (명) | | | | | |

**15** 위 **14**의 표를 보고 /를 이용하여 그래프로 나타내세요.

재하네 반 학생들이 좋아하는 사탕의 맛별 학생 수

| 사과 맛 | | | | |
|---|---|---|---|---|
| 레몬 맛 | | | | |
| 포도 맛 | | | | |
| 딸기 맛 | | | | |
| 맛 / 학생 수(명) | 1 | 2 | 3 | 4 |

**16** 좋아하는 학생 수가 같은 사탕의 맛은 무엇과 무엇일까요?

(                    )

**17** 영수네 모둠 학생들이 일주일 동안 줄넘기를 한 날수를 조사하였습니다. 자료를 보고 표와 그래프로 나타내세요.

영수네 모둠 학생들이 줄넘기 한 날수

| 영수 | 윤서 | 재민 |
|---|---|---|
| //// | //// | //// |

영수네 모둠 학생별 줄넘기 한 날수

| 이름 | 날수(일) |
|---|---|
| 영수 | |
| 윤서 | |
| 재민 | |
| 합계 | |

| 4 | | | |
|---|---|---|---|
| 3 | | | |
| 2 | | | |
| 1 | | | |
| 날수(일) 이름 | | | |

**18** 예주네 반 학생들이 좋아하는 나무를 조사하였습니다. 왼쪽의 내용을 알아보는 데 가장 편리한 것을 오른쪽에서 찾아 이어 보세요.

(1) 예주네 반 학생 수 • • 자료

(2) 예주가 좋아하는 나무 • • 표

(3) 가장 많은 학생들이 좋아하는 나무 • • 그래프

---

유형 13 **자료, 표, 그래프 비교하기**

예제 준우네 농장에서 기르는 동물을 조사하여 표와 그래프로 나타낸 것입니다. 가장 많이 기르는 동물이 무엇인지 알아보는 데 더 편리한 것에 ○표 하세요.

준우네 농장에서 기르는 동물별 마릿수

| 동물 | 동물 수(마리) |
|---|---|
| 닭 | 2 |
| 양 | 1 |
| 소 | 3 |
| 합계 | 6 |

| 3 | | | ○ |
|---|---|---|---|
| 2 | ○ | | ○ |
| 1 | ○ | ○ | ○ |
| 동물 수(마리) 동물 | 닭 | 양 | 소 |

( 표 , 그래프 )

풀이 동물 수의 많고 적음을 한눈에 알 수 있는 것은 ( 표 , 그래프 )입니다.

---

**[19~21]** 서우네 반 학생들이 가고 싶은 섬을 조사하여 표와 그래프로 나타냈습니다. 물음에 답하세요.

서우네 반 학생들이 가고 싶은 섬별 학생 수

| 섬 | 제주도 | 울릉도 | 독도 | 강화도 | 합계 |
|---|---|---|---|---|---|
| 학생 수(명) | 3 | 2 | 4 | 1 | 10 |

서우네 반 학생들이 가고 싶은 섬별 학생 수

| 4 | | | × | |
|---|---|---|---|---|
| 3 | × | | × | |
| 2 | × | × | × | |
| 1 | × | × | × | × |
| 학생 수(명) 섬 | 제주도 | 울릉도 | 독도 | 강화도 |

**19** 울릉도나 독도에 가고 싶은 학생은 모두 몇 명일까요?

( )

**20** 표와 그래프를 보고 잘못 설명한 사람의 이름을 쓰세요.

> 동우: 표를 보면 가고 싶은 섬별 학생 수를 쉽게 알 수 있어.
> 라희: 그래프를 보면 서우가 가고 싶은 섬을 알 수 있어.

(            )

**21** (서술형) 그래프가 표보다 편리한 점을 한 가지 쓰세요.

[편리한 점]

---

**+플러스**
**유형 14** **표와 그래프를 비교하여 완성하기**

(예제) 반별 안경을 쓴 학생 수를 조사하였습니다. 빈칸을 알맞게 채워 표와 그래프를 완성해 보세요.

윤주네 학교 2학년의 반별 안경을 쓴 학생 수

| 반 | 학생 수(명) |
|---|---|
| 1반 | 2 |
| 2반 | |
| 3반 | 1 |
| 합계 | 6 |

| 3 | | | ○ |
|---|---|---|---|
| 2 | | | ○ |
| 1 | | ○ | ○ |
| 학생 수(명) / 반 | 1반 | 2반 | 3반 |

(풀이)
• 안경을 쓴 1반 학생 수는 ☐ 명이므로 그래프의 1반 자리에 ○를 ☐ 개 그립니다.

• 안경을 쓴 2반 학생 수를 그래프에서 확인 하면 ☐ 명입니다.

---

**22** 세호네 모둠 학생들이 좋아하는 교통 수단을 조사하였습니다. 빈칸을 알맞게 채워 표와 그래프를 완성해 보세요.

세호네 모둠 학생들이 좋아하는 교통 수단별 학생 수

| 교통 수단 | 지하철 | 버스 | 배 | 비행기 | 합계 |
|---|---|---|---|---|---|
| 학생 수(명) | 3 | | 1 | 2 | |

세호네 모둠 학생들이 좋아하는 교통 수단별 학생 수

| 3 | / | / | | |
|---|---|---|---|---|
| 2 | / | / | | |
| 1 | / | / | / | |
| 학생 수(명) / 교통 수단 | 지하철 | 버스 | 배 | 비행기 |

**23** (중요★) 현아네 모둠 학생들이 좋아하는 운동을 조사하였습니다. 빈칸을 알맞게 채워 표와 그래프를 완성해 보세요.

현아네 모둠 학생들이 좋아하는 운동별 학생 수

| 운동 | 야구 | 수영 | 축구 | 검도 | 합계 |
|---|---|---|---|---|---|
| 학생 수(명) | | 3 | 2 | | 8 |

현아네 모둠 학생들이 좋아하는 운동별 학생 수

| 3 | | | | |
|---|---|---|---|---|
| 2 | × | | | × |
| 1 | × | | | × |
| 학생 수(명) / 운동 | 야구 | 수영 | 축구 | 검도 |

**[1~3]** 영환이네 냉장고의 과일 수를 조사하여 표로 나타냈습니다. 물음에 답하세요.

영환이네 냉장고의 종류별 과일 수

| 과일 | 사과 | 배 | 감 | 귤 | 합계 |
|------|------|-----|-----|-----|------|
| 개수(개) | | 6 | 5 | 8 | 26 |

표를 완성하고, 그래프로 나타내기

**1** 위 표의 빈칸에 알맞은 수를 써넣고, 그래프로 나타내세요.

영환이네 냉장고의 종류별 과일 수

| 귤 | ○ | ○ | ○ | ○ | ○ | ○ | ○ | ○ |
|----|---|---|---|---|---|---|---|---|
| 감 | | | | | | | | |
| 배 | | | | | | | | |
| 사과 | | | | | | | | |
| 과일 개수(개) | 1 | 2 | 3 | 4 | 5 | 6 | 7 | 8 |

가장 많은 것과 적은 것의 차 구하기

**2** 영환이네 냉장고의 과일 중 가장 많은 과일은 가장 적은 과일보다 몇 개 더 많을까요?

(             )

개수가 모두 같을 때 필요한 물건의 수 구하기    서술형

**3** 냉장고의 과일 수가 서로 모두 같아지려면 과일은 적어도 몇 개 더 사야 하는지 풀이 과정을 쓰고, 답을 구하세요.

풀이 _____

_____

_____

답 _____

해결 tip

개수를 모두 같게 할 때 가장 적게 사려면?

가장 많은 것을 기준으로 부족한 만큼씩 사야 합니다.

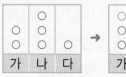

두 자료의 관계를 알 때, 자료의 값 구하기 〔서술형〕

**4** 현주와 친구들이 한 달 동안 읽은 책의 수를 조사하여 나타낸 표입니다. 현주가 승재보다 책을 2권 더 읽었을 때, 승재가 읽은 책은 몇 권인지 풀이 과정을 쓰고, 답을 구하세요.

한 달 동안 읽은 책 수

| 이름 | 현주 | 건태 | 소정 | 승재 | 합계 |
|------|------|------|------|------|------|
| 책 수(권) |  | 4 | 8 |  | 20 |

〔풀이〕

〔답〕

**5**
단원

[5~6] 학생들이 가지고 있는 구슬의 색깔을 조사하여 표로 나타냈습니다. 물음에 답하세요.

학생들이 가지고 있는 구슬

민규 ● ● ●

지수 ▢

하니 ● ●

명호 ● ● ●

색깔별 구슬 수

| 색깔 | 파란색 | 빨간색 | 초록색 | 합계 |
|------|--------|--------|--------|------|
| 구슬 개수(개) | 3 | 4 | 3 | 10 |

자료와 표를 비교하여 모르는 항목 구하기

**5** 지수가 가지고 있는 구슬의 색깔을 모두 구하세요.

( )

색깔별로 얻는 점수의 합 구하기

**6** 학생들이 가지고 있는 구슬의 색깔에 따라 점수를 주려고 합니다. 파란색은 3점, 빨간색은 2점, 초록색은 1점일 때, 지수와 명호의 점수의 합은 몇 점일까요?

( )

찢어진 그래프 알아보기

**7** 어느 식당에서 아침에 판 음식을 조사하여 그래프로 나타낸 것입니다. 김밥을 순대의 **3**배만큼 팔았다면 아침에 판 음식은 모두 몇 접시인지 구하세요.

**아침에 판 음식별 접시 수**

| 김밥 | | | | | | |
|---|---|---|---|---|---|---|
| 순대 | × | × | | | | |
| 라면 | × | × | × | × | × | |
| 튀김 | × | × | × | × | | |
| 음식 수(접시) | 1 | 2 | 3 | 4 | 5 | 6 |

(1) 김밥은 몇 접시 팔았을까요?

( )

(2) 아침에 판 음식은 모두 몇 접시일까요?

( )

같은 자료를 다른 방법으로 정리한 그래프 알아보기

**8** 승관이가 가지고 있는 카드를 각각 모양별, 색깔별로 조사하여 그래프로 나타냈습니다. 승관이가 가지고 있는 보라색 카드는 몇 장인지 구하세요.

**모양별 카드 수**

| 4 | | × | × |
|---|---|---|---|
| 3 | × | × | × |
| 2 | × | × | × |
| 1 | × | × | × |
| 카드 수(장) / 모양 | ☆ | ♡ | ♣ |

**색깔별 카드 수**

| 4 | | | | × |
|---|---|---|---|---|
| 3 | × | | | × |
| 2 | × | | | × |
| 1 | × | × | | × |
| 카드 수(장) / 색깔 | 분홍색 | 노란색 | 보라색 | 초록색 |

(1) 승관이가 가지고 있는 카드는 모두 몇 장일까요?

( )

(2) 승관이가 가지고 있는 보라색 카드는 몇 장일까요?

( )

해결 tip

자료를 두 가지 방법으로 정리했을 때 변하지 않는 것은?

- ○: 3개, ☆: 2개 ➡ 5개
- ●: 4개, ●: 1개 ➡ 5개

같은 자료를 정리한 것이므로 전체 수는 같습니다.

[01~04] 주아네 반 학생들이 배우고 싶은 운동을 조사하였습니다. 물음에 답하세요.

주아네 반 학생들이 배우고 싶은 운동

| 주아 발레 | 선재 태권도 | 현아 발레 | 호민 수영 |
|---|---|---|---|
| 서현 복싱 | 영호 발레 | 초희 수영 | 희재 태권도 |
| 연아 태권도 | 우철 태권도 | 래아 발레 | 정철 발레 |

**01** 주아가 배우고 싶은 운동은 무엇일까요?

( )

**02** 주아네 반 학생은 모두 몇 명일까요?

( )

**03** 자료를 보고 표로 나타내세요.

주아네 반 학생들이 배우고 싶은 운동별 학생 수

| 운동 | 발레 | 태권도 | 수영 | 복싱 | 합계 |
|---|---|---|---|---|---|
| 학생 수 (명) | | | | | |

**04** 자료와 표 중에서 배우고 싶은 운동별 학생 수를 알아보는 데 더 편리한 것은 무엇일까요?

( )

[05~08] 별이가 가지고 있는 단추의 색깔을 조사하여 표로 나타냈습니다. 물음에 답하세요.

별이가 가지고 있는 색깔별 단추 수

| 색깔 | 빨간색 | 파란색 | 노란색 | 초록색 | 합계 |
|---|---|---|---|---|---|
| 단추 수 (개) | 3 | 6 | 2 | 4 | |

**05** 별이가 가지고 있는 파란색 단추는 몇 개일까요?

( )

**06** 별이가 가지고 있는 단추는 모두 몇 개일까요?

( )

**07** 단추 수가 가장 적은 색깔은 무엇일까요?

( )

**08** 표를 보고 알 수 있는 내용을 모두 찾아 기호를 쓰세요.

⊙ 별이가 가지고 있는 단추 색깔의 가짓수를 알 수 있습니다.
⊙ 별이가 가지고 있는 빨간색 단추의 모양을 알 수 있습니다.
⊙ 별이가 어떤 색깔 단추를 가장 많이 가지고 있는지 알 수 있습니다.

( )

[09~10] 소현이가 가지고 있는 장난감을 조사하여 표로 나타냈습니다. 물음에 답하세요.

소현이가 가지고 있는 장난감별 개수

| 장난감 | 로봇 | 인형 | 자동차 | 공 | 합계 |
|---|---|---|---|---|---|
| 개수(개) | 2 | 4 | 2 | 3 | 11 |

**09** 표를 보고 ◯를 이용하여 그래프로 나타내세요.

소현이가 가지고 있는 장난감별 개수

| 4 | | | | |
|---|---|---|---|---|
| 3 | | | | |
| 2 | | | | |
| 1 | | | | |
| 개수(개)<br>장난감 | 로봇 | 인형 | 자동차 | 공 |

**10** 로봇과 개수가 같은 장난감은 무엇일까요?

(              )

**11** (서술형) 표를 보고 나타낸 그래프입니다. 다음 그래프가 <u>잘못된</u> 이유를 쓰세요.

키우는 반려동물별 학생 수

| 반려동물 | 강아지 | 고양이 | 새 | 거북 | 합계 |
|---|---|---|---|---|---|
| 학생 수(명) | 4 | 2 | 3 | 1 | 10 |

키우는 반려동물별 학생 수

| 2 | ×× | × | ×× | |
|---|---|---|---|---|
| 1 | ×× | × | × | × |
| 학생 수(명)<br>반려동물 | 강아지 | 고양이 | 새 | 거북 |

(이유)

[12~14] 14명의 학생들에게 방학에 가고 싶은 장소를 조사하여 그래프로 나타냈습니다. 물음에 답하세요.

가고 싶은 장소별 학생 수

| 5 | | | | / |
|---|---|---|---|---|
| 4 | | / | | / |
| 3 | | / | | / |
| 2 | / | / | | / |
| 1 | / | / | | / |
| 학생 수(명)<br>장소 | 박물관 | 놀이<br>공원 | 동물원 | 물놀이<br>공원 |

**12** 동물원에 가고 싶은 학생 수를 구하여 위 그래프를 완성해 보세요.

**13** 그래프를 보고 표로 나타내세요.

가고 싶은 장소별 학생 수

| 장소 | 박물관 | 놀이<br>공원 | 동물원 | 물놀이<br>공원 | 합계 |
|---|---|---|---|---|---|
| 학생 수(명) | | | | | |

**14** (서술형) 가장 많은 학생들이 가고 싶은 장소와 가장 적은 학생들이 가고 싶은 장소의 학생 수의 차는 몇 명인지 풀이 과정을 쓰고, 답을 구하세요.

(풀이)

(답)

**[15~18]** 윤지네 모둠 학생들이 고리 던지기 놀이를 하였습니다. 고리를 5개씩 던져서 고리가 걸린 것은 ○표, 걸리지 않은 것은 ×표로 나타내었습니다. 물음에 답하세요.

고리 던지기 결과

| 윤지 | ○ | × | × | ○ | × |
|------|---|---|---|---|---|
| 예성 | × | ○ | ○ | ○ | ○ |
| 서준 | ○ | × | ○ | × | ○ |

**15** 자료를 보고 표로 나타내세요.

학생별 걸린 고리 수

| 이름 | 윤지 | 예성 | 서준 | 합계 |
|------|------|------|------|------|
| 고리 수 (개) | | | | |

**16** 위 **15**의 표를 보고 /를 이용하여 그래프로 나타내세요.

학생별 걸린 고리 수

| 서준 | |
|------|---|
| 예성 | |
| 윤지 | |
| 이름 고리 수(개) | |

**17** 걸린 고리 수가 많은 사람부터 차례로 이름을 쓰세요.

( )

**18** 고리를 1개 걸 때마다 5점을 얻는다면 윤지, 예성, 서준이가 얻은 점수는 모두 몇 점일까요?

( )

**19** 영서네 반 학생들이 좋아하는 과일을 조사하여 표로 나타냈습니다. 영서네 반에서 간식으로 먹을 과일을 정해 보세요.

영서네 반 학생들이 좋아하는 과일별 학생 수

| 과일 | 참외 | 딸기 | 키위 | 멜론 | 합계 |
|------|------|------|------|------|------|
| 학생 수 (명) | 4 | 6 | 1 | 3 | 14 |

( )

**20** 서술형 동우네 반 학생들이 듣는 방과후 학교 수업을 조사하여 나타낸 표입니다. 컴퓨터 수업을 듣는 학생 수와 요리 수업을 듣는 학생 수는 같습니다. 컴퓨터 수업을 듣는 학생은 몇 명인지 풀이 과정을 쓰고, 답을 구하세요.

동우네 반 학생들이 듣는 방과후 학교 수업별 학생 수

| 수업 | 로봇 만들기 | 컴퓨터 | 요리 | 플루트 | 합계 |
|------|-----------|--------|------|--------|------|
| 학생 수 (명) | 3 | | | 5 | 18 |

풀이

답

# 6

# 규칙 찾기

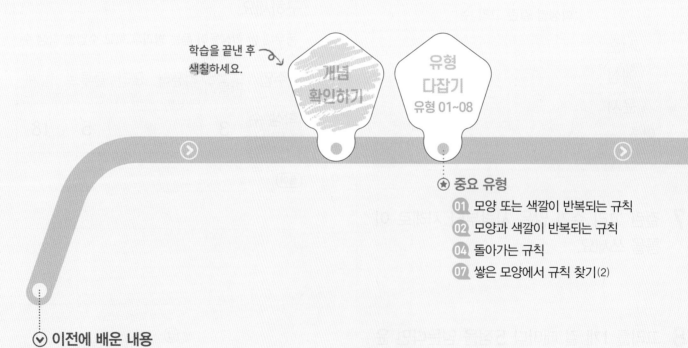

학습을 끝낸 후
색칠하세요.

개념
확인하기

유형
다잡기
유형 01~08

⭐ 중요 유형

⌄ 이전에 배운 내용

[1-2] 규칙 찾기
반복되는 규칙 찾기
규칙을 만들어 무늬 꾸미기
수 배열표에서 규칙 찾기

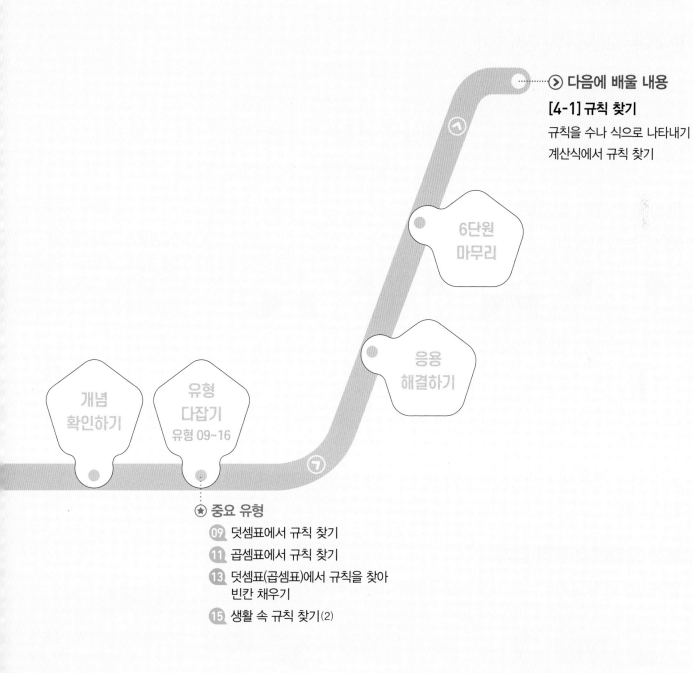

⊙ **다음에 배울 내용**

**[4-1] 규칙 찾기**

규칙을 수나 식으로 나타내기

계산식에서 규칙 찾기

6단원
마무리

응용
해결하기

개념
확인하기

유형
다잡기
유형 09~16

# 개념 확인하기

## ① 무늬에서 규칙 찾기 (1)

### 반복되는 색깔 규칙 찾기

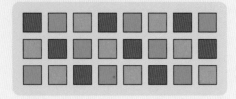

**보라색**, **초록색**, **주황색**이 반복됩니다.

- 방향을 바꾸어 보면 다른 규칙도 찾을 수 있습니다.
  → ＼ 방향으로 같은 색이 반복됩니다.

### 반복되는 모양과 색깔 규칙 찾기

모양 규칙

① ☆, ◇, ♣ 모양이 반복됩니다.
② **하늘색**, **분홍색**이 반복됩니다.

색깔 규칙

## ② 무늬에서 규칙 찾기 (2)

### 돌아가는 규칙 찾기

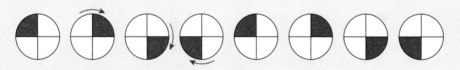

빨간색으로 색칠된 부분이 **시계 방향**으로 돌아가고 있습니다.

- **시계 방향과 시계 반대 방향**

  시계 바늘이 움직이는 방향에 따라 시계 방향, 시계 반대 방향으로 나타냅니다.

  시계 반대 방향 / 시계 방향

### 수가 늘어나는 규칙 찾기

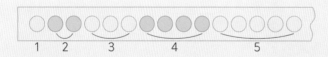

1  2  3  4  5

**노란색**과 **초록색**이 반복되고 색이 반복될 때마다 색의 수가 **1개**씩 늘어납니다.

## ③ 쌓은 모양에서 규칙 찾기

### 반복되는 규칙 찾기

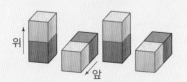

위 / 앞

빨간색 쌓기나무가 있고, 쌓기나무 **1개**가 **위쪽**, **앞쪽**으로 번갈아 가며 나타납니다.

### 수가 늘어나는 규칙 찾기

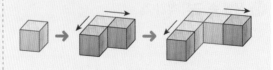

처음 쌓기나무의 앞과 오른쪽에 **각각 1개씩** 쌓기나무의 수가 늘어납니다.

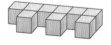

쌓기나무의 수가 왼쪽에서 오른쪽으로 1개, 2개씩 반복됩니다.

[01~04] 규칙을 찾아 ☐ 안에 알맞은 말 또는 모양을 써넣으세요.

**01**

→빨간색 →파란색 →노란색

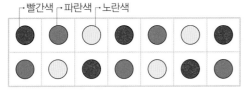

빨간색, ☐, ☐ 이 반복됩니다.

**02**

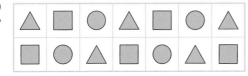

△, ☐, ☐ 모양이 반복됩니다.

**03**

→연두색 →하늘색 →분홍색

① ◁, ☐ 모양이 반복됩니다.

② → 방향으로 연두색, ☐,

☐ 이 반복됩니다.

**04**

→보라색 →주황색

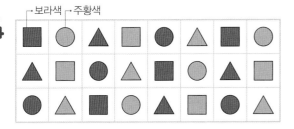

① ☐, ☐, ☐ 모양이 반복됩니다.

② → 방향으로 보라색, ☐ 이 반복됩니다.

**05** 규칙을 찾아 알맞은 말에 ◯표 하세요.

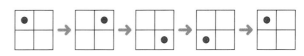

● 모양이 ( 시계 방향 , 시계 반대 방향 )으로 돌아가고 있습니다.

**06** 구슬의 수가 늘어나는 규칙을 찾아 ☐ 안에 알맞은 수를 써넣으세요.

하늘색 구슬과 분홍색 구슬이 각각 ☐ 개씩 늘어나며 반복됩니다.

[07~08] 규칙에 따라 쌓기나무를 쌓았습니다. ☐ 안에 알맞은 수나 말을 써넣으세요.

**07**

빨간색 쌓기나무가 있고, 쌓기나무 1개가 왼쪽, ☐ 쪽으로 번갈아 가며 놓여 있습니다.

**08**

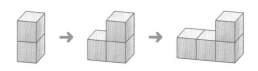

처음 쌓기나무 2개의 ☐ 쪽에

쌓기나무가 ☐ 개씩 늘어납니다.

## 유형 01 모양 또는 색깔이 반복되는 규칙

예제 반복되는 무늬를 찾아 ◯표 하세요.

┌초록색 ┌파란색 ┌노란색

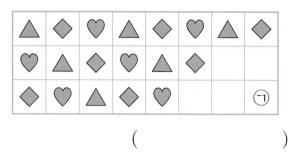

( ) ( )

풀이 초록색, ☐ , ☐ 이 반복됩니다.

**01** 규칙을 찾아 ◯ 안에 알맞은 색으로 색칠해 보세요.

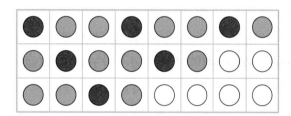

**02** 색종이를 규칙에 따라 놓은 것입니다. 규칙을 찾아 쓰세요.
(중요★)

┌빨간색 ┌파란색 ┌초록색

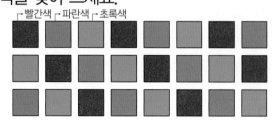

규칙

**03** 규칙을 찾아 ㉠에 알맞은 모양을 그려 보세요.

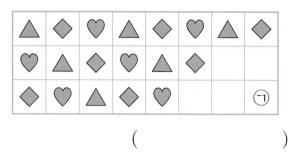

( )

## 유형 02 모양과 색깔이 반복되는 규칙

예제 규칙을 찾아 ☐ 안에 알맞은 모양의 기호를 쓰세요.

( )

풀이 모양은 ◯, ☐, △이 반복되고
색깔은 파란색과 빨간색이 반복됩니다.
☐ 안에 알맞은 모양은 ( ◯ , ☐ , △ )이
면서 ( 파란색 , 빨간색 )입니다.

**04** 〈보기〉의 모양을 사용하여 모양과 색깔에
(창의형) 모두 규칙이 있도록 무늬를 만들어 보세요.

〈보기〉

**05** 그림을 보고 바르게 말한 사람의 이름을 쓰세요.

규민: 모양은 ◯, △, ☆이 반복돼.

리아: 색깔은 노란색, 파란색, 노란색이 반복돼.

(                    )

**06** 규칙을 찾아 무늬를 완성하려고 합니다. ㉠에 알맞은 모양과 색깔은 무엇인지 풀이 과정을 쓰고, 답을 구하세요.

서술형

┌ 빨간색 ┌ 노란색

1단계 모양 규칙을 찾고 ㉠에 알맞은 모양 구하기

_____

_____

2단계 색깔 규칙을 찾고 ㉠에 알맞은 색깔 구하기

_____

_____

답 모양:              , 색깔:

---

유형 **03** 무늬를 숫자로 나타내어 규칙 찾기

예제 그림과 같이 벽에 규칙적으로 타일을 붙였습입니다. ☀은 1로, ★은 2로, ▦은 3으로 바꾸어 나타내세요.

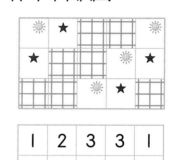

| 1 | 2 | 3 | 3 | 1 |
|---|---|---|---|---|
| 2 | 3 |   |   |   |
|   |   |   |   |   |

풀이 타일의 무늬를 숫자로 나타내면

1, 2, ☐, ☐이 반복됩니다.

**[07~08]** 도넛을 그림과 같이 진열해 놓았습니다. 물음에 답하세요.

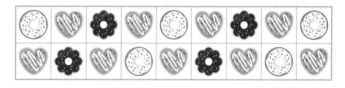

**07** ◯은 1, ♡은 2, ❀은 3으로 바꾸어 나타내세요.

**08** 위 **07**의 수에서 규칙을 찾아 쓰세요.

규칙 _____

유형 04 **돌아가는 규칙**

예제 규칙을 찾아 •을 알맞게 그리려고 합니다. •을 그릴 곳의 기호를 쓰세요.

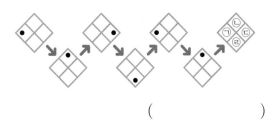

(                    )

풀이 •이 ( 시계 방향 , 시계 반대 방향 )으로 돌아가고 있습니다.

 다음에는 •을 ☐에 그려야 합니다.

**09** 규칙을 찾아 ☐ 안에 알맞은 모양에 ○표 하세요.

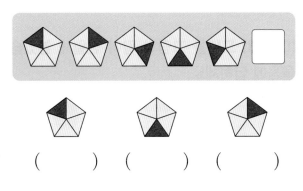

(        )  (        )  (        )

**10** 시계 반대 방향으로 돌아가는 규칙입니다. 빈칸에 알맞은 모양을 그려 보세요.
중요★

**11** 시계 방향으로 돌아가는 규칙을 만들어 무늬를 색칠해 보세요.
창의형

**12** 규칙을 찾아 마지막 모양에 알맞게 색칠해 보세요.

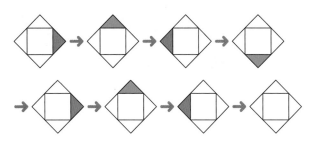

유형 05 **개수가 늘어나는 규칙**

예제 규칙을 찾아 ☐ 안에 들어갈 과일은 무엇인지 쓰세요.

┌딸기 ┌레몬
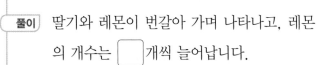

(                    )

풀이 딸기와 레몬이 번갈아 가며 나타나고, 레몬의 개수는 ☐개씩 늘어납니다.

➔ ☐ 안에 들어갈 과일: ☐

**13** 팔찌의 규칙을 찾아 알맞게 색칠해 보세요.

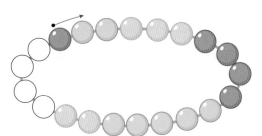

**14** 연서가 설명하는 규칙에 맞게 공깃돌을 놓은 것을 찾아 기호를 쓰세요.

하늘색 공깃돌과 분홍색 공깃돌이 반복되고 분홍색 공깃돌이 1개씩 늘어나는 규칙이야.

연서

㉠

㉡

( )

**15** 규칙에 따라 리본에 붙임딱지를 붙였습니다. 리본의 빈 부분에 연달아 같은 붙임딱지를 붙였다면 어떤 모양을 몇 장 붙였을지 풀이 과정을 쓰고, 답을 구하세요.

(서술형)

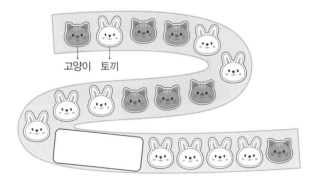

고양이    토끼

[1단계] 붙임딱지를 붙인 규칙 찾아 쓰기

_____

_____

[2단계] 빈 부분에 붙일 모양과 장 수 구하기

_____

_____

답 _____ , _____

---

**유형 06** 쌓은 모양에서 규칙 찾기(1)
▶ 반복되는 모양

(예제) 규칙에 따라 쌓기나무를 쌓았습니다. 쌓기나무가 왼쪽에서 오른쪽으로 어떻게 반복되는지 기호를 쓰세요.

㉠ 3개, 1개    ㉡ 3개, 1개, 3개

( )

(풀이) 쌓기나무가 왼쪽에서 오른쪽으로

3개, ☐개씩 반복됩니다.

**6단원**

**[16~17] 규칙에 따라 쌓기나무를 쌓았습니다. 물음에 답하세요.**

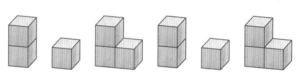

**16** 규칙에 맞게 ☐ 안에 알맞은 수를 써넣으세요.

쌓기나무가 2개, ☐개, ☐개로 반복됩니다.

**17** 다음에 쌓을 모양에 ○표 하세요.

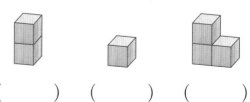

( )   ( )   ( )

**18** 규칙에 따라 쌓기나무를 쌓았습니다. 규칙을 바르게 말한 사람의 이름을 쓰세요.

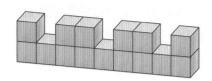

2개, 1개, 1개씩 반복되고 있어.
현우

2개, 1개, 2개씩 반복되고 있어.
미나

( )

**19** 규칙에 따라 쌓기나무를 쌓았습니다. 다음에 이어질 모양에 쌓을 쌓기나무는 모두 몇 개일까요?

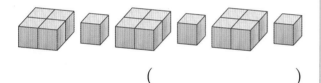

( )

유형 **07** 쌓은 모양에서 규칙 찾기(2)
▶ 수가 늘어나는 모양

예제 쌓기나무를 쌓은 규칙을 쓴 것입니다. 밑줄 친 부분 중 틀린 곳에 ✕표 하세요.

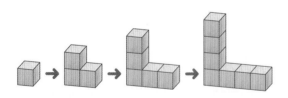

쌓기나무가 오른쪽에 1개씩, 위로 2개씩 늘어나고 있습니다.

풀이 쌓기나무가 오른쪽에 ☐개씩,
위로 ☐개씩 늘어나고 있습니다.

[20~21] 규칙에 따라 쌓기나무를 쌓았습니다. 물음에 답하세요.

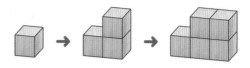

**20** 쌓은 규칙으로 알맞은 것의 기호를 쓰세요.

㉠ 쌓기나무가 위로 2개씩 늘어나고 있습니다.
㉡ 쌓기나무가 오른쪽으로 2개씩 늘어나고 있습니다.

( )

**21** 규칙에 따라 쌓기나무를 쌓을 때, 다음에 이어질 모양을 바르게 쌓은 사람의 이름을 쓰세요.

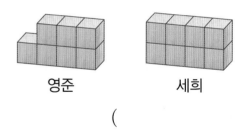

영준 세희

( )

**22** 규칙에 따라 쌓기나무를 쌓았습니다. 빈칸에 들어갈 모양을 만드는 데 필요한 쌓기나무는 모두 몇 개일까요?

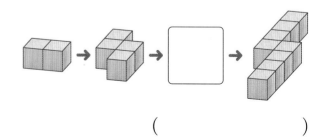

( )

**23** 규칙에 따라 쌓기나무를 쌓았습니다. 규칙을 찾아 쓰세요.

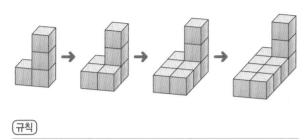

규칙

**25** 준호가 규칙에 따라 쌓기나무를 쌓고 있습니다. 10번째에 올 모양을 만드는 데 필요한 쌓기나무는 모두 몇 개일까요?

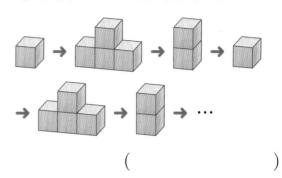

( )

**+플러스**

**유형 08** ■번째에 올 모양 알아보기

**예제** 규칙을 찾아 9번째에 올 모양에 알맞게 색칠해 보세요.

첫 번째         9번째

**풀이**  ⚫⚪ , ⚫⚫가 반복되는 규칙입니다.

6번째: ⚫⚫, 7번째: ⚫⚪, 8번째: ⚫⚫이므로

9번째 모양은 ( ⚫⚪ , ⚫⚫ )입니다.

**24** 노란색으로 색칠되어 있는 부분이 시계 방향으로 돌아가는 규칙입니다. 6번째에 올 모양의 기호를 쓰세요.

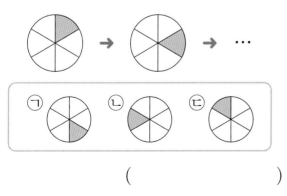

( )

**26** 규칙에 따라 쌓기나무를 쌓았습니다. 다섯 번째에 올 모양을 만드는 데 필요한 쌓기나무는 모두 몇 개인지 풀이 과정을 쓰고, 답을 구하세요.

**서술형**

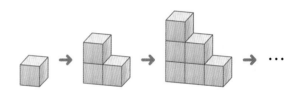

1단계 쌓은 규칙 찾기

_____

_____

2단계 다섯 번째에 올 모양에 필요한 쌓기나무는 모두 몇 개인지 구하기

_____

_____

답 _____

## ④ 덧셈표에서 규칙 찾기

| + | 0 | 1 | 2 | 3 | 4 |
|---|---|---|---|---|---|
| 0 | 0 | 1 | 2 | 3 | 4 |
| 1 | 1 | 2 | 3 | 4 | 5 |
| 2 | 2 | 3 | 4 | 5 | 6 |
| 3 | 3 | 4 | 5 | 6 | 7 |
| 4 | 4 | 5 | 6 | 7 | 8 |

• ▨으로 색칠한 수:
오른쪽으로 갈수록 **1**씩 커집니다.

• ▨으로 색칠한 수:
↘ 방향으로 갈수록 **2**씩 커집니다.

● 덧셈표에 적힌 수에 따라 규칙이
달라질 수 있습니다.

| + | 1 | 3 | 5 | 7 |
|---|---|---|---|---|
| 1 | 2 | 4 | 6 | 8 |
| 3 | 4 | 6 | 8 | 10 |
| 5 | 6 | 8 | 10 | 12 |
| 7 | 8 | 10 | 12 | 14 |

2씩
커집니다.

4씩
커집니다.

## ⑤ 곱셈표에서 규칙 찾기

| × | 1 | 2 | 3 | 4 | 5 |
|---|---|---|---|---|---|
| 1 | 1 | 2 | 3 | 4 | 5 |
| 2 | 2 | 4 | 6 | 8 | 10 |
| 3 | 3 | 6 | 9 | 12 | 15 |
| 4 | 4 | 8 | 12 | 16 | 20 |
| 5 | 5 | 10 | 15 | 20 | 25 |

└─ 3단 곱셈구구에서 곱하는 수가
1씩 커지면 곱은 3씩 커져.

• ▨으로 색칠한 수:
오른쪽으로 갈수록 **2**씩 커집니다.

• ▨으로 색칠한 수:
아래쪽으로 내려갈수록 **3**씩 커집니다.

● 곱셈표의 또 다른 규칙

| × | 6 | 7 | 8 |
|---|---|---|---|
| 6 | 36 | 42 | 48 |
| 7 | 42 | 49 | 56 |
| 8 | 48 | 56 | 64 |

곱셈표의 가로와 세로에 주어
진 수가 같으면 점선을 따라 접
었을 때 만나는 수가 같습니다.

## ⑥ 생활 속 규칙 찾기

**벽 무늬에서 규칙 찾기**

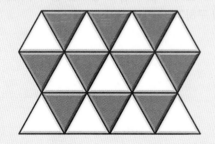

흰색 삼각형(△)과 회색 삼각형
(▽)이 반복됩니다.

**달력에서 규칙 찾기**

9월

| 일 | 월 | 화 | 수 | 목 | 금 | 토 |
|---|---|---|---|---|---|---|
|  |  |  |  | 1 | 2 | 3 |
| 4 | 5 | 6 | 7 | 8 | 9 | 10 |
| 11 | 12 | 13 | 14 | 15 | 16 | 17 |
| 18 | 19 | 20 | 21 | 22 | 23 | 24 |
| 25 | 26 | 27 | 28 | 29 | 30 |  |

• ↓ 방향: **7**씩 커집니다.
• 요일은 **7**일마다 반복됩니다.

● 주변의 또 다른 규칙
• 영화관에서 자리의 번호가 규
칙적으로 놓여 있습니다.
• 신호등의 불이 초록불, 노란
불, 빨간불로 반복됩니다.

**[01~02] 덧셈표를 보고 물음에 답하세요.**

| + | 1 | 2 | 3 | 4 | 5 |
|---|---|---|---|---|---|
| 1 | 2 | 3 |   | 5 | 6 |
| 2 | 3 |   | 5 | 6 | 7 |
| 3 | 4 | 5 | 6 | 7 | 8 |
| 4 | 5 | 6 | 7 |   | 9 |
| 5 | 6 | 7 | 8 | 9 |   |

**01** 빈칸에 알맞은 수를 써넣으세요.

**02** 덧셈표를 보고 찾은 규칙으로 알맞은 것에
○표, 알맞지 <u>않은</u> 것에 ×표 하세요.

• ╱ 방향의 수들은 모두 같습니다.

( )

• ╲ 방향으로 갈수록 1씩 커집니다.

( )

**[03~04] 곱셈표를 보고 물음에 답하세요.**

| × | 5 | 6 | 7 | 8 |
|---|---|---|---|---|
| 5 | 25 | 30 | 35 | 40 |
| 6 |   | 36 | 42 | 48 |
| 7 | 35 | 42 |   | 56 |
| 8 | 40 | 48 |   | 64 |

**03** 곱셈표의 빈칸에 알맞은 수를 써넣으세요.

**04** 색칠한 칸과 같은 수가 적힌 칸을 찾아 같
은 색으로 색칠해 보세요.

**[05~06] 곱셈표를 보고 규칙에 맞게 ▢ 안에 알맞
은 수를 써넣으세요.**

| × | 2 | 3 | 4 | 5 |
|---|---|---|---|---|
| 2 | 4 | 6 | 8 | 10 |
| 3 | 6 | 9 | 12 | 15 |
| 4 | 8 | 12 | 16 | 20 |
| 5 | 10 | 15 | 20 | 25 |

**05** ▨으로 색칠한 수는 아래쪽으로 내려갈
수록 ▢씩 커집니다.

**06** ▨으로 색칠한 수는 오른쪽으로 갈수록
▢씩 커집니다.

**[07~08] 규칙을 찾아 ▢ 안에 알맞은 수나 말을
써넣으세요.**

**07**

└빨간색 파란색 └노란색

집의 색이 빨간색, ▢,

▢이 반복됩니다.

**08**

3월

| 일 | 월 | 화 | 수 | 목 | 금 | 토 |
|---|---|---|---|---|---|---|
|   |   | 1 | 2 | 3 | 4 | 5 | 6 |
| 7 | 8 | 9 | 10 | 11 | 12 | 13 |
| 14 | 15 | 16 | 17 | 18 | 19 | 20 |
| 21 | 22 | 23 | 24 | 25 | 26 | 27 |
| 28 | 29 | 30 | 31 |   |   |   |

같은 줄에서 오른쪽으로 갈수록

수는 ▢씩 커집니다.

예제 오른쪽 덧셈표를 보고 □ 안에 알맞은 수를 써 넣으세요.

| + | 1 | 2 | 3 |
|---|---|---|---|
| 1 | 2 | 3 | 4 |
| 2 | 3 | 4 | 5 |
| 3 | 4 | 5 | 6 |

▨으로 색칠한 수는 오른쪽으로 갈수록 □씩 커집니다.

풀이 4　5　6 → □씩 커집니다.

+□　+□

---

**[01~02] 덧셈표를 보고 물음에 답하세요.**

| + | 0 | 1 | 2 | 3 | 4 |
|---|---|---|---|---|---|
| 0 | 0 | 1 | 2 | 3 | 4 |
| 1 | 1 | 2 | 3 | 4 | 5 |
| 2 | 2 | 3 | 4 | 5 | 6 |
| 3 | 3 | 4 | 5 | 6 | 7 |
| 4 | 4 | 5 | 6 | 7 | 8 |

01 ▨으로 색칠한 수의 규칙으로 알맞은 것을 찾아 기호를 쓰세요.

ㄱ 왼쪽으로 갈수록 1씩 커집니다.
ㄴ 오른쪽으로 갈수록 1씩 커집니다.

(　　　　)

02 빨간색 점선 위에 놓인 수의 규칙을 찾아 쓰세요.

규칙 ↘ 방향으로 갈수록

---

03 덧셈표에서 규칙을 하나 찾아 쓰세요.
중요★

| + | 3 | 6 | 9 |
|---|---|---|---|
| 3 | 6 | 9 | 12 |
| 6 | 9 | 12 | 15 |
| 9 | 12 | 15 | 18 |

규칙

---

04 덧셈표에서 찾을 수 있는 규칙을 **잘못** 말한 사람의 이름을 쓰고, 바르게 고쳐 쓰세요.
서술형

| + | 1 | 3 | 5 | 7 |
|---|---|---|---|---|
| 1 | 2 | 4 | 6 | 8 |
| 3 | 4 | 6 | 8 | 10 |
| 5 | 6 | 8 | 10 | 12 |
| 7 | 8 | 10 | 12 | 14 |

같은 줄에서 아래쪽으로 내려갈수록 2씩 커지는 규칙이 있어.
주경

↘ 방향으로 같은 수들이 있어.
준호

잘못 말한 사람

바르게 고치기

---

## 유형 10 덧셈표 완성하기

**예제** 덧셈표에서 빈칸에 알맞은 수를 써넣으세요.

| + | 3 |  | 5 | 6 |
|---|---|---|---|---|
| 5 | 8 | 9 | 10 | 11 |
| 6 | 9 | 10 | 11 |  |
| 7 |  | 11 | 12 | 13 |
|  |  | 11 | 12 | 13 |

**풀이** 덧셈표는 세로줄과 가로줄의 수가 만나는 칸에 두 수의 ( 합 , 곱 )을 써넣습니다.

**05** ㉠과 ㉡에 알맞은 수 중 더 큰 것의 기호를 쓰세요.
**중요★**

| + | 2 | 3 | 4 | 5 | 6 |
|---|---|---|---|---|---|
| 1 | 3 | 4 | 5 | 6 |  |
| 3 | 5 | 6 | 7 |  |  |
| 5 | 7 | 8 |  | ㉠ |  |
| 7 | 9 |  |  |  |  |
| 9 |  | ㉡ |  |  |  |

(          )

**06** 나만의 덧셈표를 만들고, 만든 덧셈표에서 규칙을 찾아 쓰세요.
**창의형**

| + | 1 |  |  |
|---|---|---|---|
| 1 | 2 |  |  |
|  |  |  |  |
|  |  |  |  |

규칙

## 유형 11 곱셈표에서 규칙 찾기

**예제** 곱셈표의 규칙을 찾아 알맞은 말에 ○표 하세요.

| × | 4 | 6 | 8 |
|---|---|---|---|
| 4 | 16 | 24 | 32 |
| 6 | 24 | 36 | 48 |
| 8 | 32 | 48 | 64 |

곱셈표에 있는 수들은 모두 ( 짝수 , 홀수 )입니다.

**풀이** 4단, 6단, 8단 곱셈구구에 있는 수들은 모두 ( 짝수 , 홀수 )입니다.

**[07~08] 곱셈표를 보고 물음에 답하세요.**

| × | 1 | 2 | 3 | 4 | 5 | 6 |
|---|---|---|---|---|---|---|
| 1 | 1 | 2 | 3 | 4 | 5 | 6 |
| 2 | 2 | 4 | 6 | 8 | 10 | 12 |
| 3 | 3 | 6 | 9 | 12 | 15 | 18 |
| 4 | 4 | 8 | 12 | 16 | 20 | 24 |
| 5 | 5 | 10 | 15 | 20 | 25 | 30 |
| 6 | 6 | 12 | 18 | 24 | 30 | 36 |

**07** ▨▨으로 색칠한 수의 규칙을 찾아 쓰세요.

규칙 아래쪽으로 내려갈수록

**08** ▨▨으로 색칠한 수와 같은 규칙인 곳을 찾아 색칠해 보세요.

**09** 준호가 말하는 규칙을 찾을 수 있는 곱셈 표에 ○표 하세요.

↓ 방향에 있는 수와 똑같은 수가 → 방향에도 반드시 있어.

준호

| × | 7 | 8 | 9 |
|---|---|---|---|
| 7 | 49 | 56 | 63 |
| 8 | 56 | 64 | 72 |
| 9 | 63 | 72 | 81 |

( )

| × | 5 | 7 | 9 |
|---|---|---|---|
| 4 | 20 | 28 | 36 |
| 6 | 30 | 42 | 54 |
| 8 | 40 | 56 | 72 |

( )

**[10~11] 곱셈표를 보고 물음에 답하세요.**

| × | 3 | 5 | 7 | 9 |
|---|---|---|---|---|
| 3 | 9 | 15 | 21 | 27 |
| 5 | 15 | 25 | 35 | 45 |
| 7 | 21 | 35 | 49 | ★ |
| 9 | 27 | 45 | 63 | 81 |

**10** 곱셈표에 알맞은 규칙을 찾아 기호를 쓰세요.

> ㉠ 곱셈표에 있는 수들은 모두 홀수입니다.
> ㉡ 같은 줄에서 오른쪽으로 갈수록 모두 6씩 커집니다.
> ㉢ ＼ 방향에 있는 수들은 반드시 ／ 방향에도 똑같이 있습니다.

( )

**11** 곱셈표를 점선을 따라 접었을 때 ★과 만나는 수는 얼마일까요?

( )

---

예제 곱셈표에서 ㉠, ㉡, ㉢, ㉣에 알맞은 수를 각각 구하세요.

| × | 2 | 4 | ㉠ | 8 |
|---|---|---|---|---|
| 2 | 4 | 8 | 12 | ㉡ |
| 4 | ㉢ | 16 | 24 | 32 |
| 6 | 12 | 24 | 36 | 48 |
| ㉣ | 16 | 32 | 48 | 64 |

㉠ ( ), ㉡ ( ),
㉢ ( ), ㉣ ( )

풀이 곱셈표는 세로줄과 가로줄의 수가 만나는 칸에 두 수의 ( 합 , 곱 )을 써넣습니다.

**12** 곱셈표의 빈칸에 알맞은 수를 써넣으세요.

| × | 2 | | 6 | |
|---|---|---|---|---|
| 1 | 2 | 4 | 6 | 8 |
| 3 | 6 | | 18 | 24 |
| 5 | 10 | 20 | 30 | 40 |
| | 14 | | 42 | 56 |

**13** 곱셈표를 보고 ㉠과 ㉡을 차례로 구하세요.

| × | | 7 | | |
|---|---|---|---|---|
| | ㉠ | 14 | | |
| 3 | | | | ㉡ |
| | | | | |
| 5 | 30 | | | 45 |

( ), ( )

**+플러스**
**유형 13** 덧셈표(곱셈표)에서 규칙을 찾아 빈칸 채우기

**예제** 덧셈표에서 규칙을 찾아 빈칸에 알맞은 수를 써넣으세요.

| 8 | 9 | 10 |
|---|---|---|
| 9 |   |    |
| 10 | 11 |   |

**풀이** 같은 줄에서 오른쪽으로 갈수록 1씩 커집니다.

$9+1=\boxed{\phantom{00}}$, $10+1=\boxed{\phantom{00}}$,

$11+1=\boxed{\phantom{00}}$

**[14~15]** 덧셈표를 보고 물음에 답하세요.

| | ㉠ | |
|---|---|---|
| 10 | 11 | |
| 11 | 12 | |
| 11 | 13 | 14 |

**14** 색칠한 칸의 수들은 ↘ 방향으로 갈수록 몇씩 커질까요?

( )

**15** ㉠에 알맞은 수를 구하세요.

( )

**16** 곱셈표에서 규칙을 찾아 빈칸에 알맞은 수를 써넣으세요.
**중요★**

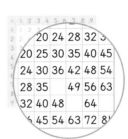

| 36 | 42 | |
|---|---|---|
| | 49 | 56 |
| | | 64 |
| 63 | | |

**17** 곱셈표에서 규칙을 찾아 ●에 알맞은 수를 구하려고 합니다. 풀이 과정을 쓰고, 답을 구하세요.
**서술형**

| 7 | 8 | 9 |
|---|---|---|
| 14 | 16 | |
| 18 | 24 | |
| | ● | |

**1단계** 빨간색 선 안에 있는 수의 규칙 찾기

_____

_____

**2단계** ●에 알맞은 수 구하기

_____

_____

답 _____

규칙만 찾으면
어떤 수인지
바로 알 수 있다고!

**생활 속 규칙 찾기**(1) ▶ 무늬, 색

예제 운동장에 다음과 같이 깃발이 걸려 있습니다. 바르게 설명한 것의 기호를 쓰세요.

┌──────────────────────────────────┐
│ ㉠ 빨간색, 파란색, 노란색 깃발이 반복 │
│   되는 규칙입니다. │
│ ㉡ 빨간색, 파란색, 노란색, 빨간색 깃발 │
│   이 반복되는 규칙입니다. │
└──────────────────────────────────┘

(              )

풀이 빨간색, [   ], [   ] 깃발이 반복
되는 규칙입니다.

**18** 신호등은 규칙에 따라 불이 켜집니다. 마지막 신호등에 알맞게 색칠해 보세요.

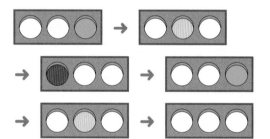

**19** 바람개비에서 찾을 수 있는 규칙을 쓰세요.

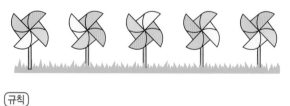

규칙 _____

**생활 속 규칙 찾기**(2) ▶ 수 배열

예제 사물함 번호에 있는 규칙을 찾아 떨어진 번호판에 숫자를 써넣으세요.

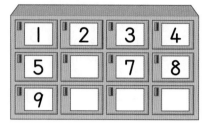

풀이 사물함 번호의 규칙을 찾아봅니다.

→ 방향으로 [   ]씩 커지고, ↓ 방향으로
[   ]씩 커집니다.

**20** 컴퓨터 자판의 수에서 ╱ 방향으로 놓인 수는 몇씩 작아질까요?

(              )

**21** 현주는 14층에 가려고 합니다. 현주가 눌러야 하는 엘리베이터 버튼을 찾아 ○표 하세요.

**22** 영화관 의자에는 규칙에 따라 번호가 적혀 있습니다. 빨간색으로 색칠된 곳의 의자 번호는 무엇일까요?

| 화면 |
| --- |

| 가 1 | 가 2 | 가 3 | 가 4 | 가 5 | 가 6 | 가 7 |
| 나 1 | 나 2 | 나 3 | 나 4 | 나 5 | 나 6 | 나 7 |
| 다 1 | 다 2 | 다 3 | | | | |
| 라 1 | | | | | | |

( )

**+플러스**
**유형 16** 시각에서 규칙 찾기

**예제** 시계에서 규칙을 찾아 ⬜ 안에 알맞은 수를 써넣으세요.

| 1:00 | 1:30 | 2:00 | 2:30 |

시각이 ⬜ 분씩 지나는 규칙입니다.

**풀이**

1시 → 1시 30분 → 2시 → 2시 30분

⬜ 분  ⬜ 분  ⬜ 분

**23** 규칙을 찾아 마지막 시계에 시각을 나타내세요.

[24~26] 버스 출발 시간표를 보고 물음에 답하세요.

| | 전주행 | | 부산행 |
| --- | --- | --- | --- |
| 출발 시각 | 6:00  6:15<br>6:30  6:45 | | 6:00<br>6:30 |
| | 7:00  7:15<br>7:30  7:45 | | 7:00<br>7:30 |

**24** 전주행 버스는 몇 분마다 출발할까요?

( )

**25** 6시에 출발한 버스가 첫 번째 버스입니다. 전주행 7번째 버스는 몇 시 몇 분에 출발할까요?

( )

**26** 6시에 출발한 버스가 첫 번째 버스입니다. **서술형** 부산행 6번째 버스는 몇 시 몇 분에 출발하는지 풀이 과정을 쓰고, 답을 구하세요.

[1단계] 부산행 버스가 출발하는 시각에서 규칙 찾기

_____

_____

[2단계] 6번째 버스가 출발하는 시각 구하기

_____

_____

답 _____

주어진 규칙과 같게 그리기

**1** 〈보기〉와 같은 규칙으로 모양을 그리려고 합니다. 빈 곳에 알맞은 모양을 그려 보세요.

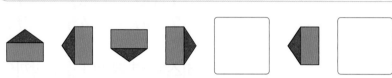

**해결 tip**

덧셈표에서 같은 수가 들어가는 칸 수 구하기

**2** 다음 덧셈표에는 노란색 칸에 알맞은 수가 모두 몇 번 들어 갈까요?

| + | 4 | 5 | 6 | 7 |
|---|---|---|---|---|
| 4 | | | | |
| 5 | | | | |
| 6 | | | | |
| 7 | | | | |

(               )

반복되는 규칙에서 쌓기나무의 수 구하기      서술형

**3** 다음과 같은 방법으로 쌓기나무를 계속 쌓는다면 21번째에 올 쌓기나무는 몇 개인지 풀이 과정을 쓰고, 답을 구하세요.

첫 번째    두 번째    세 번째    네 번째    다섯 번째    여섯 번째

풀이

_____

_____

_____

답 _____

2개가 반복되는 규칙에서 ●번째를 찾으려면?

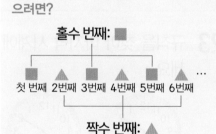

홀수 번째: ■

첫 번째 2번째 3번째 4번째 5번째 6번째

짝수 번째: ▲

홀수 번째와 짝수 번째로 나누어 생각합니다.

곱셈표 완성하기

**4** 곱셈표의 가로와 세로에 주어진 수가 같을 때 빈칸에 알맞은 수를 써넣으세요.

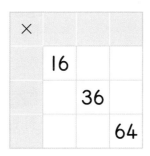

해결 tip

가로와 세로에 주어진 수가 같다면?

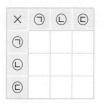

노란색으로 색칠된 칸의 수는 같은 수를 두 번 곱한 값입니다.

---

늘어나는 규칙에서 개수 구하기

서술형

**5** 다음과 같은 규칙으로 바둑돌을 17개 놓으려고 합니다. 검은색 바둑돌은 모두 몇 개 필요한지 풀이 과정을 쓰고, 답을 구하세요.

○ ● ● ○ ○ ○ ● ● ● ● ○ …

풀이

답

---

■번째에 놓은 수 비교하기

**6** 진태와 윤서가 각각 규칙에 따라 수 카드를 놓고 있습니다. 12번째 수 카드의 수는 누가 얼마나 큰지 구하세요.

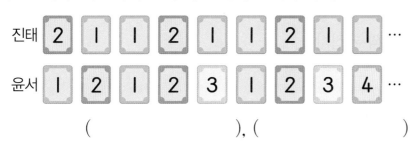

( ), ( )

규칙을 찾는 방법은?

같은 수가 나올 때마다 구간을 나누어 확인해 봅니다.

2 1 1 / 2 1 1 / 2 1 1 / …
1 2 / 1 2 3 / 1 2 3 4 / …

몇 번째 모양인지 구하기

**7** 규칙에 따라 쌓기나무를 쌓았습니다. 쌓은 쌓기나무가 16개인 모양은 몇 번째인지 구하세요.

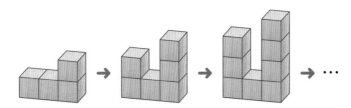

(1) 쌓기나무가 몇 개씩 늘어나는지 구하세요.

( )

(2) 쌓기나무가 16개인 모양은 몇 번째인지 구하세요.

( )

**해결 tip**

쌓기나무가 늘어나는 규칙을 찾으려면?
첫 번째와 두 번째, 두 번째와 세 번째 모양을 비교하여 늘어나는 부분을 찾습니다.

첫 번째    두 번째    세 번째

공연장 자리 알아보기

**8** 어느 공연장의 자리를 나타낸 그림입니다. 윤아의 자리가 다열 열두 번째라면 의자의 번호는 몇 번인지 구하세요.

무대

첫째 둘째 셋째 …

가열 | 1 | 2 | 3 | 4 | 5 | 6 | 7 | 8 | 9 | 10 | 11 | 12 | 13 | 14 |
나열 | 15 | 16 |

(1) 다열 열두 번째 자리를 찾아 ○표 하세요.

(2) 의자 번호의 규칙을 찾아 ☐ 안에 알맞은 수를 써넣으세요.

뒤로 갈수록 ☐ 씩 커집니다.

(3) 윤아의 의자 번호는 몇 번일까요?

( )

**[01~03] 그림을 보고 물음에 답하세요.**

┌빨간색 ┌초록색

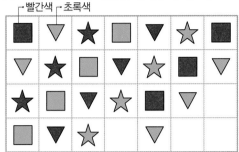

**01** 어떤 모양이 반복되는지 모양의 규칙을 찾아 쓰세요.

☐, ☐, ☐ 모양이 반복됩니다.

**02** 어떤 색깔이 반복되는지 색깔의 규칙을 찾아 쓰세요.

빨간색, ☐ 이 반복됩니다.

**03** 빈칸에 알맞은 모양을 그리고 색칠해 보세요.

**04** 규칙에 따라 쌓기나무를 쌓았습니다. ☐ 안에 알맞은 수를 써넣으세요.

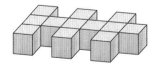

쌓기나무가 왼쪽에서 오른쪽으로
☐ 개, ☐ 개씩 반복됩니다.

**[05~08] 덧셈표를 보고 물음에 답하세요**

| + | 5 | 6 | 7 | 8 | 9 |
|---|---|---|---|---|---|
| 1 | 6 | 7 | 8 | 9 | 10 |
| 3 | 8 | 9 | 10 | 11 | 12 |
| 5 | 10 | 11 | 12 | 13 | 14 |
| 7 | 12 | 13 |  | 15 |  |
| 9 | 14 | 15 |  |  | 18 |

**05** 위 덧셈표의 빈칸에 알맞은 수를 써넣으세요.

**06** ▨으로 색칠한 수의 규칙을 찾아 쓰세요.

오른쪽으로 갈수록 ☐ 씩 커지는 규칙이 있습니다.

**07** ▨으로 색칠한 수는 아래쪽으로 내려갈수록 몇씩 커지나요?

( )

**08** ↘ 방향으로 놓인 수의 규칙을 바르게 말한 사람의 이름을 쓰세요.

• 현주: 1씩 커지는 규칙이야.
• 민우: 3씩 커지는 규칙이야.

( )

**09** 규칙을 찾아 마지막 모양에 알맞게 색칠해 보세요.

**10** 규칙을 찾아 빈칸에 알맞은 모양을 그리고, ◉는 1, ●는 2로 바꾸어 나타내세요.

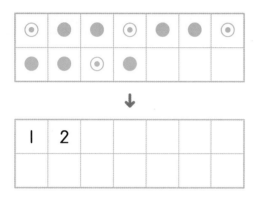

↓

| 1 | 2 | | | | | |
|---|---|---|---|---|---|---|
| | | | | | | |

**11** 규칙에 따라 쌓기나무를 쌓았습니다. 빈칸에 들어갈 모양을 만드는 데 필요한 쌓기나무는 모두 몇 개일까요?

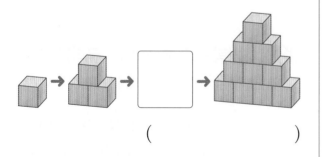

( )

**12** 학교 울타리에서 규칙을 찾아 쓰세요.

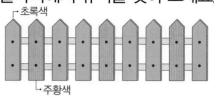

초록색

주황색

규칙

**[13~14] 곱셈표를 보고 물음에 답하세요.**

| × | 2 | 4 | 6 | 8 |
|---|---|---|---|---|
| 2 | 4 | 8 | 12 | 16 |
| 4 | 8 | 16 | 24 | 32 |
| 6 | 12 | 24 | 36 | 48 |
| 8 | 16 | 32 | 48 | 64 |

다

가　　　나

**13** 곱셈표에서 찾을 수 있는 규칙으로 알맞은 것을 찾아 기호를 쓰세요.

┌─────────────────────────────┐
│ ㉠ 곱셈표에 있는 수들은 홀수, 짝수 │
│　가 반복됩니다.　　　　　　　　 │
│ ㉡ 같은 줄에서 오른쪽으로 갈수록 일 │
│　정한 수만큼 커집니다.　　　　　 │
└─────────────────────────────┘

( )

**14** 화살표에 놓인 수의 규칙이 다른 하나를 찾아 기호를 쓰고, 그 이유를 쓰세요.
서술형

답

이유

**15** 규칙을 찾아 ☐ 안에 알맞은 모양을 그려 넣으세요.

**16** 곱셈표에서 규칙을 찾아 빈칸에 알맞은 수를 써넣으세요.

| | 42 | | |
|---|---|---|---|
| | | 49 | 56 |
| 48 | 56 | | 72 |
| | | 72 | |

**17** 민규네 반 학생들은 그림과 같이 번호 순서대로 자리에 앉습니다. 민규의 번호는 몇 번인지 풀이 과정을 쓰고, 답을 구하세요.

(서술형)

풀이

답 

**18** 수업이 시작할 때마다 시계를 보았더니 다음과 같았습니다. 4교시가 시작하는 시각은 몇 시 몇 분일까요?

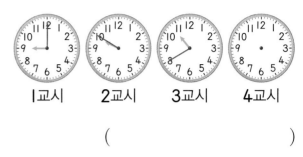

|교시     2교시     3교시     4교시

( )

**19** 덧셈표를 보고 ㉠과 ㉡의 차는 얼마인지 구하세요.

| + | 3 | ㉠ | |
|---|---|---|---|
| | | | |
| 7 | | 12 | 16 |
| | | | |
| 9 | | | ㉡ |

( )

**20** 규칙에 따라 쌓기나무를 쌓았습니다. 다섯 번째에 올 모양을 만드는 데 필요한 쌓기나무는 몇 개인지 풀이 과정을 쓰고, 답을 구하세요.

(서술형)

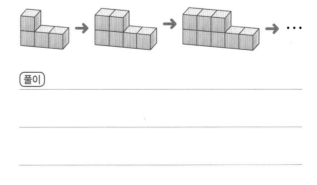

풀이

답

1단원 | 유형 03

**01** 수 모형이 나타내는 수를 쓰고, 읽어 보세요.

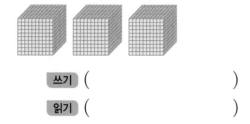

쓰기 ( )

읽기 ( )

3단원 | 유형 07

**02** 길이의 합을 구하세요.

|   | 4 | m | 15 | cm |
|---|---|---|----|----|
| + | 2 | m | 42 | cm |
|   | ☐ | m | ☐  | cm |

1단원 | 유형 13

**03** 100씩 뛰어 세어 보세요.

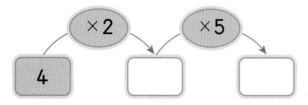

2단원 | 유형 08

**04** 빈칸에 알맞은 수를 써넣으세요.

×2 → ×5

4

4단원 | 유형 22

**05** 바르게 나타낸 것에 모두 ○표 하세요.

30시간=3일 ( )

120분=2시간 ( )

12개월=1년 ( )

3단원 | 유형 06

**06** 빗자루의 길이를 자로 재었습니다. 빗자루의 길이를 두 가지 방법으로 나타내세요.

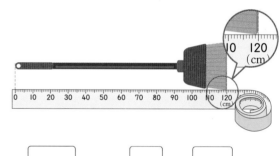

☐ cm = ☐ m ☐ cm

4단원 | 유형 13

**07** 시계가 나타내는 시각으로 알맞은 것끼리 이어 보세요.

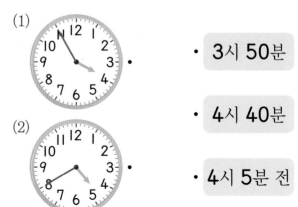

(1)

(2)

· 3시 50분

· 4시 40분

· 4시 5분 전

6단원 | 유형 ②

**08** 규칙을 찾아 ☐ 안에 알맞은 모양의 기호를 쓰세요.

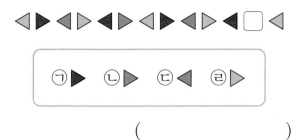

( )

---

2단원 | 유형 ③

**09** 3×6을 구하는 방법을 잘못 설명한 것의 기호를 쓰세요.

> ㉠ 3을 6번 더해서 구합니다.
> ㉡ 3×5에 6을 더해서 구합니다.
> ㉢ 3×3을 2번 더해서 구합니다.

( )

---

3단원 | 유형 ②

**10** 나무 막대의 길이가 50 cm일 때 리본의 길이는 약 몇 m일까요?

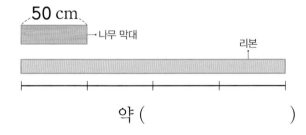

약 ( )

---

2단원 | 유형 ㉕

**11** 한 상자에 골프공이 9개씩 들어 있습니다. 골프공 7상자를 사왔다면 골프공은 모두 몇 개일까요?

( )

---

2단원 | 유형 ㉒

**12** 빈칸에 알맞은 수를 써넣어 곱셈표를 완성해 보세요.

| × | 2 | 3 | 4 | 5 | 6 | 7 |
|---|---|---|---|---|---|---|
| 5 | 10 | 15 | | | 30 | 35 |
| 6 | 12 | | | 30 | | 42 |
| 7 | 14 | 21 | | 35 | 42 | |

---

1단원 | 유형 ⑪

**13** (서술형) 숫자 5가 나타내는 값이 가장 큰 수부터 차례로 쓰려고 합니다. 풀이 과정을 쓰고, 답을 구하세요.

| 1504 | 9835 | 5237 |

(풀이)

_____

_____

_____

(답) _____

---

6단원 | 유형 ⑮

**14** 초대장을 보고 은서의 집에 ◯표 하세요.

> 초 대 장
> 안녕, 나 은서야! 너를 우리 집에 초대할게. 우리 집은 4층 5번째 집이야.
>
> ⋮
> 2층
> 1층
>
> 1번째 2번째 3번째 4번째 …

5단원 | 유형 ⑫

**[15~17] 푸름이네 반 학생들의 장래 희망을 조사하였습니다. 물음에 답하세요.**

푸름이네 반 학생들의 장래 희망

| 푸름<br>선생님 | 명호<br>운동선수 | 석민<br>경찰 | 찬이<br>의사 |
|---|---|---|---|
| 태우<br>선생님 | 효림<br>선생님 | 민규<br>운동선수 | 희정<br>선생님 |
| 승관<br>경찰 | 선민<br>경찰 | 은성<br>경찰 | 지혜<br>운동선수 |

**15** 조사한 자료를 보고 표로 나타내세요.

푸름이네 반 학생들의 장래 희망별 학생 수

| 장래<br>희망 | 선생님 | 운동<br>선수 | 경찰 | 의사 | 합계 |
|---|---|---|---|---|---|
| 학생 수<br>(명) | | | | | |

**16** 위 **15**의 표를 보고 ◯를 이용하여 그래프로 나타내세요.

푸름이네 반 학생들의 장래 희망별 학생 수

| 의사 | | | | |
|---|---|---|---|---|
| 경찰 | | | | |
| 운동선수 | | | | |
| 선생님 | | | | |
| 장래 희망<br>학생 수(명) | 1 | 2 | 3 | 4 |

**17** 장래 희망이 선생님인 학생은 의사인 학생보다 몇 명 더 많습니까?

( )

6단원 | 유형 ⑨

**18** 덧셈표에서 찾을 수 있는 규칙을 바르게 말한 사람의 이름을 쓰세요.

| + | 2 | 4 | 6 | 8 |
|---|---|---|---|---|
| 2 | 4 | 6 | 8 | 10 |
| 4 | 6 | 8 | 10 | 12 |
| 6 | 8 | 10 | 12 | 14 |
| 8 | 10 | 12 | 14 | 16 |

주경: 같은 줄에서 아래쪽으로 내려갈수록 2씩 커져.

도율: 같은 줄에서 오른쪽으로 갈수록 4씩 커져.

( )

4단원 | 유형 ⑩

**19** 연극이 시작한 시각과 끝난 시각입니다. 연극을 한 시간은 몇 시간 몇 분일까요?

시작한 시각 2:30 → 끝난 시각 4:50

( )

2단원 | 유형 ㉙

**20** 진수가 구슬을 쳐서 들어간 위치를 나타낸 것입니다. 칸에 들어온 구슬의 수만큼 적힌 점수를 얻는다면 진수가 얻은 점수는 모두 몇 점일까요?

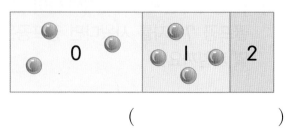

( )

**21** 5단원 | 유형 ⑭
선아네 농장에서 기르는 동물을 조사하였습니다. 빈칸을 알맞게 채워 표와 그래프를 완성해 보세요.

선아네 농장에서 기르는 동물 수

| 동물 | 소 | 돼지 | 닭 | 염소 | 합계 |
|---|---|---|---|---|---|
| 동물 수 (마리) | | 2 | 4 | | 10 |

선아네 농장에서 기르는 동물 수

| 4 | | | | |
|---|---|---|---|---|
| 3 | | | | × |
| 2 | | | | × |
| 1 | | × | | × |
| 동물 수(마리) / 동물 | 소 | 돼지 | 닭 | 염소 |

**22** 3단원 | 유형 ⑯
**서술형**
집에서 놀이터를 거쳐 공원으로 가는 거리는 집에서 공원으로 바로 가는 거리보다 몇 m 몇 cm 더 먼지 풀이 과정을 쓰고, 답을 구하세요.

놀이터

20 m 50 cm    40 m 20 cm

집    55 m 40 cm    공원

풀이

답 _____

**23** 4단원 | 유형 ㉔
어느 해 **3**월 달력의 일부분입니다. 이달의 **25**일은 무슨 요일일까요?

3월

| 일 | 월 | 화 | 수 | 목 | 금 | 토 |
|---|---|---|---|---|---|---|
| | | 1 | 2 | 3 | 4 | 5 | 6 |
| 7 | 8 | | | | | |

( )

**24** 6단원 | 유형 ⑧
**서술형**
규칙에 따라 쌓기나무를 쌓았습니다. 다섯 번째에 올 모양을 만드는 데 필요한 쌓기나무는 몇 개인지 풀이 과정을 쓰고, 답을 구하세요.

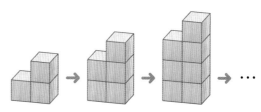

풀이

답 _____

**25** 1단원 | 유형 ㉔
**0**부터 **9**까지의 수 중에서 ☐ 안에 들어갈 수 있는 수를 모두 구하세요.

7276 < 72☐4

( )

MEMO

# 동아출판 초등 무료 스마트러닝

동아출판 초등 **무료 스마트러닝**으로 쉽고 재미있게!

## 과목별·영역별 특화 강의

### 수학 개념 강의

### 국어 독해 지문 분석 강의

### 구구단 송

### 그림으로 이해하는 비주얼씽킹 강의

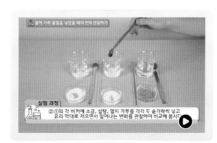

### 과학 실험 동영상 강의

### 과목별 문제 풀이 강의

**서비스 제공 교재** 큐브 | 백점 과학 | 빠작 초등 국어 | 초능력 | 초고필 | 하이탑 초등 과학

# 큐브 유형

초등 수학

## 2·2

# 서술형 강화책

서술형 다지기 | 서술형 완성하기

동아출판

# 서술형 강화책

# 큐브 유형
## 서술형 강화책

초등 수학

**2·2**

> **얼마씩 뛰어 세었는지 알아보기**

**1** 4603에서 ■씩 3번 뛰어 세었더니 7603이 되었습니다. ■는 얼마인지 풀이 과정을 쓰고, 답을 구하세요.

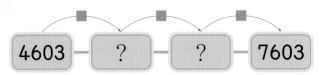

**조건 정리**

· 4603에서 ■씩 [ ]번 뛰어 센 수: [ ]

**풀이**

❶ 4603과 7603의 각 자리 수 비교하기

4603과 7603의 각 자리 수를 비교하면

[ ]의 자리 수가 [ ]만큼 커졌습니다.

어느 자리 수가 어떻게 변했는지 확인해 봐.

❷ ■는 얼마인지 구하기

천의 자리 수가 [ ]만큼 커졌으므로 [ ]만큼 커진 것입니다.

따라서 ■씩 3번만큼은 [ ]입니다.

[ ]은 [ ]이 3개인 수이므로 ■는 [ ]입니다.

**답** [ ]

유사 **1-1** 3269에서 ♥씩 5번 뛰어 세었더니 3769가 되었습니다. ♥는 얼마인지 풀이 과정을 쓰고, 답을 구하세요.

(풀이)

(답)

유사 **1-2** 4812에서 ●씩 4번 뛰어 세었더니 6812가 되었습니다. ●는 얼마인지 풀이 과정을 쓰고, 답을 구하세요.

(풀이)

(답)

발전 **1-3** ㉠과 ㉡에 알맞은 수의 합은 얼마인지 풀이 과정을 쓰고, 답을 구하세요.

- 5294에서 ㉠씩 4번 뛰어 세었더니 5298이 되었습니다.
- 5294에서 ㉡씩 6번 뛰어 세었더니 5594가 되었습니다.

(1단계) ㉠에 알맞은 수 구하기

(2단계) ㉡에 알맞은 수 구하기

(3단계) ㉠과 ㉡에 알맞은 수의 합 구하기

(답)

> **조건을 만족하는 네 자리 수 구하기**

**2** 다음 조건을 모두 만족하는 네 자리 수는 무엇인지 풀이 과정을 쓰고, 답을 구하세요.

- 천의 자리 숫자는 **7000**을 나타냅니다.
- 백의 자리 수는 천의 자리 수보다 **5**만큼 더 작습니다.
- 뒤의 숫자부터 거꾸로 써도 같은 수입니다.

**조건 정리**

- 천의 자리 숫자가 나타내는 값: ☐
- (백의 자리 수)＝(천의 자리 수)−**5**
- 뒤의 숫자부터 거꾸로 써도 같은 수

**풀이**

❶ 천의 자리 숫자, 백의 자리 숫자 구하기

천의 자리 숫자는 ☐ 을 나타내므로 ☐ 입니다.

(백의 자리 수)＝(천의 자리 수)−**5**이므로

백의 자리 숫자는 ☐ −**5**＝ ☐ 입니다.

> 구할 수 있는 자리의 수부터 차례로 구해.

❷ 십의 자리 숫자, 일의 자리 숫자 구하기

뒤의 숫자부터 거꾸로 써도 같은 수가 되려면

(천의 자리 숫자)＝(일의 자리 숫자)＝ ☐ ,

(백의 자리 숫자)＝(☐ 의 자리 숫자)＝ ☐ 입니다.

> 거꾸로 써도 같은 수가 되는 수의 특징을 생각해 봐.
> 3553

❸ 조건을 모두 만족하는 네 자리 수 구하기

따라서 조건을 모두 만족하는 네 자리 수는 ☐ 입니다.

**답** ☐

유사 **2-1** 다음 조건을 모두 만족하는 네 자리 수는 무엇인지 풀이 과정을 쓰고, 답을 구하세요.

> • 백의 자리 숫자는 **300**을 나타냅니다.
> • 일의 자리 수는 백의 자리 수보다 **6**만큼 더 큽니다.
> • 뒤의 숫자부터 거꾸로 써도 같은 수입니다.

풀이 _____

_____

_____

_____

답 _____

발전 **2-2** 다음 조건을 모두 만족하는 네 자리 수는 모두 몇 개인지 풀이 과정을 쓰고, 답을 구하세요.

> • 천의 자리 숫자는 **3000**을 나타냅니다.
> • 백의 자리 수는 천의 자리 수보다 작습니다.
> • 같은 숫자가 **2**개씩 있습니다.

1단계 천의 자리 숫자 구하기

_____

2단계 백의 자리 숫자가 될 수 있는 수 구하기

_____

3단계 조건을 모두 만족하는 네 자리 수의 개수 구하기

_____

_____

답 _____

> ⊘ 만들 수 있는 수 중에서 ■보다 큰(작은) 수 모두 구하기

**3** 수 카드 4장을 한 번씩만 사용하여 네 자리 수를 만들려고 합니다. **백의 자리 숫자가 5인 수 중에서 3000보다 작은 수를 모두 구하는** 풀이 과정을 쓰고, 답을 구하세요.

| 7 | 2 | 5 | 4 |

**조건 정리**

• 수 카드의 수: ☐ , ☐ , ☐ , ☐

• 백의 자리 숫자가 ☐ 인 수 중 ☐ 보다 작은 수

**풀이**

❶ 백의 자리에 놓는 수와 남은 카드 구하기

백의 자리 숫자는 ☐ 이므로 남은 수 카드는 ☐ , ☐ , ☐ 입니다.

❷ 천의 자리에 놓을 수 있는 수 구하기

☐ 보다 작은 수를 만들어야 하므로

천의 자리에 놓을 수 있는 수는 ☐ 입니다.

> 수의 크기를 비교할 때는 높은 자리부터 비교하는 거 알지? 천의 자리에 놓을 수 있는 수를 먼저 알아보자.

❸ 만들 수 있는 네 자리 수 모두 구하기

천의 자리 숫자는 ☐ , 백의 자리 숫자는 ☐ 이므로

만들 수 있는 네 자리 수는 ☐ , ☐ 입니다.

**답** ☐ , ☐

유사 **3-1** 오른쪽 수 카드 **4**장을 한 번씩만 사용하여 네 자리 수를 만들려고 합니다. **십의 자리 숫자가 3인 수 중에서 6000보다 큰 수를 모두 구하는** 풀이 과정을 쓰고, 답을 구하세요.

3 | 8
1 | 5

풀이

답 _____

발전 **3-2** **I, 7, 4, 8**을 한 번씩만 사용하여 네 자리 수를 만들려고 합니다. **백의 자리 숫자가 나타내는 값이 400인 수 중에서 7000보다 작은 수를 모두 구하는** 풀이 과정을 쓰고, 답을 구하세요.

1단계 백의 자리에 놓는 수와 남은 수 구하기

2단계 천의 자리에 놓을 수 있는 수 구하기

3단계 만들 수 있는 네 자리 수 모두 구하기

답 _____

발전 **3-3** **6, 5, 9, 3**을 한 번씩만 사용하여 네 자리 수를 만들려고 합니다. **십의 자리 숫자가 3인 수 중에서 4000보다 크고 8000보다 작은 수를 모두 구하는** 풀이 과정을 쓰고, 답을 구하세요.

1단계 십의 자리에 놓는 수와 남은 수 구하기

2단계 천의 자리에 놓을 수 있는 수 구하기

3단계 만들 수 있는 네 자리 수 모두 구하기

답 _____

**1** 그림과 같이 5234에서 ♣씩 4번 뛰어 세었더니 9234가 되었습니다. ♣는 얼마인지 풀이 과정을 쓰고, 답을 구하세요.

♣ ♣ ♣ ♣

5234           9234

(풀이)

(답)

**2** 1305에서 ■씩 6번 뛰어 세었더니 4305가 되었습니다. ■는 얼마인지 풀이 과정을 쓰고, 답을 구하세요.

(풀이)

(답)

**3** ㉠과 ㉡에 알맞은 수의 차는 얼마인지 풀이 과정을 쓰고, 답을 구하세요.

- 6123에서 ㉠씩 5번 뛰어 세었더니 6173이 되었습니다.
- 2638에서 ㉡씩 8번 뛰어 세었더니 2678이 되었습니다.

(풀이)

(답)

**4** 다음 조건을 모두 만족하는 네 자리 수는 무엇인지 풀이 과정을 쓰고, 답을 구하세요.

- 백의 자리 숫자가 나타내는 수는 300 입니다.
- 천의 자리 수는 백의 자리 수보다 2만큼 더 큽니다.
- 일의 자리 수와 십의 자리 수의 합은 8이고 두 수는 같습니다.

(풀이)

(답)

**5** 다음 **조건을 모두 만족하는 네 자리 수는 모두 몇 개인지** 풀이 과정을 쓰고, 답을 구하세요.

> • 천의 자리 숫자는 **7000**을 나타냅니다.
> • 십의 자리 수는 천의 자리 수보다 큽니다.
> • 같은 숫자가 **2**개씩 있습니다.

(풀이)

(답)

**6** 수 카드 **4**장을 한 번씩만 사용하여 네 자리 수를 만들려고 합니다. **십의 자리 숫자가 9인 수 중에서 4000보다 작은 수를 모두 구하는** 풀이 과정을 쓰고, 답을 구하세요.

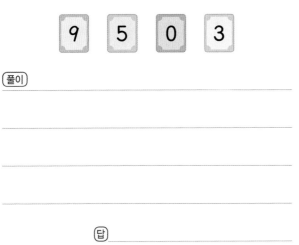

(풀이)

(답)

**7** 7, 2, 3, 5를 한 번씩만 사용하여 네 자리 수를 만들려고 합니다. **십의 자리 숫자가 나타내는 수가 20인 수 중에서 6000보다 큰 수를 모두 구하는** 풀이 과정을 쓰고, 답을 구하세요.

(풀이)

(답)

**8** 4, 8, 6, 7을 한 번씩만 사용하여 네 자리 수를 만들려고 합니다. **백의 자리 숫자가 4인 수 중에서 5000보다 크고 8000보다 작은 수를 모두 구하는** 풀이 과정을 쓰고, 답을 구하세요.

(풀이)

(답)

⊙ 곱의 크기가 같을 때 모르는 수 구하기

**1** 두 곱의 크기가 같습니다. 수 한 개가 지워져 알 수 없을 때 **지워진 수는 얼마인지** 풀이 과정을 쓰고, 답을 구하세요.

$8 \times 3$    $6 \times$ ●

**조건 정리** • 두 곱의 크기가 같습니다.

→ $8 \times \boxed{\phantom{0}} = 6 \times$ (지워진 수)

**풀이** ❶ 주어진 곱 계산하기

$8 \times 3 = \boxed{\phantom{0}}$

❷ 지워진 수 구하기

6단 곱셈구구에서 곱이 $\boxed{\phantom{0}}$ 가 되는 곱셈식을 찾습니다.

$6 \times 1 = \boxed{\phantom{0}}$, $6 \times 2 = \boxed{\phantom{0}}$, $6 \times 3 = \boxed{\phantom{0}}$,

$6 \times 4 = \boxed{\phantom{0}}$, $6 \times 5 = \boxed{\phantom{0}}$, ...

따라서 지워진 수는 $\boxed{\phantom{0}}$ 입니다.

6단 곱셈구구에서
곱이 같아지는 값을 찾아!

**답** $\boxed{\phantom{0}}$

**유사 1-1** 두 곱의 크기가 같습니다. 수 한 개가 지워져 알 수 없을 때 **지워진 수는 얼마인지** 풀이 과정을 쓰고, 답을 구하세요.

$$9 \times \text{■} \qquad 6 \times 6$$

(풀이) _____

_____

(답) _____

**발전 1-2** 재희네 반 학생 수와 철우네 반 학생 수가 서로 같습니다. 재희네 반 학생은 한 줄에 **2**명씩 **9**줄만큼 있습니다. 철우네 반 학생들이 한 줄에 **3**명씩 서 있다면 **몇 줄로 설 수 있는지** 풀이 과정을 쓰고, 답을 구하세요.

(1단계) 재희네 반 학생 수 구하기

_____

(2단계) 철우네 반 학생들이 한 줄에 3명씩 몇 줄로 설 수 있는지 구하기

_____

_____

(답) _____

**발전 1-3** 현수네 집에 귤이 **8**개씩 **5**봉지 있었는데 아버지께서 **9**개를 더 사오셨습니다. 귤과 같은 수의 감이 한 봉지에 **7**개씩 담겨 있다면 **감은 모두 몇 봉지인지** 풀이 과정을 쓰고, 답을 구하세요.

(1단계) 현수네 집에 있는 귤 수 구하기

_____

(2단계) 감은 한 봉지에 7개씩 모두 몇 봉지인지 구하기

_____

_____

(답) _____

### → 점수의 합 구하기

**2** 공을 굴려 쓰러뜨린 핀에 적힌 수만큼 점수를 얻는 놀이를 하였습니다. 지웅이가 쓰러뜨린 핀의 수가 다음과 같을 때 **지웅이가 얻은 점수는 몇 점인지** 풀이 과정을 쓰고, 답을 구하세요.

 : 5개        : 4개

**조건 정리** · 0 : [ ]개        1 : [ ]개

**풀이** ❶ 핀을 쓰러뜨렸을 때의 점수 각각 구하기

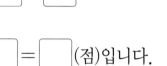

· 0을 [ ]개 쓰러뜨렸으므로 0 × [ ] = [ ] (점)입니다.

· 1을 [ ]개 쓰러뜨렸으므로 1 × [ ] = [ ] (점)입니다.

❷ 지웅이가 얻은 점수 구하기

(지웅이가 얻은 점수)

= (0을 쓰러뜨린 점수) + (1을 쓰러뜨린 점수)

= [ ] + [ ] = [ ] (점)

**답** [ ]점

유사 **2-1** 구슬을 꺼내어 구슬에 적힌 수만큼 점수를 얻는 놀이를 하고 있습니다. 연아는 **0**을 8개, **1**을 2개 꺼냈습니다. **연아가 얻은 점수는 몇 점인지** 풀이 과정을 쓰고, 답을 구하세요.

풀이

답

발전 **2-2** 원판을 돌려서 멈췄을 때 📍가 가리키는 수만큼 점수를 얻는 놀이를 하고 있습니다. 원판을 **7번** 돌린 결과를 보고 **얻은 점수는 몇 점인지** 풀이 과정을 쓰고, 답을 구하세요.

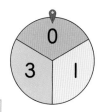

| 원판의 수 | 0 | 1 | 3 |
|---|---|---|---|
| 나온 횟수(번) | 3 | 2 | 2 |

1단계 원판을 돌려 얻은 점수 각각 구하기

2단계 얻은 점수 구하기

답

발전 **2-3** 달리기 대회에서 1등은 5점, 2등은 3점, 3등은 0점을 얻습니다. 지나네 반은 1등이 2명, 3등이 5명이고 현호네 반은 2등이 4명, 3등이 3명입니다. **어느 반의 점수가 더 높은지** 풀이 과정을 쓰고, 답을 구하세요.

1단계 지나네 반의 점수 구하기

2단계 현호네 반의 점수 구하기

3단계 어느 반의 점수가 더 높은지 구하기

답

> **겹쳐 이은 색 테이프의 길이 구하기**

**3** 길이가 **7** cm인 색 테이프 **5**도막을 **2** cm씩 겹치게 이어 붙였습니다. 이어 붙인 색 테이프의 전체 길이는 몇 **cm**인지 풀이 과정을 쓰고, 답을 구하세요.

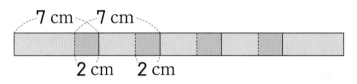

7 cm   7 cm

2 cm   2 cm

**조건 정리**

• 한 도막의 길이가 [ ] cm인 색 테이프 [ ] 도막

• 겹치게 이어 붙인 한 부분의 길이: [ ] cm

**풀이**

❶ 색 테이프 5도막의 길이 구하기

한 도막의 길이가 [ ] cm인 색 테이프가 **5**도막입니다.

(색 테이프 **5**도막의 길이) = [ ] × [ ] = [ ] (cm)

❷ 겹친 부분의 전체 길이 구하기

색 테이프 **5**도막을 이어 붙였으므로 겹친 부분은

[ ] 군데입니다.

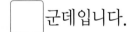 겹친 부분의 수는 사용한 도막의 수보다 **1** 작아.

(겹친 부분의 전체 길이) = **2** × [ ] = [ ] (cm)

❸ 이어 붙인 색 테이프의 전체 길이 구하기

(전체 길이)

= (색 테이프 **5**도막의 길이) − (겹친 부분의 전체 길이)

= [ ] − [ ] = [ ] (cm)

겹치지 않았을 때의 길이를 구하고 겹친 부분의 길이를 빼서 구할 수 있어.

**답** [ ] cm

유사 **3-1** 길이가 9 cm인 색 테이프 7도막을 3 cm씩 겹치게 이어 붙였습니다. **이어 붙인 색 테이프의 전체 길이는 몇 cm인지** 풀이 과정을 쓰고, 답을 구하세요.

(풀이)

(답)

발전 **3-2** 길이가 같은 리본 6개를 4 cm씩 겹치게 이어 붙였습니다. 이어 붙인 리본의 전체 길이가 34 cm일 때, **리본 1개의 길이는 몇 cm인지** 풀이 과정을 쓰고, 답을 구하세요.

(1단계) 겹친 부분의 전체 길이 구하기

(2단계) 리본 6개의 길이 구하기

(3단계) 리본 1개의 길이 구하기

(답)

발전 **3-3** 길이가 8 cm인 같은 리본 9개를 같은 길이만큼 겹치게 이어 붙였습니다. 이어 붙인 리본의 전체 길이가 56 cm일 때, **겹친 부분 한 군데의 길이는 몇 cm인지** 풀이 과정을 쓰고, 답을 구하세요.

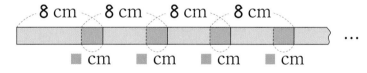

(1단계) 리본 9개의 길이 구하기

(2단계) 겹친 부분의 전체 길이 구하기

(3단계) 겹친 부분 한 군데의 길이 구하기

(답)

**1** ♥에 알맞은 수는 얼마인지 풀이 과정을 쓰고, 답을 구하세요.

$$2 \times ♥ = 4 \times 4$$

풀이

답 _____

**2** 복숭아는 한 상자에 4개씩, 참외는 한 상자에 8개씩 담겨 있습니다. 복숭아는 6상자 있고, 복숭아 수와 참외 수가 같을 때 **참외는 몇 상자 있는지** 풀이 과정을 쓰고, 답을 구하세요.

풀이

답 _____

**3** 집에 사탕이 한 상자에 6개씩 9상자가 있었는데 어머니께서 2개를 더 사오셨습니다. 한 상자에 8개인 쿠키를 집에 있는 사탕과 같은 수로 사려면 **몇 상자를 사야 하는지** 풀이 과정을 쓰고, 답을 구하세요.

풀이

답 _____

**4** 수가 적혀 있는 판에 화살을 맞힌 만큼 점수를 얻는 놀이를 하고 있습니다. 민재가 화살을 0점 칸에 4개, 3점 칸에 5개, 5점 칸에 1개를 맞혔습니다. **민재가 얻은 점수는 몇 점인지** 풀이 과정을 쓰고, 답을 구하세요.

풀이

답 _____

**5** 달리기 대회에서 1등은 6점, 2등은 3점, 3등은 0점을 얻습니다. 민규네 반과 원우네 반 학생들이 달리기 한 결과는 다음과 같습니다. **어느 반의 점수가 더 높은지 풀이 과정을 쓰고, 답을 구하세요.**

| 등수 | 1등 | 2등 | 3등 |
|------|-----|-----|-----|
| 민규네 반 | 4 | 0 | 3 |
| 원우네 반 | 0 | 5 | 2 |

풀이

답

**6** 길이가 8 cm인 색 테이프 4도막을 2 cm씩 겹치게 이어 붙였습니다. **이어 붙인 색 테이프의 전체 길이는 몇 cm인지 풀이 과정을 쓰고, 답을 구하세요.**

풀이

답

**7** 길이가 같은 색 테이프 8개를 3 cm씩 겹치게 이어 붙였습니다. 이어 붙인 색 테이프의 전체 길이가 51 cm일 때, **색 테이프 1개의 길이는 몇 cm인지** 풀이 과정을 쓰고, 답을 구하세요.

풀이

답

**8** 길이가 7 cm인 같은 리본 6개를 같은 길이만큼 겹치게 이어 붙였습니다. 이어 붙인 리본의 전체 길이가 27 cm일 때, **겹친 부분 한 군데의 길이는 몇 cm인지** 풀이 과정을 쓰고, 답을 구하세요.

풀이

답

> ● **길이 구하기**

**1** 민혁이네 **텃밭의 짧은 쪽의 길이는 약 몇 m 몇 cm**인지 풀이 과정을 쓰고, 답을 구하세요.

- 민혁이가 양팔을 벌린 길이: 약 1 m 20 cm
- 민혁이네 텃밭의 짧은 쪽의 길이
  : 민혁이가 양팔을 벌려서 **2**번 잰 것보다 **40 cm** 더 긴 길이

**조건 정리**
- 민혁이가 양팔을 벌린 길이: 약 ☐ m ☐ cm

- 민혁이네 텃밭의 짧은 쪽의 길이:

  민혁이가 양팔을 벌린 길이의 ☐ 배보다 ☐ cm 더 긴 길이

**풀이** ❶ 민혁이가 양팔을 벌려서 2번 잰 길이 구하기

(민혁이가 양팔을 벌려서 **2**번 잰 길이)

= ☐ m ☐ cm + ☐ m ☐ cm

= ☐ m ☐ cm

> 1 m 20 cm를 2번 더해 봐!

❷ 민혁이네 텃밭의 짧은 쪽의 길이 구하기

(민혁이네 텃밭의 짧은 쪽의 길이)

= (민혁이가 양팔을 벌려서 **2**번 잰 길이) + ☐ cm

= ☐ m ☐ cm + ☐ cm = ☐ m ☐ cm

따라서 민혁이네 텃밭의 짧은 쪽의 길이는

약 ☐ m ☐ cm입니다.

**답** 약 ☐ m ☐ cm

유사 **1-1** 정우의 한 걸음의 길이가 약 **70** cm입니다. 책상 긴 쪽의 길이가 정우의 **3**걸음보다 **50** cm 더 길다면 **책상의 긴 쪽의 길이는 약 몇 m 몇 cm인지** 풀이 과정을 쓰고, 답을 구하세요.

(풀이) _____

(답) _____

발전 **1-2** 높이가 **1** m **20** cm인 담을 기준으로 두 탑의 높이를 나타낸 것입니다. **가와 나 중에서 더 낮은 탑은 무엇인지** 풀이 과정을 쓰고, 답을 구하세요.

> • 가: 담의 높이의 **3**배보다 **1** m **3** cm 더 낮습니다.
> • 나: 담의 높이에 **1** m **55** cm를 더한 것과 같습니다.

(1단계) 가와 나의 높이 각각 구하기

_____

(2단계) 더 낮은 탑은 무엇인지 구하기

_____

(답) _____

발전 **1-3** 높이가 **2** m **30** cm인 나무를 기준으로 두 건물의 높이를 나타낸 것입니다. **가와 나 중에서 더 높은 건물은 무엇인지** 풀이 과정을 쓰고, 답을 구하세요.

> • 가: 나무로 **2**번 잰 것보다 **35** cm 더 높습니다.
> • 나: 나무로 **3**번 잰 것보다 **1** m **10** cm 더 낮습니다.

(1단계) 가와 나의 높이 각각 구하기

_____

(2단계) 더 높은 건물은 무엇인지 구하기

_____

(답) _____

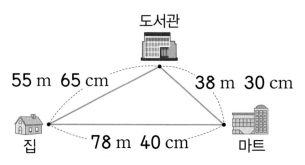

⊙ **두 곳 사이의 거리 비교하기**

**2** 집에서 마트를 바로 가는 거리는 도서관을 지나서 가는 거리보다 몇 **m** 몇 **cm** 더 가까운지 풀이 과정을 쓰고, 답을 구하세요.

**조건 정리**

• (집~도서관)＝**55 m 65 cm**

• (도서관~마트)＝$\boxed{\phantom{00}}$ m $\boxed{\phantom{00}}$ cm

• (집~마트)＝$\boxed{\phantom{00}}$ m $\boxed{\phantom{00}}$ cm

**풀이**

❶ 집에서 도서관을 지나서 마트까지 가는 거리 구하기

(집~도서관~마트)

＝(집~도서관)＋(도서관~마트)

＝**55 m 65 cm**＋**38 m 30 cm**

＝$\boxed{\phantom{00}}$ m $\boxed{\phantom{00}}$ cm

(집에서 도서관을 지나서 마트까지 가는 거리)
＝(집에서 도서관까지의 거리)
＋(도서관에서 마트까지의 거리)

❷ 집에서 마트를 바로 가는 거리는 도서관을 지나서 가는 거리보다 몇 m 몇 cm 더 가까운지 구하기

집에서 마트를 바로 가는 거리는 도서관을 지나서 가는 거리보다

$\boxed{\phantom{00}}$ m $\boxed{\phantom{00}}$ cm－**78 m 40 cm**

＝$\boxed{\phantom{00}}$ m $\boxed{\phantom{00}}$ cm 더 가깝습니다.

**답** $\boxed{\phantom{00}}$ m $\boxed{\phantom{00}}$ cm

유사 **2-1** 학교에서 공원까지 갈 때 ㉮ 길은 ㉯ 길보다 몇 **m** 몇 **cm** 더 가까운지 풀이 과정을 쓰고, 답을 구하세요.

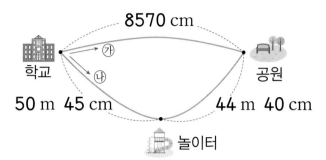

[풀이]

_____

_____

_____

[답] _____

발전 **2-2** 집에서 놀이터를 가려고 합니다. **우체국과 병원 중에서 어디를 지나서 가는 길이 얼마나 더 가까운지** 풀이 과정을 쓰고, 답을 구하세요.

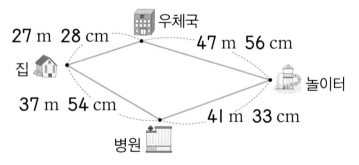

[1단계] 집에서 우체국을 지나서 놀이터 가는 거리 구하기

_____

[2단계] 집에서 병원을 지나서 놀이터 가는 거리 구하기

_____

[3단계] 어디를 지나서 가는 길이 얼마나 더 가까운지 구하기

_____

_____

[답] _____ , _____

> ⊙ **사용한 리본의 길이 구하기**

**3** 매듭을 만드는 데 **25 cm**를 사용하여 오른쪽과 같이 상자를 묶었습니다. **상자를 묶는 데 사용한 리본의 길이는 몇 m 몇 cm인지** 풀이 과정을 쓰고, 답을 구하세요.

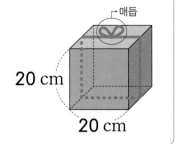
매듭
20 cm
20 cm

**조건 정리**

• 상자를 둘러싸는 데 사용한 리본의 길이: **20 cm**씩 □ 번

• 매듭을 만드는 데 사용한 리본의 길이: □ cm

**풀이** ❶ 상자를 둘러싸는 데 사용한 리본의 길이 구하기

상자를 둘러싸는 데 사용한 리본은

**20 cm**씩 □ 번이므로

□ + □ + □ + □ = □ (cm)입니다.

> 상자를 둘러싸는 데 사용한 리본은 20 cm씩 몇 번 사용되었는지 세어 봐!

❷ 상자를 묶는 데 사용한 리본의 길이는 몇 cm인지 구하기

매듭을 만드는 데 **25 cm**를 사용했으므로 상자를 묶는 데

사용한 리본의 길이는 □ + **25** = □ (cm)입니다.

❸ 상자를 묶는 데 사용한 리본의 길이는 몇 m 몇 cm인지 구하기

> m와 cm의 관계를 생각해 봐.

**l m** = □ cm이므로 상자를 묶는 데 사용한 리본의 길이는

□ cm = □ m □ cm입니다.

**답** □ m □ cm

유사 **3-1** 오른쪽과 같이 리본으로 상자를 묶고 매듭을 만드는 데 20 cm를 사용했습니다. **상자를 묶는 데 사용한 리본의 길이는 몇 m 몇 cm 인지** 풀이 과정을 쓰고, 답을 구하세요.

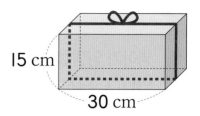

(풀이)

(답)

---

발전 **3-2** 오른쪽과 같이 상자를 묶는 데 사용한 리본의 길이가 1 m 55 cm입니다. **매듭을 만드는 데 사용한 리본의 길이는 몇 cm인지** 풀이 과정을 쓰고, 답을 구하세요.

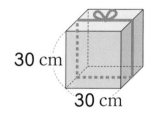

(1단계) 상자를 둘러싸는 데 사용한 리본의 길이 구하기

(2단계) 매듭을 만드는 데 사용한 리본의 길이는 몇 cm인지 구하기

(답)

---

발전 **3-3** 오른쪽과 같이 상자를 묶었습니다. 매듭에 사용한 리본이 없을 때 **사용한 리본의 길이는 몇 m 몇 cm인지** 풀이 과정을 쓰고, 답을 구하세요.

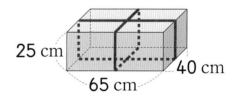

(1단계) 길이가 같은 부분의 개수 구하기

(2단계) 상자를 묶는 데 사용한 리본의 길이는 몇 m 몇 cm인지 구하기

(답)

**1** 영아가 양팔을 벌린 길이는 약 1 m 15 cm 입니다. 낚싯대의 길이가 영아가 양팔을 벌려서 3번 잰 것보다 35 cm 더 길다면 **낚싯대의 길이는 약 몇 m 몇 cm인지** 풀이 과정을 쓰고, 답을 구하세요.

풀이

답

**2** 민서의 키는 1 m 30 cm입니다. 두 탑의 높이를 민서의 키를 기준으로 나타낸 것입니다. **가와 나 중에서 더 낮은 탑은 무엇인지** 풀이 과정을 쓰고, 답을 구하세요.

- 가: 민서의 키에 2 m 5 cm를 더한 것과 같습니다.
- 나: 민서의 키의 3배보다 70 cm 더 낮습니다.

풀이

답

**3** 높이가 2 m 10 cm인 나무를 기준으로 두 건물의 높이를 나타낸 것입니다. **가와 나 중에서 더 높은 건물은 무엇인지** 풀이 과정을 쓰고, 답을 구하세요.

- 가: 나무로 3번 잰 것보다 40 cm 더 높습니다.
- 나: 나무로 4번 잰 것보다 20 cm 더 낮습니다.

풀이

답

**4** 집에서 서점까지 가는 길 중 **어느 쪽의 길이 얼마나 더 가까운지** 풀이 과정을 쓰고, 답을 구하세요.

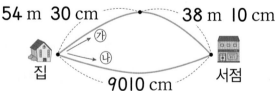

54 m 30 cm    38 m 10 cm
집    가    나    서점
9010 cm

풀이

답                    ,

**5** 학교에서 학원을 가려고 합니다. **서점과 공원 중에서 어디를 지나서 가는 길이 얼마나 더 가까운지** 풀이 과정을 쓰고, 답을 구하세요.

서점
29 m 85 cm
52 m 63 cm
학교
공원
학원
38 m 44 cm
48 m 50 cm

풀이

답 _____ ,

**6** 오른쪽과 같이 리본으로 상자를 묶고 매듭을 만드는 데 18 cm를 사용했습니다. **상자를 묶는 데 사용한 리본의 길이는 몇 m 몇 cm인지** 풀이 과정을 쓰고, 답을 구하세요.

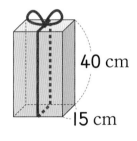

40 cm
15 cm

풀이

답 _____

**7** 오른쪽과 같이 상자를 묶는 데 사용한 리본의 길이가 2 m 22 cm 입니다. 매듭을 만드는 데 사용한 리본의 길이는 몇 cm인지 풀이 과정을 쓰고, 답을 구하세요.

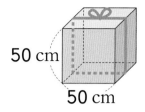

50 cm
50 cm

풀이

답 _____

**8** 그림과 같이 상자를 묶었습니다. 매듭에 사용한 리본이 없을 때 **사용한 리본의 길이는 몇 m 몇 cm인지** 풀이 과정을 쓰고, 답을 구하세요.

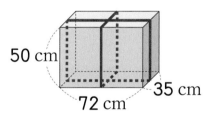

50 cm
72 cm
35 cm

풀이

답 _____

> **끝난 시각 구하기**

**1** 핸드볼 경기를 **9**시에 시작하여 다음과 같이 진행했습니다. 핸드볼 경기가 끝난 시각은 몇 시 몇 분인지 풀이 과정을 쓰고, 답을 구하세요.

- 전반전 경기 시간: **30**분
- 휴식 시간: **10**분
- 후반전 경기 시간: **30**분

**조건 정리**

- 경기 시작 시각: ☐시
- 전반전 경기 시간: ☐분, 휴식 시간: ☐분, 후반전 경기 시간: ☐분

**풀이** ❶ 전체 경기 시간은 몇 시간 몇 분인지 구하기

(전체 경기 시간)=**30**분+**10**분+**30**분=☐분

**1**시간=☐분이므로 핸드볼 전체 경기 시간은

☐분=☐시간☐분입니다.

> 휴식 시간을 포함해서 전체 경기 시간을 구해야 해.

❷ 핸드볼 경기가 끝난 시각 구하기

핸드볼 경기가 끝난 시각은 **9**시에서 ☐시간 ☐분 후입니다.

**9**시 $\xrightarrow{\text{1시간 후}}$ ☐시 $\xrightarrow{\text{10분 후}}$ ☐시 ☐분

따라서 핸드볼 경기가 끝난 시각은 ☐시 ☐분입니다.

**답** ☐시 ☐분

유사 **1-1** 축구 경기를 8시에 시작하여 오른쪽과 같이 진행했습니다. **축구 경기가 끝난 시각은 몇 시 몇 분인지** 풀이 과정을 쓰고, 답을 구하세요.

> • 전반전 경기 시간: **45**분
> • 휴식 시간: **15**분
> • 후반전 경기 시간: **45**분

풀이

답

발전 **1-2** 어느 학교에서 매 교시 **40**분 동안 수업하고 **10**분 쉽니다. **1**교시가 **9**시 **10**분에 시작했다면 **2교시가 끝난 시각은 몇 시 몇 분인지** 풀이 과정을 쓰고, 답을 구하세요.

1단계 2교시가 끝날 때까지 걸린 시간은 몇 시간 몇 분인지 구하기

2단계 2교시가 끝난 시각 구하기

답

발전 **1-3** 어느 공연장에서 공연을 매회 **90**분 동안 하고 **20**분 쉽니다. 이 공연의 **1**회가 **8**시에 시작했다면 **3회가 시작한 시각은 몇 시 몇 분인지** 풀이 과정을 쓰고, 답을 구하세요.

1단계 3회가 시작할 때까지 걸린 시간은 몇 시간 몇 분인지 구하기

2단계 3회가 시작한 시각 구하기

답

> ⊙ 걸린 시간 비교하기

**2** 도율이와 리아 중 **독서를 더 오래 한 사람은 누구인지** 풀이 과정을 쓰고, 답을 구하세요.

독서를 2시간 동안 했어.

도율

1시 30분에 독서를 시작해서 3시 50분에 끝냈어.

리아

**조건 정리**

· 도율이가 독서한 시간: ☐ 시간

· 리아가 독서를 시작한 시각: ☐ 시 ☐ 분

  리아가 독서를 끝낸 시각: ☐ 시 ☐ 분

**풀이**  ❶ 리아가 독서한 시간 구하기

리아가 독서를 시작한 시각 1시 30분에서

☐ 시간이 지나면 3시 30분이고,

3시 30분에서 ☐ 분이 지나면 3시 50분입니다.

리아가 독서한 시간은 ☐ 시간 ☐ 분입니다.

1시 30분에서 몇 시간 몇 분이 지나야 3시 50분이 되는지 알아봐!

❷ 독서를 더 오래 한 사람 구하기

도율이가 독서한 시간은 2시간이므로

독서를 더 오래 한 사람은 ☐ 입니다.

**답** ☐

**유사** **2-1** 줄넘기 연습을 미나는 I시간 30분 동안 했고, 준호는 4시 I0분부터 6시까지 했습니다. 미나와 준호 중 **줄넘기 연습을 더 오래 한 사람**은 누구인지 풀이 과정을 쓰고, 답을 구하세요.

풀이 _____

_____

답 _____

**발전** **2-2** 진호는 2시 20분부터 3시 50분까지, 영주는 3시부터 4시 50분까지 공부했습니다. **공부를 더 오래 한 사람**은 누구인지 풀이 과정을 쓰고, 답을 구하세요.

1단계 진호가 공부한 시간 구하기

_____

2단계 영주가 공부한 시간 구하기

_____

3단계 공부를 더 오래 한 사람 구하기

_____

답 _____

**발전** **2-3** 다음은 영화 시간을 나타낸 것입니다. I관과 2관 중에서 **영화 상영 시간이 더 짧은 곳**은 어디인지 풀이 과정을 쓰고, 답을 구하세요.

**I관** 9시 30분 ~ II시 I0분    **2관** I0시 I0분 ~ I2시 20분

1단계 I관 영화 상영 시간 구하기

_____

2단계 2관 영화 상영 시간 구하기

_____

3단계 영화 상영 시간이 더 짧은 곳 구하기

_____

답 _____

> 찢어진 달력의 날짜 알아보기

**3** 어느 해 2월 달력의 일부분입니다. **2월의 마지막 토요일의 날짜는 몇 월 며칠인지** 풀이 과정을 쓰고, 답을 구하세요.

2월

| 일 | 월 | 화 | 수 | 목 | 금 | 토 |
|---|---|---|---|---|---|---|
|  |  |  | 1 | 2 | 3 | 4 |
| 5 | 6 | 7 | 8 | 9 | 10 | 11 |

**조건 정리**

· 2월의 첫째 토요일: 2월 ☐ 일

**풀이**

❶ 2월의 첫째 토요일 알아보기

2월의 첫째 토요일은 2월 ☐ 일입니다.

달력에서 토요일 중 가장 먼저 나오는 날이 언제인지 찾아봐!

❷ 2월 중 토요일인 날짜 모두 알아보기

☐ 일마다 같은 요일이 반복되므로 2월 중 토요일인 날은

2월 ☐ 일, 2월 ☐ 일, 2월 ☐ 일, 2월 ☐ 일입니다.

일주일은 7일이야.

❸ 2월의 마지막 토요일 구하기

따라서 2월의 마지막 토요일은 2월 ☐ 일입니다.

**답** ☐ 월 ☐ 일

**유사 3-1** 오른쪽은 어느 해 **4**월 달력의 일부분입니다. **4월의 마지막 수요일의 날짜는 몇 월 며칠인지** 풀이 과정을 쓰고, 답을 구하세요.

| | | | 4월 | | | |
|---|---|---|---|---|---|---|
| 일 | 월 | 화 | 수 | 목 | 금 | 토 |
| | | | 1 | 2 | 3 | 4 | 5 |
| 6 | 7 | 8 | 9 | 10 | 11 | 12 |

(풀이)

(답)

**발전 3-2** 오른쪽은 어느 해 **10**월 달력의 일부분입니다. **10월의 마지막 날은 무슨 요일인지** 풀이 과정을 쓰고, 답을 구하세요.

| | | | 10월 | | | |
|---|---|---|---|---|---|---|
| 일 | 월 | 화 | 수 | 목 | 금 | 토 |
| | | | 1 | 2 | 3 | 4 |

(1단계) 10월의 마지막 날의 날짜 구하기

(2단계) 10월의 마지막 날과 같은 요일인 날 구하기

(3단계) 10월의 마지막 날은 무슨 요일인지 구하기

(답)

**발전 3-3** 오른쪽은 어느 해 **9**월 달력의 일부분입니다. **같은 해 10월 1일은 무슨 요일인지** 풀이 과정을 쓰고, 답을 구하세요.

| | | | 9월 | | | |
|---|---|---|---|---|---|---|
| 일 | 월 | 화 | 수 | 목 | 금 | 토 |
| | 1 | 2 | 3 | 4 | 5 | 6 |

(1단계) 9월의 마지막 날의 날짜 구하기

(2단계) 9월의 마지막 날과 같은 요일인 날 구하기

(3단계) 10월 1일은 무슨 요일인지 구하기

(답)

4
단원

**1** 축제는 l부 오락 시간과 2부 장기자랑으로 각각 70분씩 진행했고 l부가 끝난 뒤 20분 동안 쉬었습니다. 축제가 5시에 시작했다면 **축제가 끝난 시각은 몇 시 몇 분인지** 풀이 과정을 쓰고, 답을 구하세요.

풀이

답

**2** 어느 영화관에서 영화를 매회 100분 동안 상영하고 l5분 쉽니다. 이 영화의 l회가 6시에 시작하였다면 **3회가 시작한 시각은 몇 시 몇 분인지** 풀이 과정을 쓰고, 답을 구하세요.

풀이

답

**3** 어느 방송국의 프로그램 순서표입니다. 각 프로그램 방송 시간은 60분, 프로그램 사이의 광고 시간은 l5분이라면 **'맛집 여행기'가 끝난 시각은 오전 또는 오후 몇 시 몇 분인지** 풀이 과정을 쓰고, 답을 구하세요.

| 시작 시간 | 프로그램 |
|---|---|
| 오전 10 : 00 | 웃음 한 마당 |
| | 오늘의 명화 |
| | 맛집 여행기 |

풀이

답

**4** 현우와 연서 중 **산책을 더 오래 한 사람은 누구인지** 풀이 과정을 쓰고, 답을 구하세요.

2시에 산책을 시작해서 3시 50분에 끝냈어.

현우

산책을 2시간 10분 동안 했어.

연서

풀이

답

**5** 다음은 연극 시간을 나타낸 것입니다. 제1관과 제 2관 중에서 **공연 시간이 더 긴 곳은 어디인지** 풀이 과정을 쓰고, 답을 구하세요.

| 공연장 | 시작한 시각 | 끝난 시각 |
| --- | --- | --- |
| 제1관 | 6시 20분 | 8시 40분 |
| 제 2관 | 7시 | 9시 30분 |

풀이

답

**6** 어느 해 11월 달력의 일부분입니다. **11월의 마지막 날은 무슨 요일인지** 풀이 과정을 쓰고, 답을 구하세요.

11월

| 일 | 월 | 화 | 수 | 목 | 금 | 토 |
| --- | --- | --- | --- | --- | --- | --- |
| 1 | 2 | 3 | 4 | 5 | 6 |  |

풀이

답

**7** 어느 해 5월 달력의 일부분입니다. **같은 해 현충일(6월 6일)은 무슨 요일인지** 풀이 과정을 쓰고, 답을 구하세요.

5월

| 일 | 월 | 화 | 수 | 목 | 금 | 토 |
| --- | --- | --- | --- | --- | --- | --- |
|  |  |  |  | 1 | 2 | 3 |

풀이

답

> **표를 완성하여 비교하기**

**1** 진영이네 반 학생들이 좋아하는 과일을 조사하여 나타낸 표입니다. **귤을 좋아하는 학생은 딸기를 좋아하는 학생보다 몇 명 더 많은지** 풀이 과정을 쓰고, 답을 구하세요.

좋아하는 과일별 학생 수

| 과일 | 사과 | 귤 | 포도 | 딸기 | 합계 |
|------|------|-----|------|------|------|
| 학생 수(명) | 11 | | 7 | 4 | 30 |

**조건 정리**

• 각 과일을 좋아하는 학생 수

→ 사과: ◻명, 포도: ◻명, 딸기: ◻명

• 조사한 전체 학생 수: ◻명

**풀이**

❶ 귤을 좋아하는 학생 수 구하기

(귤을 좋아하는 학생 수)

$= 30 - 11 - 7 - 4 = $ ◻ (명)

> 전체 학생 수에서 나머지 학생 수를 빼면 귤을 좋아하는 학생 수를 구할 수 있어.

❷ 귤을 좋아하는 학생 수와 딸기를 좋아하는 학생 수의 차 구하기

귤을 좋아하는 학생: ◻명

딸기를 좋아하는 학생: ◻명

→ 귤을 좋아하는 학생은 딸기를 좋아하는 학생보다

◻ $-$ ◻ $=$ ◻ (명) 더 많습니다.

**답** ◻명

**유사 1-1** 소진이와 친구들이 가 보고 싶은 나라를 조사하여 나타낸 표입니다. **미국에 가 보고 싶은 학생은 독일에 가 보고 싶은 학생보다 몇 명 더 많은지** 풀이 과정을 쓰고, 답을 구하세요.

가 보고 싶은 나라별 학생 수

| 나라 | 미국 | 영국 | 독일 | 스위스 | 합계 |
|------|------|------|------|--------|------|
| 학생 수(명) | | 5 | 7 | 2 | 26 |

풀이 _____

답 _____

**발전 1-2** 선미네 반 학생들이 읽고 싶은 책을 조사하여 나타낸 그래프입니다. 조사한 전체 학생 수는 만화책을 읽고 싶은 학생 수의 **3**배입니다. **과학책을 읽고 싶은 학생은 동화책을 읽고 싶은 학생보다 몇 명 더 많은지** 풀이 과정을 쓰고, 답을 구하세요.

읽고 싶은 책별 학생 수

| 책 / 학생 수(명) | 1 | 2 | 3 | 4 | 5 | 6 |
|------|---|---|---|---|---|---|
| 과학책 | | | | | | |
| 만화책 | ○ | ○ | ○ | ○ | ○ | ○ |
| 동화책 | ○ | ○ | ○ | | | |
| 위인전 | ○ | ○ | ○ | ○ | ○ | |

1단계 조사한 전체 학생 수 구하기

_____

2단계 과학책을 읽고 싶은 학생 수 구하기

_____

3단계 과학책을 읽고 싶은 학생 수와 동화책을 읽고 싶은 학생 수의 차 구하기

_____

답 _____

> ● 찢어진 그래프에서 점수의 합 구하기

**2** 은정이가 화살을 쏘아 과녁에 맞힌 점수를 나타낸 그래프가 찢어졌습니다.
**은정이가 얻은 점수의 합은 몇 점인지** 풀이 과정을 쓰고, 답을 구하세요.

점수별 과녁을 맞힌 횟수

| 횟수(번) / 점수 | 1점 | 2점 | 3점 |
|---|---|---|---|
| 5 | | ○ | |
| 4 | ○ | | |
| 3 | ○ | ○ | |
| 2 | ○ | ○ | ○ |
| 1 | ○ | ○ | ○ |

**조건 정리**

- 점수별 가장 높이 그려진 ○의 위치

　1점: **4**, 2점: ☐ , 3점: ☐

**풀이**

❶ 각 점수별 횟수 구하기

그래프를 그릴 때 아래부터 빠짐없이 그려야 하므로

1점은 ☐ 번, 2점은 ☐ 번, 3점은 ☐ 번입니다.

> 그래프의 칸을 채울 때 한 칸에 하나씩 빠짐없이 표시해야 해.

❷ 은정이가 얻은 점수의 합 구하기

1점 과녁의 점수: $1 \times 4 =$ ☐ (점)

2점 과녁의 점수: $2 \times$ ☐ $=$ ☐ (점)

3점 과녁의 점수: $3 \times$ ☐ $=$ ☐ (점)

→ (은정이가 얻은 점수의 합) $=$ ☐ $+$ ☐ $+$ ☐ $=$ ☐ (점)

**답** ☐ 점

**유사 2-1** 민우가 화살을 쏘아 과녁에 맞힌 점수를 나타낸 그래프가 찢어졌습니다. **민우가 얻은 점수의 합은 몇 점인지** 풀이 과정을 쓰고, 답을 구하세요.

점수별 과녁을 맞힌 횟수

| 횟수(번)<br>점수 | 2점 | 3점 | 5점 |
|---|---|---|---|
| 4 | ◯ | | |
| 3 | ◯ | | ◯ |
| 2 | ◯ | ◯ | |
| 1 | ◯ | ◯ | |

(풀이)

(답)

**발전 2-2** 유나가 풍선 터뜨리기를 하여 얻은 점수를 나타낸 그래프가 찢어졌습니다. 풍선을 모두 12개를 터뜨렸다면 **유나가 얻은 점수의 합은 몇 점인지** 풀이 과정을 쓰고, 답을 구하세요.

점수별 풍선을 터뜨린 횟수

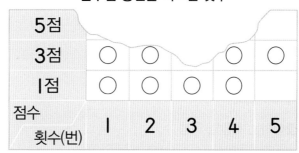

| 점수<br>횟수(번) | 1 | 2 | 3 | 4 | 5 |
|---|---|---|---|---|---|
| 5점 | | | | | |
| 3점 | ◯ | ◯ | | ◯ | ◯ |
| 1점 | ◯ | ◯ | ◯ | ◯ | |

(1단계) 1, 3점 풍선을 터뜨린 횟수 구하기

(2단계) 5점 풍선을 터뜨린 횟수 구하기

(3단계) 유나가 얻은 점수의 합 구하기

(답)

**1** 유진이네 반 학생들이 좋아하는 채소를 조사하여 나타낸 표입니다. **시금치를 좋아하는 학생은 가지를 좋아하는 학생보다 몇 명 더 많은지** 풀이 과정을 쓰고, 답을 구하세요.

좋아하는 채소별 학생 수

| 채소 | 시금치 | 오이 | 가지 | 당근 | 합계 |
|------|--------|------|------|------|------|
| 학생 수 (명) | | 5 | 3 | 2 | 20 |

(풀이)

(답)

**2** 영수네 반 학생들이 좋아하는 색깔을 조사하여 나타낸 표입니다. 빨간색과 노란색을 좋아하는 학생 수가 같을 때 **노란색을 좋아하는 학생은 몇 명인지** 풀이 과정을 쓰고, 답을 구하세요.

좋아하는 색깔별 학생 수

| 색깔 | 빨간색 | 노란색 | 파란색 | 초록색 | 합계 |
|------|--------|--------|--------|--------|------|
| 학생 수 (명) | | | 11 | 5 | 30 |

(풀이)

(답)

**3** 석준이네 반 학생들이 가고 싶은 도시를 조사하여 나타낸 그래프입니다. 조사한 전체 학생 수가 부산에 가고 싶은 학생 수의 4배일 때 **제주에 가고 싶은 학생은 목포에 가고 싶은 학생보다 몇 명 더 많은지** 풀이 과정을 쓰고, 답을 구하세요.

가고 싶은 도시별 학생 수

| 학생 수(명) / 도시 | 부산 | 강릉 | 제주 | 목포 |
|------|------|------|------|------|
| 7 | | | ○ | |
| 6 | | | ○ | |
| 5 | ○ | | ○ | |
| 4 | ○ | ○ | ○ | |
| 3 | ○ | ○ | ○ | |
| 2 | ○ | ○ | ○ | |
| 1 | ○ | ○ | ○ | |

(풀이)

(답)

**4** 현아가 화살을 쏘아 과녁에 맞힌 점수를 나타낸 그래프에 얼룩이 묻었습니다. **현아가 얻은 점수의 합은 몇 점인지** 풀이 과정을 쓰고, 답을 구하세요.

점수별 과녁을 맞힌 횟수

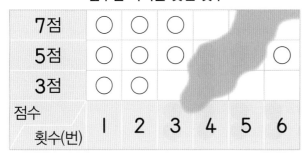

풀이

답

**5** 민재가 쪽지 시험에서 맞힌 문제 수를 나타낸 표가 찢어졌습니다. **민재가 쪽지 시험에서 얻은 점수는 몇 점인지** 풀이 과정을 쓰고, 답을 구하세요.

점수별 맞힌 문제 수

| 점수 | 2점 | 3점 | 5점 | 합계 |
|---|---|---|---|---|
| 문제 수(개) | 7 | 3 |  | 14 |

풀이

답

**6** 준휘가 구슬 뽑기를 하여 얻은 점수를 나타낸 그래프가 찢어졌습니다. 구슬을 모두 18개 뽑았다면 **준휘가 얻은 점수의 합은 몇 점인지** 풀이 과정을 쓰고, 답을 구하세요.

점수별 구슬을 뽑은 횟수

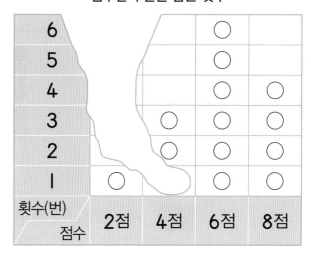

풀이

답

> 규칙을 찾아 개수 구하기

**1** 규칙에 따라 구슬을 연결한 것입니다. 다음에 오는 줄에 **빨간색 구슬이 몇 개인지** 풀이 과정을 쓰고, 답을 구하세요.

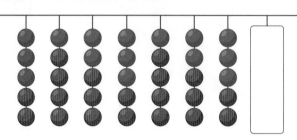

**조건 정리**

• 그림에 주어진 빨간색 구슬의 수

→ 2개, 4개, ☐개, ☐개, ☐개, ☐개, ☐개

**풀이** ❶ 빨간색 구슬의 규칙 알아보기

빨간색 구슬의 수가

2개, ☐개, ☐개씩 반복됩니다.

반복되는 부분을 묶거나 나누어 규칙을 알아봐.

❷ 다음에 오는 줄에 있는 빨간색 구슬의 수 구하기

그림의 마지막 줄에 빨간색 구슬이 ☐개이므로

다음에 오는 줄의 빨간색 구슬은 ☐개입니다.

**답** ☐개

**유사 1-1** 규칙에 따라 쌓기나무를 쌓은 것입니다. **빈칸에 들어갈 모양을 만드는 데 필요한 쌓기나무는 몇 개인지** 풀이 과정을 쓰고, 답을 구하세요.

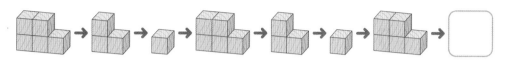

풀이

답

**발전 1-2** 규칙에 따라 쌓기나무를 쌓은 것입니다. **열 번째 모양을 만드는 데 필요한 쌓기나무는 몇 개인지** 풀이 과정을 쓰고, 답을 구하세요.

첫 번째    두 번째    세 번째    네 번째    다섯 번째    여섯 번째

(1단계) 쌓기나무를 쌓은 규칙 알아보기

(2단계) 열 번째 모양을 만드는 데 필요한 쌓기나무 수 구하기

답

**발전 1-3** 규칙에 따라 색칠한 것입니다. **아홉 번째 모양에서 노란색으로 색칠한 칸은 몇 칸인지** 풀이 과정을 쓰고, 답을 구하세요.

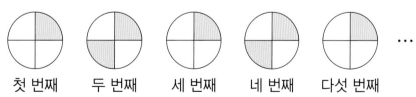

첫 번째    두 번째    세 번째    네 번째    다섯 번째

(1단계) 색칠한 규칙 알아보기

(2단계) 아홉 번째 모양에서 노란색으로 색칠한 칸 수 구하기

답

### 덧셈표에서 규칙 찾기

**2** 덧셈표에서 규칙을 찾아 ㉠과 ㉡에 알맞은 수의 합은 얼마인지 풀이 과정을 쓰고, 답을 구하세요.

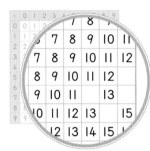

**풀이** ❶ 덧셈표의 규칙 알아보기

같은 줄에서 오른쪽으로 갈수록 ☐씩 커지고,

아래쪽으로 내려갈수록 ☐씩 커지는 규칙이 있습니다.

❷ ㉠과 ㉡에 알맞은 수 구하기

㉠에 알맞은 수: 12+☐=☐

㉡에 알맞은 수: 13+☐=☐

> 규칙을 알면 어떤 두 수를 더해야 하는지 몰라도 알맞은 수를 구할 수 있어.

❸ ㉠과 ㉡에 알맞은 수의 합 구하기

(㉠에 알맞은 수)+(㉡에 알맞은 수)

=☐+☐=☐

**답** ☐

**유사** **2-1** 덧셈표에서 규칙을 찾아 ㉠과 ㉡에 알맞은 수의 합은 얼마인지 풀이 과정을 쓰고, 답을 구하세요.

| + | 1 | 3 | 5 | | |
|---|---|---|---|---|---|
| 1 | 2 | 4 | 6 | 8 | 10 |
| 3 | 4 | 6 | 8 | 10 | 12 |
| | 6 | 8 | | | ㉠ |
| | 8 | 10 | | | |
| | 10 | | ㉡ | | |

(풀이)

_____

_____

_____

(답) _____

**발전** **2-2** 곱셈표에서 규칙을 찾아 ㉠과 ㉡에 알맞은 수의 차는 얼마인지 풀이 과정을 쓰고, 답을 구하세요.

| × | 1 | 2 | | | | | |
|---|---|---|---|---|---|---|---|
| | | | 18 | 21 | 2 | | |
| | | 16 | 20 | 24 | 28 | 32 | 3 |
| 3 | | 20 | 25 | 30 | 35 | 40 | |
| | 8 | 24 | 30 | 36 | 42 | | |
| | 1 | 28 | 35 | 42 | 49 | 56 | |
| | | 32 | 40 | 48 | 56 | 64 | 72 |
| 8 | | | 45 | 54 | 63 | 72 | |

| | | | 35 | 40 | |
|---|---|---|---|---|---|
| 30 | 36 | 42 | | | ㉠ |
| | | | 49 | 56 | ㉡ |

(1단계) 곱셈표의 규칙 알아보기

_____

(2단계) ㉠과 ㉡에 알맞은 수 각각 구하기

_____

(3단계) ㉠과 ㉡에 알맞은 수의 차 구하기

_____

(답) _____

> 규칙을 찾아 번호 알아보기

**3** 다연이가 집에 가기 위해 엘리베이터 버튼을 눌렀습니다. **다연이의 집은 몇 층인지** 풀이 과정을 쓰고, 답을 구하세요.

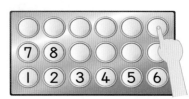

**조건 정리**

• 누른 엘리베이터 버튼의 위치: 왼쪽에서부터 ☐ 번,

아래에서부터 ☐ 번

**풀이** ❶ 엘리베이터 버튼의 규칙 찾기

엘리베이터 버튼의 수는 오른쪽으로 갈수록 ☐ 씩 커지고,

위로 올라갈수록 ☐ 씩 커집니다.

❷ 다연이의 집이 몇 층인지 구하기

다연이가 누른 버튼은 **6**이 적혀 있는 버튼에서 위로 **2**번 올라간 위치입니다.

> 어느 방향으로 몇 번 움직인 위치인지 확인해.

**6**층　☐ 층　☐ 층

+☐　+☐

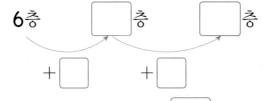

따라서 다연이의 집은 ☐ 층입니다.

**답** ☐ 층

**유사** **3-1** 송화가 집에 가기 위해 엘리베이터 버튼을 눌렀습니다. **송화의 집은 몇 층인지** 풀이 과정을 쓰고, 답을 구하세요.

(풀이)

(답)

**발전** **3-2** 어느 비행기의 자리를 나타낸 그림입니다. 경수의 자리가 나열 9번 자리일 때 **경수의 비행기 의자의 번호는 무엇인지** 풀이 과정을 쓰고, 답을 구하세요.

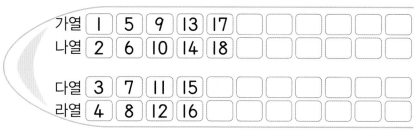

(1단계) 경수 자리의 위치 찾기

(2단계) 나열 의자 번호의 규칙 찾기

(3단계) 경수의 의자 번호 구하기

(답)

**1** 규칙에 따라 쌓기나무를 쌓은 것입니다. 빈칸에 들어갈 모양을 만드는 데 필요한 쌓기나무는 몇 개인지 풀이 과정을 쓰고, 답을 구하세요.

풀이

답

**2** 규칙에 따라 쌓기나무를 쌓은 것입니다. **여섯 번째 모양을 만드는 데 필요한 쌓기나무는 몇 개인지** 풀이 과정을 쓰고, 답을 구하세요.

첫 번째　두 번째　세 번째　네 번째

풀이

답

**3** 규칙에 따라 색칠한 것입니다. **열 번째 모양에서 초록색으로 색칠한 칸은 몇 칸인지** 풀이 과정을 쓰고, 답을 구하세요.

첫 번째　두 번째　세 번째　네 번째　다섯 번째　여섯 번째

풀이

답

**4** 덧셈표에서 규칙을 찾아 ㉠과 ㉡에 알맞은 수의 차는 얼마인지 풀이 과정을 쓰고, 답을 구하세요.

| + | 2 | 4 | 6 | |
|---|---|---|---|---|
| 2 | 4 | 6 | 8 | 10 |
| 4 | 6 | 8 | 10 | |
| | | ㉠ | 12 | |
| | 10 | | | ㉡ |

풀이

답

**5** 곱셈표에서 규칙을 찾아 ㉠과 ㉡에 알맞은 수의 합은 얼마인지 풀이 과정을 쓰고, 답을 구하세요.

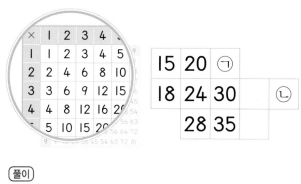

| × | 1 | 2 | 3 | 4 | |
|---|---|---|---|---|---|
| 1 | 1 | 2 | 3 | 4 | 5 |
| 2 | 2 | 4 | 6 | 8 | 10 |
| 3 | 3 | 6 | 9 | 12 | 15 |
| 4 | 4 | 8 | 12 | 16 | 20 |
| | 5 | 10 | 15 | 20 | |

| 15 | 20 | ㉠ |
|----|----|----|
| 18 | 24 | 30 | ㉡ |
| | 28 | 35 |

(풀이)

(답)

**6** 전망대에 가기 위해 엘리베이터 버튼을 눌렀습니다. **전망대는 몇 층인지** 풀이 과정을 쓰고, 답을 구하세요.

(풀이)

(답)

**7** 어느 공연장의 자리를 나타낸 그림입니다. 은영이의 자리가 마열 **7**번 자리일 때 **은영이의 의자의 번호는 무엇인지** 풀이 과정을 쓰고, 답을 구하세요.

| 무대 | | | | | | | |
|---|---|---|---|---|---|---|---|
| 1번 | 2번 | 3번 | 4번 | ⋯ | | | |

|  | 1번 | 2번 | 3번 | 4번 | | | | |
|---|---|---|---|---|---|---|---|---|
| 가열 | 1 | 2 | 3 | 4 | 5 | 6 | 7 | 8 |
| 나열 | 9 | 10 | 11 | 12 | 13 | 14 | 15 | |
| 다열 | 17 | 18 | 19 | | | | | |
| 라열 | | | | | | | | |
| 마열 | | | | | | | | |

(풀이)

(답)

6
단원

MEMO

# 독해의 핵심은 비문학

지문 분석으로 독해를 깊이 있게!
**비문학 독해 | 1~6단계**

# 올바른 문학 독서법

문학 갈래별 작품 이해를 풍성하게!
**문학 독해 | 1~6단계**

**NEW**

# 결국은 어휘력

비문학 독해로 어휘 이해부터 어휘 확장까지!
**어휘 X 독해 | 1~6단계**

초등 문해력의 빠른시작 **빠작**

# 큐브 유형

서술형 강화책 │ 초등 수학 2·2

# 엄마표 학습 큐브

## 큐브챌린지란?

큐브로 6주간 매주 자녀와
학습한 내용을 기록하고,
같은 목표를 가진 엄마들과 소통하며
함께 성장할 수 있는
엄마표 학습단입니다.

## 큐브챌린지 이런 점이 좋아요

계획적인 학습
동기부여
학습고민 나눔
학습 혜택

## 엄마표 학습, 큐브로 시작!

### 큐브챌린지

수학은 큐브

## 학습 태도 변화

습관 형성 · 성취감 · 자신감

학습단 참여 후 우리 아이는
"꾸준히 학습하는 습관이 잡혔어요."
"성취감이 높아졌어요."
"수학에 자신감이 생겼어요."

## 학습 지속률

**10명 중 8.3명**

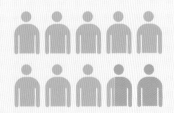

## 학습 스케줄

### 매일 4쪽씩 학습!

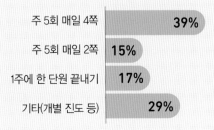

| | |
|---|---|
| 주 5회 매일 4쪽 | 39% |
| 주 5회 매일 2쪽 | 15% |
| 1주에 한 단원 끝내기 | 17% |
| 기타(개별 진도 등) | 29% |

6주 학습 완주자 →  완주 **83%**

만족 **98%** ← 학습단 참여 만족도

## 학습 참여자 2명 중 1명은

### 6주 간 1권 끝!

# 큐브 유형

초등 수학

2·2

# 정답 및 풀이

동아출판

# 정답 및 풀이

**모바일 빠른 정답**

QR코드를 찍으면 **정답 및 풀이**를 쉽고 빠르게
확인할 수 있습니다.

# 정답 및 풀이

모바일 빠른 정답
QR코드를 찍으면 **정답 및 풀이**를 쉽고 빠르게 확인할 수 있습니다.

# 1 네 자리 수

**01** 1000, 천     **02** 3000, 삼천
**03** 2, 7 / 1327     **04** 5, 4, 2 / 5042
**05** '팔천사백십칠'에 ○표
**06** '삼천구백오에' ○표
**07** 9000     **08** 백, 400
**09** 십, 80     **10** 3, 3

**01** 900보다 100만큼 더 큰 수는 100이 10개인 수이므로 1000입니다.

**04** 백 모형이 없으므로 100은 0개입니다.
    (참고) 네 자리 수에서 100, 10, 1이 0개이면 자리에 0을 써서 나타냅니다.

**05** 8 4 1 7
   팔천 사백 십 칠

**06** 3 9 0 5
   삼천 구백   오

**07~10** 9 4 8 3
     → 천의 자리 숫자, 9000
     → 백의 자리 숫자, 400
     → 십의 자리 숫자, 80
     → 일의 자리 숫자, 3

**01** 1000 / 풀이 900, 900, 1000

**01** (예)

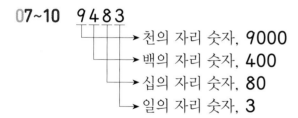

**02** (1)․    **03** ④
(2)․
(3)․

**04** (문장) (예) 나는 1000원짜리 공책을 샀어.

**02** 1000장 / 풀이 100, 1000
**05** 10개     **06** 500원
**03** 6000, 육천 / 풀이 6000, 육천
**07** (1) 8000 (2) 3    **08** 5000원
**09** 준호
**10** (예)

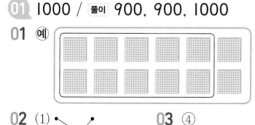

/ 20개

**01** 100이 10개이면 1000이므로 백 모형 10개를 묶습니다.

**02** 1000은 100이 10개인 수입니다. 100이 10개가 되도록 그림과 수를 잇습니다.
   (1) 300보다 **700**만큼 더 큰 수 → 1000
   (2) 100보다 **900**만큼 더 큰 수 → 1000
   (3) 600보다 **400**만큼 더 큰 수 → 1000

**03** ④ 1000은 998보다 2만큼 더 큰 수
   또는 999보다 1만큼 더 큰 수입니다.

**04** (채점 가이드) 1000에 알맞은 상황을 생각하여 문장을 바르게 만들었는지 확인합니다.

**05** 1000은 100이 10개인 수이므로 1000개를 100개씩 담으려면 상자는 10개 필요합니다.

**06** 1000은 100이 10개인 수이므로 500원에서 1000원이 되려면 500원이 더 있어야 합니다.

**08** 1000원짜리 지폐가 4장이면 4000원, 100원짜리 동전이 10개이면 1000원입니다. 따라서 모두 5000원입니다.

**09** • 현우: 천 모형 4개 → 4000
   • 미나: 백 모형 40개 → 4000
   • 준호: 십 모형 40개 → 400
   따라서 나타내는 수가 다른 사람은 준호입니다.

**10** 100이 10개이면 1000이므로 2000은 100이 20개입니다.
따라서 ⑩을 6개 더 그립니다.

### 012쪽 2STEP 유형 다잡기

**04** 9000원 / 풀이 9000, 1000, 9, 9000

**11** 3000알

**12** 1단계 예 100이 70개이면 7000이므로 옷핀 100개씩 70통은 7000개입니다. ▶3점
2단계 7000은 1000이 7개인 수이므로 상자는 모두 7개 필요합니다. ▶2점
답 7개

**13** 연필

**05** 3876 / 풀이 3000, 800, 70, 6, 3876

**14** 4379    **15** 미주

**16** 5261, 오천이백육십일

**06** 2400 / 풀이 1000, 2, 4, 2400

**17** 4165    **18** 15개

**19** 16

**11** 100이 10개이면 1000이므로 100이 30개이면 3000입니다.
따라서 영양제 30통에 들어 있는 영양제는 모두 3000알입니다.

**13** 5000은 1000이 5개인 수입니다. 물건 5개를 사서 5000원이 되려면 1000원짜리 물건인 연필을 사야 합니다.

**15** • 은호: <u>3</u> <u>2</u> <u>4</u> <u>5</u>    • 현아: <u>6009</u>
　　　삼천 이백 사십 오　　　　육천　구

**16** 1000이 5개 → 5000
　　100이 2개 → 　200
　　10이 6개 → 　　60 ⎫→ 5261
　　1이 1개 → 　　　1 ⎭ (오천이백육십일)

**17** 1000이 3개 → 3000
　　100이 11개 → 1100
　　10이 6개 → 　　60 ⎫→ 4165
　　1이 5개 → 　　　5 ⎭

**18** 채희는 천 모형 1개, 십 모형 4개, 일 모형 8개를 나타냈으므로 2548을 나타내려면 천 모형 1개, 백 모형 5개가 더 필요합니다.
천 모형 1개, 백 모형 5개는 백 모형 15개와 같습니다.

**19** 4283은 1000이 4개, 100이 2개, 10이 8개, 1이 3개인 수입니다.
100이 1개, 10이 6개 더 필요하므로 10은 16개 필요합니다.

### 014쪽 2STEP 유형 다잡기

**07** 예

| 1000 1000 1000 1000 1000 1000 1000 |
| 100 100 100 100 100 100 100 |
| 10 10 10 10 10 10 10 10 10 10 |
| 1 1 1 1 1 1 1 1 1 1 |

/ 풀이 4, 3, 6, 2

**20** 예

| 1000 1000 1000 |
| 100 100 100 100 100 100 |

**21** ㄴ

**08** 5800원 / 풀이 5000, 800, 5800

**22** 4735개

**23** 예

**24** 2200원    **25** 4540개

**09** (　　) (○) / 풀이 5127, 3715, 3715

**26** 4 에 ×표    **27** 1 에 ○표

**28** 1단계 예 2868은 이천팔백육십팔, 8308은 팔천삼백팔, 8841은 팔천팔백사십일이라고 읽습니다. ▶3점
2단계 '팔천'으로 시작하고 '팔'로 끝나는 수 카드는 8308입니다. ▶2점
답 8308

**10** ㄴ / 풀이 4, 7, 7319

**29** 8, 1, 6

**20** (채점 가이드) ⑩⑩과 ⑩⑩⑩을 이용하여 3600을 바르게 나타 냈는지 확인합니다.

**21** ㉡ 천 모형 1개 → 1000 ⎤
　　　백 모형 7개 → 700 ⎬→ 1950
　　　십 모형 25개 → 250 ⎦

**22** 1000개씩 4상자 → 4000개 ⎤
　　　100개씩 7묶음 → 700개 ⎬
　　　10개씩 3묶음 → 30개 ⎬→ 4735개
　　　1개씩 5개 → 5개 ⎦

**24** 묶이지 않은 돈은 1000원짜리 지폐 2장과 100원 짜리 동전 2개입니다. 따라서 주스는 2200원 입니다.

**25** 500개씩 2상자는 1000개이므로 500개씩 6상자는 3000개입니다.
　　　500개씩 6상자 → 3000개 ⎤
　　　100개씩 15상자 → 1500개 ⎬→ 4540개
　　　10개씩 4묶음 → 40개 ⎦

**26** 이천팔백육 → 2806
0, 4, 2, 6, 8 중에서 2806에 사용하지 않은 숫자는 4입니다.

**27** • 규민: 천삼십육 → 1036
　　 • 리아: 사천오백이십일 → 4521
따라서 두 사람에게 모두 필요한 숫자는 1입니다.

**30** '사천육백'에 ○표　**31** 도율
**32** (1단계) 예 5513 → 1, 4678 → 7,
2090 → 9, 8625 → 2입니다. ▶3점
(2단계) 9 > 7 > 2 > 1이므로 십의 자리 수가 가장 큰 수는 2090입니다. ▶2점
(답) 2090
⑪ ⑩⑩⑩ ⑩ ① ⑩⑩ / (풀이) 십, 20
⑩⑩ ⑩⑩⑩ ⑩ ①
**33** 6, 600　　　　**34** 5, 50
**35** 8506, 팔천오백육

**36** 6710에 ○표, 5026에 △표
**37** ㉡
⑫ 5609 / (풀이) 십, 5, 6, 0, 9, 5609
**38** 5, 7 / 7, 5　　**39** 예 9260, 6290
**40** 1606

**30** 5047 → 7, 사천육백 → 4600 → 0,
1901 → 1
→ 일의 자리 숫자가 0인 것은 사천육백입니다.

**31** 주경: 1537에서 3은 십의 자리 숫자입니다.

**35** 8000 + 500 + 6 = 8506(팔천오백육)
(참고) ■▲●♥(네 자리 수)
→ 천의 자리 숫자, ■000
→ 백의 자리 숫자, ▲00
→ 십의 자리 숫자, ●0
→ 일의 자리 숫자, ♥

**36** • 2463 → 60　　　• 6710 → 6000
　 • 3689 → 600　　　• 5026 → 6
따라서 숫자 6이 나타내는 값이 가장 큰 수는 6710이고, 가장 작은 수는 5026입니다.

**37** ㉡ 백의 자리 숫자 6은 600을, 일의 자리 숫자 6은 6을 나타냅니다.

**38** 천의 자리, 백의 자리에 각각 9, 1을 놓고 남은 숫자인 5, 7을 십의 자리와 일의 자리에 놓습니다. → 9157, 9175

**39** 백의 자리 숫자가 200을 나타내는 네 자리 수는 □2□□입니다.
남은 수 카드의 수를 □ 안에 한 번씩 써넣어 네 자리 수를 만듭니다. 이때 0은 천의 자리에 쓸 수 없습니다.
(참고) 만들 수 있는 수는 9260, 9206, 6290, 6209 입니다.

**40** • 천의 자리 숫자는 1입니다. → 1□□□
　 • 백의 자리 수는 1보다 5만큼 더 큰 수이므로 6입니다. → 16□□
　 • 십의 자리 숫자는 0입니다. → 160□
　 • 일의 자리 숫자는 백의 자리 숫자와 같으므로 6입니다. → 1606

**019쪽 1STEP 개념 확인하기**

01 5547, 7547　　02 3045, 3065
03 8766, 8767, 8768
04 100　　　　　　05 1000
06 >　　　　　　07 >
08 <　　　　　　09 >
10 3, 0, 7, 4 / <

01 1000씩 뛰어 세면 천의 자리 수가 1씩 커집니다.

02 10씩 뛰어 세면 십의 자리 수가 1씩 커집니다.

03 1씩 뛰어 세면 일의 자리 수가 1씩 커집니다.

04 백의 자리 수가 1씩 커지므로 100씩 뛰어 센 것입니다.

05 천의 자리 수가 1씩 커지므로 1000씩 뛰어 센 것입니다.

06 천 모형이 1개로 같으므로 백 모형의 수를 비교합니다.
백 모형의 수를 비교하면 4>2이므로 1418이 1246보다 큽니다.

07 8929 > 8135
　　　└─9>1─┘

10 천의 자리 수와 백의 자리 수는 각각 같고 십의 자리 수를 비교하면 4<7이므로 3047<3074입니다.

**020쪽 2STEP 유형 다잡기**

13 4776 / 풀이 4766, 4776
01 9996, 9999
02 4758, 5758, 7758
03

```
        5140
   5130
5330      5530
6130   5430
   5230
```

04 2434에 ×표, 2344

05 4079, 5079
14 100 / 풀이 백, 100, 100
06 설명 예 5073−5074−5075에서 일의 자리 수가 1씩 커지므로 1씩 뛰어 센 것입니다. ▶3점
5076, 5078 ▶2점
07 2540, 2550, 2560, 2570, 2580
08 1650, 1700
15 4508, 4408, 4208 / 풀이 5, 4, 2
09 연서

01 1씩 뛰어 세면 일의 자리 수가 1씩 커집니다.
9995−[9996]−9997−9998−[9999]

02 1000씩 뛰어 세면 천의 자리 수가 1씩 커집니다.
2758−3758−[4758]−[5758]−6758
−[7758]−8758−9758

03 100씩 뛰어 센 수들을 잇습니다.
5130−5230−5330−5430−5530

04 10씩 뛰어 세면 십의 자리 수가 1씩 커집니다.
2314−2324−2334−2344−2354−2364

05 3079−3579−[4079]
−4579−[5079]−5579
주의 뛰어 셀 때 천의 자리 수가 바뀌는 것에 주의합니다.

07 〈보기〉에서 십의 자리 수가 1씩 커지므로 10씩 뛰어 센 것입니다.
2530−2540−2550
−2560−2570−2580

08 1500−1550에서 십의 자리 수가 5만큼 커졌으므로 50씩 뛰어 센 것입니다.
1500−1550−1600
−[1650]−[1700]−1750

09 천의 자리 수가 1씩 작아지므로 1000씩 거꾸로 뛰어 센 규칙입니다.
참고 ■씩 거꾸로 뛰어 세면 ■만큼씩 작아집니다.

**10** 6164

**16** 10씩 / 풀이 십, 10

**11** 고, 양, 이　　　　**12** 100씩, 1000씩

**13** 1단계 예 ㉡은 ㉠에서 ↓ 방향으로 1번,
→ 방향으로 1번 뛰어 센 것입니다. ▶3점
2단계 1000씩 1번, 100씩 1번 뛰어 센 것
이므로 ㉡은 ㉠에서 1100을 뛰어 센 것입
니다. ▶2점
답 1100

**17** 1062개 / 풀이 1052, 1062

**14** 1642개, 1742개, 1842개

**15** 4000원, 8000원

**18** 6274 / 풀이 6274, 7274

**16** 2275

**17** 1단계 예 6453부터 10씩 거꾸로 5번 뛰어
세면 6453-6443-6433-6423-
6413-6403입니다. ▶2점
2단계 6403부터 100씩 거꾸로 2번 뛰어
세면 6403-6303-6203이므로 어떤
수는 6203입니다. ▶3점
답 6203

**18** 8306

---

**10** 십의 자리 수가 1씩 작아지므로 10씩 거꾸로 뛰
어 센 것입니다.
6184-6174-6164이므로 6184부터 거꾸
로 2번 뛰어 센 수는 6164입니다.

**11** → 방향으로 1000씩, ↓ 방향으로 100씩 뛰어
세는 규칙입니다.

| 2315 | 3315 | 4315 | 5315 | 6315 |
|------|------|------|------|------|
| 2415 | 3415 | 4415 | 5415 | 6415 |
| 2515 | 3515 | 4515 | 5515 | 6515 |

　　　　　　　고　　　　이　　　　양

**12** ➡ 방향: 1125-1225-1325로 백의 자리
수가 1씩 커지므로 100씩 뛰어 센 것입니다.
　　방향: 1125-2125-3125로 천의 자리
수가 1씩 커지므로 1000씩 뛰어 센 것입니다.

**14** 한 달에 100개씩 접으므로 3월부터 6월까지
100씩 뛰어 셉니다.
➡ 1542-1642-1742-1842
　　3월　　4월　　5월　　6월

**15** ・은정: 1000-2000-3000-4000
　　　　➡ 4000원
・민우: 2000-4000-6000-8000
　　　　➡ 8000원

**16** 2635부터 100씩 거꾸로 4번 뛰어 세면
2635-2535-2435-2335-2235이
므로 어떤 수는 2235입니다.
2235부터 10씩 4번 뛰어 세면
2235-2245-2255-2265-2275입
니다.

**18** 어떤 수는 8500부터 50씩 거꾸로 4번 뛰어
센 수입니다.
➡ 8500-8450-8400-8350-8300
따라서 어떤 수부터 1씩 6번 뛰어 세면
8300-8301-8302-8303-8304-
8305-8306입니다.

**19** ( ○ ) ( 　 ) / 풀이 <, <, <

**19** (1) >　(2) <　　　**20** 세아

**21**

/ 2037

**22** ㉡

**23** 이유 예 천의 자리, 백의 자리 수가 같으므
로 십의 자리 수를 비교해야 하는데 일의
자리 수로 잘못 비교하였습니다. ▶5점

**20** 1946 / 풀이 2, 1, 4, 1946

**24** 3, 1, 2　　　　**25** 6495에 색칠

**26** 5216

**21** 지호 / 풀이 <, 지호

**27** 2600번

**28** 독일, 브라질, 러시아

**21** 오른쪽으로 갈수록 더 큰 수이므로 **2037**이 더 큽니다. → **2033**<**2037**

**22** ㉠ **1000**이 **4**개, **100**이 **2**개, **10**이 **9**개인 수: **4290**

㉡ 삼천팔백구십구: **3899**

→ **4290**>**3899**이므로 나타내는 수가 더 작은 것은 ㉡입니다.

**24** • 천의 자리 수를 비교하면 **6**으로 모두 같습니다.
• 백의 자리 수를 비교하면 **1**>**0**입니다.
   → 가장 큰 수: **6143**
• **6082**와 **6085**를 비교하면 십의 자리 수까지 같습니다. 일의 자리 수를 비교하면 **2**<**5**입니다. → 가장 작은 수: **6082**

**25** 천의 자리 수를 비교하면 **9**>**8**>**6**이므로 **6495**, **6188**이 **8451**, **9127**보다 작습니다. **6495**와 **6188**의 백의 자리 수를 비교하면 **4**>**1**이므로 가장 작은 수는 **6188**, 두 번째로 작은 수는 **6495**입니다.

**26** 오천이백팔 → **5208**,
사천구백육십사 → **4964**
천의 자리 수를 비교하면 **5**>**4**이므로 **5208**, **5216**이 **4037**, **4964**보다 큽니다.
**5208**, **5216**의 십의 자리 수를 비교하면 **0**<**1**이므로 **5216**이 가장 큽니다.

**28** **2014**, **2006**, **2018**에서 십의 자리 수를 비교하면 **1**>**0**이므로 **2006**이 가장 작고, **2014**<**2018**이므로 **2018**이 가장 큽니다.
따라서 월드컵이 먼저 열린 나라부터 차례로 쓰면 독일, 브라질, 러시아입니다.

---

**026쪽 2STEP 유형 다잡기**

㉒ **9521** / 풀이 **5**, **2**, **1**, **9521**

**29** **6078**

**30** 예 **4**, **2**, **5**, **7** / '큰'에 ○표 / **7542**

㉓ **6408** / 풀이 **6408**, **6413**, **6408**, **6389**, **6408**

---

**31** **9998**, **9999**     **32** **4**개

㉔ **8**에 ○표 / 풀이 **7**, **8**

**33** **3**개     **34** ㉠

㉕ **5989** / 풀이 **5**, **9**, **8**, **9**, **5989**

**35** **2071**, **2171**

**36** 1단계 예 천의 자리 숫자가 **9**, 백의 자리 숫자가 **6**, 일의 자리 숫자가 **4**인 네 자리 수는 **96**□**4**입니다. ▶2점
2단계 **96**□**4**>**9654**가 되는 수를 모두 구하면 **9664**, **9674**, **9684**, **9694**로 모두 **4**개입니다. ▶3점
답 **4**개

**37** **6**개

**29** 가장 작은 네 자리 수를 만들려면 천의 자리부터 작은 수를 차례로 놓습니다.
**0**<**6**<**7**<**8**이고 천의 자리에는 **0**이 올 수 없으므로 만들 수 있는 가장 작은 네 자리 수는 **6078**입니다.

**30** 채점 가이드 칠판에 수 **4**개를 쓰고 원하는 조건에 맞게 네 자리 수를 바르게 만들었는지 확인합니다.

**32** **7717**, **7718**, **7719**, **7720**, **7721**, **7722**
                        └──────────┘
                             4개

**33** 천, 백, 십의 자리 수가 각각 같으므로 일의 자리 수를 비교하면 **3**>□입니다.
따라서 □ 안에 들어갈 수 있는 수는 **0**, **1**, **2**로 모두 **3**개입니다.

**34** ㉠ 천의 자리 수가 같고, 십의 자리 수를 비교하면 **6**<**9**입니다. □ 안에 들어갈 수 있는 수는 **8**, **9**로 모두 **2**개입니다.
㉡ 천의 자리 수가 같고, 십의 자리 수를 비교하면 **8**>**0**입니다. □ 안에 들어갈 수 있는 수는 **9**로 **1**개입니다.

**35** 천의 자리 숫자가 **2**, 십의 자리 숫자가 **7**, 일의 자리 숫자가 **1**인 네 자리 수는 **2**□**71**입니다.
**2**□**71**<**2271**이 되는 수를 모두 구하면 **2071**, **2171**입니다.

**37** 3, 4, 6, 0, 1 중에서 4개의 수를 사용하여 만들 수 있는 네 자리 수 중에서 6341보다 큰 수는 6401, 6403, 6410, 6413, 6430, 6431로 모두 6개입니다.

**1** 500

**2** 4778

**3**
> ❶ 천의 자리에 올 수 있는 수 구하기 ▶ 2점
> ❷ 만들 수 있는 네 자리 수의 개수 구하기 ▶ 3점

(예) ❶ 네 자리 수가 되려면 0은 천의 자리에 올 수 없으므로 4와 9를 천의 자리에 놓습니다.
❷ • 천의 자리에 4를 놓았을 때:
　 4900, 4090, 4009
• 천의 자리에 9를 놓았을 때:
　9400, 9040, 9004
따라서 만들 수 있는 네 자리 수는 모두 6개입니다.
(답) 6개

**4** 3, 4, 5, 6

**5**
> ❶ 세 사람이 설명한 수 구하기 ▶ 3점
> ❷ 백의 자리 수가 가장 큰 수를 말한 사람 구하기 ▶ 2점

(예) ❶ 세 사람이 설명한 수를 구하면 다음과 같습니다.
• 주경: 1000이 　4개 → 4000 ┐
　　　　 100이 11개 → 1100 ├→ 5330
　　　　　10이 23개 →　230 ┘
• 도율: 삼천　칠십　육
　　　 3000　70　6 → 3076
• 규민: 2861 - 2961 - 3061 - 3161 - 3261 → 3261
❷ 백의 자리 수를 비교하면 3>2>0이므로 백의 자리 수가 가장 큰 수를 말한 사람은 주경입니다.
(답) 주경

**6** ㉡, ㉢, ㉣, ㉠

**7** (1) 4300원 　(2) 8개

**8** (1) 9 　(2) 10개 　(3) 10가지

**1** 1000이 되는 두 수를 찾으면 100과 900, 300과 700, 990과 10, 400과 600입니다. 따라서 1000을 모두 만들고 마지막에 500이 남습니다.

**2** • (천의 자리 숫자)=10-6=4
　　→ 4□□□
• (천의 자리 숫자)=(백의 자리 숫자)-3,
　4=(백의 자리 숫자)-3
　→ (백의 자리 숫자)=4+3=7 → 47□□
• (십의 자리 숫자)=(백의 자리 숫자)=7
　→ 477□
• (일의 자리 숫자)=(천의 자리 숫자)×2
　　　　　　　　 =4×2=8 → 4778

**4** • 7290<7□83에서 두 수의 천의 자리 수가 같고, 십의 자리 수가 9>8이므로 백의 자리 수에서 2<□입니다. → 3, 4, 5, 6, 7, 8, 9
• 7□83<7690에서 두 수의 천의 자리 수는 같고, 십의 자리 수가 8<9이므로 백의 자리 수에서 □=6 또는 □<6입니다.
　→ 0, 1, 2, 3, 4, 5, 6
따라서 □ 안에 공통으로 들어갈 수 있는 수는 3, 4, 5, 6입니다.

**6** 천의 자리 수를 비교하면 5>3이므로 ㉠과 ㉣, ㉡과 ㉢을 각각 비교합니다.
• ㉠ 342□, ㉣ 38□7에서 백의 자리 수를 비교하면 4<8이므로 ㉠이 가장 작습니다.
• ㉡ 59□9, ㉢ 5□08에서 ㉡ □에 가장 작은 수인 0을 넣고 ㉢ □에 가장 큰 수인 9를 넣어도 5909>5908로 ㉡이 가장 큽니다.
따라서 큰 수부터 차례로 기호를 쓰면 ㉡, ㉢, ㉣, ㉠입니다.

**7** (1) 1000원짜리 3장 → 3000원 ┐→ 4300원
　　 100원짜리 13개 → 1300원 ┘
(2) 사탕 1개의 값이 500원이므로 500씩 뛰어 세어 봅니다.
　500 - 1000 - 1500 - 2000 - 2500 -
　1개　 2개　 3개　 4개　 5개
　3000 - 3500 - 4000 - 4500
　6개　 7개　 8개　 9개
따라서 사탕을 8개까지 살 수 있습니다.

**8** (1) 천, 백의 자리 숫자가 같고, 일의 자리 숫자가 ♥, 0입니다.
♥는 0과 같거나 0보다 큰 수이므로 ★에 8보다 큰 수가 들어가야 합니다.
따라서 ★에 들어갈 수 있는 수는 9입니다.

(2) ★이 9이면 768♥<7690입니다.
십의 자리 수를 비교하면 8<9이므로 ♥에 들어갈 수 있는 수는 0, 1, 2, ..., 8, 9로 모두 10개입니다.

(3) (♥, ★)로 짝 지어 나타내면 (0, 9), (1, 9), ..., (8, 9), (9, 9)로 모두 10가지입니다.

---

### 031쪽 1단원 마무리

**01** 300　　　　　**02** 7000

**03** 300

**04** 6220, 6320, 6520

**05** >

**06** 6593, 육천오백구십삼

**07** 8, 4, 2, 6　　　　**08** 10씩

**09** 4150

**10**
> ❶ 주어진 수에서 숫자 2가 나타내는 값 각각 구하기 ▶ 3점
> ❷ 숫자 2가 나타내는 값이 가장 큰 것을 찾아 기호 쓰기 ▶ 2점

(예) ❶ 주어진 수에서 숫자 2가 나타내는 값을 각각 구합니다.
㉠ 3527 → 20, ㉡ 2084 → 2000,
㉢ 1290 → 200
❷ 숫자 2가 나타내는 값이 가장 큰 것은 ㉡ 2084입니다.
(답) ㉡

**11** 어린이　　　　**12** 5800원

**13** 4000개

**14** 3679, 3810, 5942

**15**
> ❶ 2600부터 100씩 5번 뛰어 세기 ▶ 4점
> ❷ 승아의 저금통에 있는 돈은 얼마가 되는지 구하기 ▶ 1점

(예) ❶ 2600부터 100씩 5번 뛰어 세면
2600-2700-2800-2900-3000-3100입니다.
❷ 따라서 승아가 매일 100원씩 5일 동안 저금을 한다면 저금통에 있는 돈은 3100원이 됩니다.
(답) 3100원

**16** 4216　　　　　**17** 2874, 2478

**18** 민성　　　　　**19** 4개

**20**
> ❶ □의 범위 알아보기 ▶ 3점
> ❷ □ 안에 들어갈 수 있는 수 모두 구하기 ▶ 2점

(예) ❶ 5752<5□28에서 천의 자리 수가 같고, 십의 자리 수가 5>2이므로 백의 자리 수에서 7<□입니다.
❷ 따라서 □ 안에 들어갈 수 있는 수는 8, 9입니다.
(답) 8, 9

---

**04** 100씩 뛰어 세면 백의 자리 수가 1씩 커집니다.
6020-6120-**6220**-**6320**-6420-**6520**

**06** 1000이 6개 → 6000
　　100이 5개 →　500
　　10이 9개 →　　90 → 6593
　　1이 3개 →　　　3　(육천오백구십삼)

**08** 2110-2120-2130으로 십의 자리 수가 1씩 커지므로 10씩 뛰어 센 것입니다.

**09** 4110-4120-4130-4140-㉠
10씩 뛰어 센 것이므로 ㉠에 알맞은 수는 4140에서 십의 자리 수가 1만큼 더 큰 4150입니다.

**다른 풀이** ↓ 방향: 2150-3150-㉠
1000씩 뛰어 센 것이므로 ㉠에 알맞은 수는 3150에서 천의 자리 수가 1만큼 더 큰 4150입니다.

**11** 1587<2036이므로 어린이가 더 많이 입장했습니다.
└1<2┘

**12** 천 원짜리 지폐 5장은 5000원, 백 원짜리 동전 8개는 800원이므로 혜미가 낸 돈은 모두 5800원입니다.

**13** 100이 10개이면 1000이므로 100이 40개이면 4000입니다.
따라서 40상자에는 사탕이 모두 4000개 들어 있습니다.

**14** 천의 자리 수를 비교하면 5>3이므로 가장 큰 수는 5942입니다.
3679와 3810의 백의 자리 수를 비교하면 6<8이므로 가장 작은 수는 3679입니다.
따라서 작은 수부터 차례로 쓰면
3679, 3810, 5942입니다.

**16** 어떤 수는 4916부터 100씩 거꾸로 7번 뛰어 센 수입니다.
4916-4816-4716-4616-4516-4416-4316-4216

**17** 천의 자리 숫자는 2000을 나타내므로 2, 십의 자리 숫자는 70을 나타내므로 7입니다.
→ 2☐7☐
남은 숫자인 8, 4를 백의 자리와 일의 자리에 놓으면 2874, 2478입니다.

**18** • 현호: 1000이  5개 → 5000 ⎤
　　　　  100이  3개 →　300 ⎥
　　　　　10이 12개 →　120 ⎥ → 5424
　　　　　 1이  4개 →　　 4 ⎦
• 민성: 1000이  3개 → 3000 ⎤
　　　　  100이 13개 → 1300 ⎥
　　　　　10이  6개 →　 60 ⎥ → 4361
　　　　　 1이  1개 →　　 1 ⎦
→ 두 수의 백의 자리 수를 비교하면 4>3이므로 백의 자리 수가 더 작은 수를 말한 사람은 민성입니다.

**19** 천의 자리 숫자가 6, 백의 자리 숫자가 4, 일의 자리 숫자가 7인 네 자리 수는 64☐7입니다.
64☐7>6457이 되는 수를 모두 구하면 6467, 6477, 6487, 6497로 모두 4개입니다.

# 2 곱셈구구

**01** 10, 10　　　　　**02** 20, 20
**03** 3, 3, 9
**04** (왼쪽에서부터) 9, 3
**05** 24　　　　　　 **06** 24
**07** 8　　　　　　　 **08** 40
**09** 21　　　　　　 **10** 18

**03** 3×3은 3을 3번 더한 것과 같습니다.
→ 3×3=3+3+3=9
**04** 3×3은 3×2에 3을 더한 것과 같습니다.
→ 3×2=6, 3×3=6+3=9
**05** 3개씩 8묶음 → 3×8=24
**06** 6개씩 4묶음 → 6×4=24

**01** 14, 7, 14 / 풀이 7, 7, 14
**01** 4, 3, 8
**02** (1) ⤬
　　(2)
　　(3)
**03** 5, 10, 10
**04** ㉢
**02** 예 , 2, 10 / 풀이 2, 10
**05** 예 [주사위 그림] / 30
**06** 바르게 고치기 예 5×6에 5를 더해서 계산하면 돼. ▶5점
**07** 15, 25, 30　　　 **08** 15
**03** 예 [수직선 0~15], 12 / 풀이 4, 4, 12
**09** 6, 9　　　　　　 **10** 24

01
- 나뭇잎이 2장씩 2묶음이므로 $2 \times 2 = 4$입니다.
- 나뭇잎이 2장씩 3묶음이므로 $2 \times 3 = 6$입니다.
- 나뭇잎이 2장씩 4묶음이므로 $2 \times 4 = 8$입니다.

02
(1) $2 \times 6 = 12$
(2) $2 \times 8 = 16$
(3) $2 \times 9 = 18$

04 감은 2개씩 3봉지입니다.
ㄱ 2씩 3번 더합니다.
ㄴ $2 \times 2$에 2를 더합니다.

05 $5 \times 6$은 5를 6번 더한 것과 같으므로 ○를 5개씩 2번 더 그립니다.

07 $5 \times 3 = 15$, $5 \times 5 = 25$, $5 \times 6 = 30$

08 5 cm가 3개이므로 $5 \times 3 = 15$ (cm)입니다.

09
- 구슬은 3개씩 2묶음입니다. ➡ $3 \times 2 = 6$
- 구슬은 3개씩 3묶음입니다. ➡ $3 \times 3 = 9$

040쪽 **2STEP 유형 다잡기**

11
| ⨯ | 2 | 3 | 4̶ | 5̶ | 6 |
|---|---|---|---|---|---|
| 7̶ | 8̶ | 9 | 10 | 1̶1̶ | 12 |
| 1̶3̶ | 1̶4̶ | 15 | 16 | 1̶7̶ | 18 |

04 3, 18 / 풀이 3, 18
12 6, 24
13 연서
14 6, 6, 36
05 18, 3, 18 / 풀이 6, 18, 3, 18
15
| 1 | 2 | ③ | 4 | 5 | ⑥ | 7 | 8 | ⑨ |
|---|---|---|---|---|---|---|---|---|
| 10 | 11 | ⑫ | 13 | 14 | ⑮ | 16 | 17 | ⑱ |

16 3개
17 ㄱ, ㄷ, ㄹ
18 예 6, 3 / 18개
06 (왼쪽에서부터) 10, 20, 25, 5, 5 / 풀이 5, 10
19 ㄱ
20 ( ○ ) ( ○ ) (     )

21 예
▶1점

설명 예 $2 \times 7$은 $2 \times 3$보다 2씩 4묶음이 더 많으므로 8만큼 더 큽니다. ▶4점

13 현우: $6 \times 4$에 6을 더해야 합니다.

14 (전체 꽃의 수)
= (꽃병 한 개에 꽂힌 꽃의 수) × (꽃병 수)
= $6 \times 6 = 36$(송이)

15
- $3 \times 1 = 3$, $3 \times 2 = 6$, $3 \times 3 = 9$, $3 \times 4 = 12$, $3 \times 5 = 15$, $3 \times 6 = 18$
- $6 \times 1 = 6$, $6 \times 2 = 12$, $6 \times 3 = 18$

16 3단, 6단 곱셈구구에 공통으로 있는 값을 찾으면 6, 12, 18로 모두 3개입니다.

17 ㄴ $3 \times 3$에 3을 더해서 구합니다.

18 채점 가이드 3단과 6단의 관계를 떠올리며 젤리의 묶음의 수가 초콜릿의 묶음의 수의 2배가 되도록 수를 써넣고 그 때의 초콜릿 수를 바르게 계산했는지 확인합니다.

19 ㄱ 3단 곱셈구구에서 곱하는 수가 2 커지면 그 곱은 $3 + 3 = 6$ 커집니다.

20
- 6단 곱셈구구에서 곱하는 수가 1 커지면 그 곱은 6 커집니다.
- 3단 곱셈구구에서 곱하는 수가 2 커지면 그 곱은 $3 + 3 = 6$ 커집니다.
- 2단 곱셈구구에서 곱하는 수가 2 커지면 그 곱은 $2 + 2 = 4$ 커집니다.

043쪽 **1STEP 개념 확인하기**

01 20
02 (왼쪽에서부터) 20, 4
03 8, 32 / 8, 32     04 8, 8, 32
05 35, 35            06 72, 72
07 36               08 24
09 42               10 45

**02** 4×5는 4×4에 4를 더한 것과 같습니다.
→ 4×4=16, 4×5=16+4=20

**03** 8×4는 8×3에 8을 더한 것과 같습니다.
→ 8×3=24, 8×4=24+8=32

**04** 다른 방법으로 묶어서 다른 단 곱셈구구로 계산할 수 있습니다.

**05** 4×8=32

**06** 연필은 4자루씩 6묶음입니다.
ⓒ 4와 6의 곱으로 구합니다.

**07** •8알씩 3송이: 8×3=24
•8알씩 4송이: 8×4=32
•8알씩 5송이: 8×5=40

**08** ① 8×3=24  ③ 8×6=48
④ 8×7=56  ⑤ 8×8=64

**09** 8×9=72, 8×5=40, 8×2=16

**11** ⑴ 4×4=16, 4×6=24
⑵ 8×2=16, 8×3=24

**044쪽 2STEP 유형 다잡기**

**07** 4, 16 / 풀이 4, 16

**01** 4, 4, 4, 4, 7, 28

**02** 예 ○○○○        **03** 4

**04**

(×4)
(4) (×5) (36)
(×9)

**05** 32            **06** ㄱ, ㄷ

**08** 48 / 풀이 6, 48

**07** 24 / 4, 32 / 5, 40

**08** ②            **09** '8×9'에 색칠

**10** 이름 도율 ▶2점
이유 예 8단 곱셈구구에서 곱하는 수가 1 커지면 곱은 8 커지므로 8×8은 8×7보다 8만큼 더 큽니다. ▶3점

**09** 8, 32, 4, 32 / 풀이 8, 32, 4, 32

**11** ⑴ 16, 24 ⑵ 16, 24

**02** ○를 4개 더 그립니다.

**03** 4×3은 4×2보다 4씩 1묶음이 더 많으므로 4만큼 더 큽니다.

**04** 4×9=36
참고 4×4=16, 4×5=20

**046쪽 2STEP 유형 다잡기**

**12** 설명1 예 4씩 4번 뛰어 세었습니다. 4단 곱셈구구에서 4×4=16이므로 ㄱ에 알맞은 수는 16입니다. ▶3점
설명2 예 8씩 2번 뛰어 세었습니다. 8단 곱셈구구에서 8×2=16이므로 ㄱ에 알맞은 수는 16입니다. ▶2점

**13** 3

**10** (왼쪽에서부터) 7, 14, 21 / 풀이 7

**14** 21, 42, 49, 56

**15** 34에 ×표, 35

**16**

| 24 | 35 | 7 | 56 | 50 | / 7 |
|----|----|----|----|----|----|
| 16 | 21 | 9 | 42 | 18 | |
| 52 | 36 | 23 | 28 | 1 | |
| 54 | 22 | 45 | 14 | 62 | |
| 8 | 58 | 20 | 63 | 15 | |

**17** 서희

**11** 6, 54 / 풀이 6, 54

**18** 18, 27, 45

**19** (1) 18 (2) 63

**20**

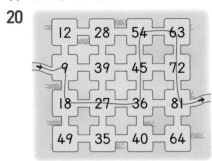

**21** 예 9 / 9, 81

---

**13** 4×6=24입니다.
4씩 6묶음은 8씩 3묶음과 같으므로
8×3=24입니다.

**14** 7×3=21, 7×6=42, 7×7=49,
7×8=56

**15** 7×9=63, 7×8=56, 7×7=49,
7×6=42, 7×5=35

**16** 7×1=7, 7×2=14, 7×3=21,
7×4=28, 7×5=35, 7×6=42,
7×8=56, 7×9=63

**17** 서희: 7×4=28이므로 밤의 수는 모두 28개
입니다.

**20** 9×1=9, 9×2=18, 9×3=27,
9×4=36, 9×5=45, 9×6=54,
9×7=63, 9×8=72, 9×9=81

**21** 채점 가이드 1부터 9까지의 수 중에서 뛴 횟수를 정하여 쓰고,
9단 곱셈구구를 떠올리며 식을 바르게 썼는지 확인합니다.

---

**048쪽 2STEP 유형 다잡기**

**12** 6, 18, 2, 18 / 풀이 6, 18, 2, 18

**22** ㉠, ㉡

**23** 예 만든 곱셈식 2, 6, 12
곱이 같은 곱셈식 4, 3, 12

---

**24** 2, 8, 16 / 4, 4, 16 / 8, 2, 16

**13** ( ○ ) ( ) / 풀이 20, 21, 20, <, 21

**25** (1) > (2) <

**26** 42

**27** 1단계 예 ㉠ 4×6=24, ㉡ 3×7=21,
㉢ 6×3=18입니다. ▶3점
2단계 24>21>18이므로 곱이 가장 작은
것은 ㉢입니다. ▶2점
답 ㉢

**28** (위에서부터) 1, 3, 2, 4

**14** ( ) / 풀이 16, 12
( × )

**29** 8, 7, 2

**30** 8×3=24, 8×4=32

---

**22** ㉠ 3×8=24, ㉡ 4×6=24,
㉢ 6×3=18, ㉣ 9×3=27
따라서 24를 나타내는 곱셈식은 ㉠, ㉡입니다.

**23** 채점 가이드 곱셈식을 만들어 계산하고, 만든 곱셈식과 곱이
같은 다른 곱셈식을 바르게 만들었는지 확인합니다.
곱하는 두 수의 순서를 바꾸어 곱하거나 곱셈구구의 관계
를 이용합니다.

**24** 파인애플은 16개입니다. 묶는 방법에 따라 여러
가지 곱셈식으로 나타낼 수 있습니다.
• 2씩 8묶음 ➔ 2×8=16
• 4씩 4묶음 ➔ 4×4=16
• 8씩 2묶음 ➔ 8×2=16

**25** (1) 5×5=25 ➔ 30>25
(2) 5×9=45, 8×6=48 ➔ 45<48

**26** 6×7=42, 9×4=36
따라서 곱이 40보다 큰 곱셈구구의 곱은 42입
니다.

**28** 2×9=18, 3×5=15,
4×4=16, 6×2=12
➔ 18>16>15>12

**29** 9×2=18 (×), 9×7=63 (×),
9×8=72 (○)이므로 주어진 수 카드로 만들
수 있는 곱셈식은 9×8=72입니다.

**30** $8 \times 2 = 16$ $(\times)$, $8 \times 3 = 24$ $(\bigcirc)$,
$8 \times 4 = 32$ $(\bigcirc)$

**31** 6, 7, 4, 2 / 7, 6, 4, 2

**15** 9 / 풀이 9, 24, 27

**32** ㉢

**33** 5

**34** 1단계 예 $4 \times 8 = 32$이므로 ㉠은 8입니다.
$8 \times 7 = 56$이므로 ㉡은 7입니다. ▶3점
2단계 $8 > 7$이므로 더 큰 수는 ㉠입니다. ▶2점
답 ㉠

**35** 54

**16** $3 \times 4 = 12$(또는 $4 \times 3 = 12$), 12
/ 풀이 3, 4, 12

**36** 40

**37** 30, 6

**17** 15 / 풀이 5, 10, 15, 20, 15

**38** 24

**39** 예 7, 30, 40 / 35

**31** 풍선에 적힌 두 수의 곱을 남은 두 수로 만들 수 있는지 확인합니다.
$2 \times 4 = 8$ $(\times)$    $2 \times 6 = 12$ $(\times)$
$2 \times 7 = 14$ $(\times)$    $4 \times 2 = 8$ $(\times)$
$4 \times 6 = 24$ $(\times)$    $4 \times 7 = 28$ $(\times)$
$6 \times 2 = 12$ $(\times)$    $6 \times 4 = 24$ $(\times)$
$6 \times 7 = 42$ $(\bigcirc)$    $7 \times 2 = 14$ $(\times)$
$7 \times 4 = 28$ $(\times)$    $7 \times 6 = 42$ $(\bigcirc)$

**32** ㉠ $4 \times \boxed{2} = 8$
㉡ $\boxed{2} \times 8 = 16$
㉢ $6 \times \boxed{6} = 36$

**33** □씩 5번 뛰어 센 곳이 25이므로
$□ \times 5 = 25$입니다.
$5 \times 5 = 25$이므로 □=5입니다.

**35** $7 \times □ = 42$에서 $7 \times 6 = 42$이므로 □=6입니다.
따라서 9를 넣으면 $9 \times 6 = 54$가 나옵니다.

**36** 곱하는 두 수가 클수록 곱이 크므로 가장 큰 수와 두 번째로 큰 수를 곱합니다.
→ 곱이 가장 큰 경우: $8 \times 5 = 40$

**37** • 곱이 가장 큰 경우:
(가장 큰 수)×(두 번째로 큰 수)
$= 6 \times 5 = 30$
• 곱이 가장 작은 경우:
(가장 작은 수)×(두 번째로 작은 수)
$= 2 \times 3 = 6$
참고 곱하는 수의 순서를 바꾸어 구해도 답이 같습니다.
• 곱이 가장 큰 경우: (두 번째로 큰 수)×(가장 큰 수)
• 곱이 가장 작은 경우: (두 번째로 작은 수)×(가장 작은 수)

**38** 4단 곱셈구구의 수 중 20보다 크고 30보다 작은 수는 $4 \times 6 = 24$, $4 \times 7 = 28$입니다.
3단 곱셈구구의 수 중 20보다 크고 30보다 작은 수는 $3 \times 7 = 21$, $3 \times 8 = 24$, $3 \times 9 = 27$입니다.
따라서 조건에 맞는 수는 24입니다.

**39** 채점 가이드 몇 단 곱셈구구인지 □ 안에 써넣고, 곱셈구구의 수 중 하나만 포함되도록 나머지 □ 안에 수를 써넣었는지 확인합니다.

**01** 3      **02** 4
**03** 0      **04** 0
**05** (위에서부터) 2, 4 / 12, 18, 27 / 4, 8, 12
**06** 4      **07** 2
**08** 3, 15      **09** 15개

**01** 상자 한 개에 로봇이 1개씩 들어 있습니다.
1개씩 3상자 → $1 \times 3 = 3$(개)

유형책

**2** 단원

**02** Ⅰ개씩 4상자 → Ⅰ×4＝4(개)

**03** 0점에 맞힌 화살이 3개이므로 0×3＝0(점)입니다.

**04** 2점에 맞힌 화살이 0개이므로 2×0＝0(점)입니다.

**05** 세로줄과 가로줄의 수가 만나는 칸에 두 수의 곱을 써넣습니다.

**06** 곱셈구구에서 ■단 곱셈구구는 곱이 ■씩 커집니다.

**07** 곱하는 두 수의 순서를 서로 바꾸어도 곱이 같습니다.

**08** 의자는 한 줄에 5개씩 3줄 있으므로 5단 곱셈구구를 이용합니다. → 5×3＝15

**09** 5×3＝15이므로 의자는 모두 15개 있습니다.

---

**054쪽 2STEP 유형 다잡기**

**18** 3, 3, 1, 6, 6 / 풀이 3, 3, 6, 6

**01** (1) 5  (2) 2

**02** (위에서부터) 8 / 5, 9

**03** ㉡, ㉢, ㉠

**19** 4, 0 / 풀이 0, 4, 0

**04** ③

**05** 0

**06** (1)
(2)
(3)
0
6
0

**07** 1단계 예 (어떤 수)×0＝0이므로 ☐ 안에 어떤 수가 들어가도 됩니다. 따라서 1부터 9까지의 수가 모두 들어갈 수 있습니다. ▶3점
2단계 1부터 9까지의 수는 모두 9개입니다. ▶2점
답 9개

---

**20**

| 0 | 1 | 2 | 3 | 4 | 5 |
|---|---|---|---|---|---|

/ 풀이 0, 5, 10, 15, 0, 1, 2

**08** 8, 9

**09** 6개

**10** 6

---

**01** (1) Ⅰ×■＝■이므로 Ⅰ×5＝5입니다.
(2) ■×Ⅰ＝■이므로 2×Ⅰ＝2입니다.

**02** 8×Ⅰ＝8, 5×Ⅰ＝5, 9×Ⅰ＝9

**03** Ⅰ×7＝7 → ㉠＝Ⅰ
9×Ⅰ＝9 → ㉡＝9
Ⅰ×4＝4 → ㉢＝4
→ 9＞4＞Ⅰ이므로 큰 수부터 차례로 기호를 쓰면 ㉡, ㉢, ㉠입니다.

**04** ① Ⅰ×0＝0  ② 0×5＝0  ③ 5×Ⅰ＝5
④ 0×7＝0  ⑤ 8×0＝0
따라서 계산 결과가 다른 하나는 ③입니다.

**05** 3×☐＝0, 6×☐＝0, 9×☐＝0에서 곱이 모두 0이므로 ☐ 안에 알맞은 수는 0입니다.
참고 곱이 0이면 곱한 두 수 중 적어도 한 개는 0이어야 합니다.

**06** (1) 꽃이 2송이씩 꽃병 3개 → 2×3＝6
(2) 꽃이 0송이씩 꽃병 3개 → 0×3＝0
(2) 꽃이 3송이씩 꽃병 0개 → 3×0＝0

**08** 4×7＝28, 4×8＝32, 4×9＝36
→ 4×☐의 값이 30보다 커야 하므로 ☐ 안에는 8, 9가 들어갈 수 있습니다.

**09** 6×0＝0, 6×Ⅰ＝6, 6×2＝12,
6×3＝18, 6×4＝24, 6×5＝30,
6×6＝36, …
→ 6×☐의 값이 33보다 작아야 하므로 ☐ 안에 들어갈 수 있는 수는 0, 1, 2, 3, 4, 5로 모두 6개입니다.

**10** 8×5＝40, 8×6＝48, 8×7＝56,
8×8＝64, 8×9＝72이므로 ☐ 안에 들어갈 수 있는 수는 6, 7, 8, 9입니다. 그중 가장 작은 수는 6입니다.

**21** 2씩 / 풀이 2

**11** 5, 0

**12** ( ) ( ○ )

**13**

| × | 1 | 2 | 3 | 4 | 5 |
|---|---|---|---|---|---|
| 1 | 1 | 2 | 3 | 4 | 5 |
| 2 | 2 | 4 | 6 | 8 | 10 |
| 3 | 3 | 6 | 9 | 12 | 15 |
| 4 | 4 | 8 | 12 | 16 | 20 |
| 5 | 5 | 10 | 15 | 20 | 25 |

**14** 예

| × | 5 | 6 | 7 | 8 | 9 |
|---|---|---|---|---|---|
| 6 | 30 | 36 | 42 | 48 | 54 |
| 7 | 35 | 42 | 49 | 56 | 63 |
| 8 | 40 | 48 | 56 | 64 | 72 |
| 9 | 45 | 54 | 63 | 72 | 81 |

/ 곱이 8씩 커집니다.

**22** (위에서부터) 12, 18, 10, 20, 14, 42

**15** 1단계 예 $2 \times 7 = 14$이므로 ㉠=14이고
$5 \times 6 = 30$이므로 ㉡=30입니다. ▶3점
2단계 ㉠+㉡=14+30=44입니다. ▶2점
답 44

**16** 3, 8

**23** 3, 5, 5, 3

**17**

| × | 2 | 3 | 4 | 5 | 6 | 7 | 8 | 9 |
|---|---|---|---|---|---|---|---|---|
| 2 | 4 | 6 | 8 | 10 | 12 | 14 | 16 | 18 |
| 3 | 6 | 9 | 12 | 15 | 18 | 21 | 24 | 27 |
| 4 | 8 | 12 | 16 | 20 | 24 | 28 | 32 | 36 |
| 5 | 10 | 15 | 20 | 25 | 30 | 35 | 40 | 45 |
| 6 | 12 | 18 | 24 | 30 | 36 | 42 | 48 | 54 |
| 7 | 14 | 21 | 28 | 35 | 42 | 49 | 56 | 63 |
| 8 | 16 | 24 | 32 | 40 | 48 | 56 | 64 | 72 |
| 9 | 18 | 27 | 36 | 45 | 54 | 63 | 72 | 81 |

**18** $7 \times 5$

**19** 21

**11** 5, 10, 15, 20, 25, 30, 35, …

**12** 4단 곱셈구구의 곱은 모두 짝수입니다.

**13** 빨간색 선으로 둘러싸인 곳은 곱이 4씩 커집니다. 곱이 4씩 커지는 곳을 찾아 색칠합니다.

**14** 채점 가이드 색칠한 줄의 규칙을 바르게 썼는지 확인합니다.

**16** · $6 \times ㉠ = 18$에서 $6 \times 3 = 18$이므로 ㉠=3입니다.
· $㉡ \times 4 = 32$에서 $8 \times 4 = 32$이므로 ㉡=8입니다.

**17** 세로줄과 가로줄의 수가 만나는 칸에 두 수의 곱을 써넣어 곱셈표를 완성하고, 곱이 50보다 큰 칸을 모두 찾아 색칠합니다.

**18** 곱셈표에서 $5 \times 7 = 35$와 곱이 같은 곱셈구구는 $7 \times 5 = 35$입니다.
참고 4부터 81까지 이은 선을 기준으로 접었을 때 만나는 두 수는 같습니다.

**19** 곱셈표에서 7단 곱셈구구의 수 중 홀수는 21, 35, 49, 63입니다. 이 중 십의 자리 숫자가 20을 나타내는 수는 21입니다.

**24** 24, 4, 24 / 풀이 24, 24

**20** (1) 63 (2) 63

**21** (1) •
(2) •
(3) •

**22** 12

**25** 45세 / 풀이 5, 9, 5, 45

**23** 40 cm

**24** $3 \times 3 = 9$ / 9개

**25** $0 \times 4 = 0$ / 0마리

**26** 남학생 / 풀이 12, 15, 12, <, 15, 남학생

**26** 사랑 열차

**27** [1단계] (예) 토요일의 턱걸이 횟수는
$2 \times 1 = 2$(회)이고, 일요일의 턱걸이 횟수는
$0 \times 9 = 0$(회)입니다. ▶4점
[2단계] 토요일에는 일요일보다 턱걸이를
$2 - 0 = 2$(회) 더 많이 했습니다. ▶1점
[답] 2회

**28** 미나

**20** (1) $9 \times 7 = 63$
(2) $7 \times 9 = 63$
[참고] 곱하는 두 수의 순서를 서로 바꾸어도 곱은 같습니다.

**21** 곱하는 두 수의 순서를 서로 바꾸어도 곱은 같습니다.
(1) $7 \times 1 = 1 \times 7$
(2) $9 \times 3 = 3 \times 9$
(3) $8 \times 7 = 7 \times 8$

**22** ・$3 \times 9 = 9 \times$■에서 ■$= 3$입니다.
・$5 \times$▲$= 4 \times 5$에서 ▲$= 4$입니다.
➜ ■$\times$▲$= 3 \times 4 = 12$

**23** (막대 5개의 길이)
$=$(막대 1개의 길이)$\times$(막대 수)
$= 8 \times 5 = 40$ (cm)

**24** (희연이가 산 풀의 수)
$=$(한 상자에 들어 있는 풀의 수)$\times$(상자 수)
$= 3 \times 3 = 9$(개)

**25** (전체 금붕어 수)
$=$(어항 한 개에 들어 있는 금붕어 수)$\times$(어항 수)
$= 0 \times 4 = 0$(마리)

**26** (행복 열차에 탄 사람 수)$= 2 \times 5 = 10$(명)
(사랑 열차에 탄 사람 수)$= 4 \times 3 = 12$(명)
➜ $10 < 12$이므로 탄 사람 수가 더 많은 열차는
사랑 열차입니다.

**28** (현우가 읽은 쪽수)$= 5 \times 4 = 20$(쪽)
(미나가 읽은 쪽수)$= 7 \times 3 = 21$(쪽)
(준호가 읽은 쪽수)$= 3 \times 6 = 18$(쪽)
➜ $21 > 20 > 18$이므로 동화책을 가장 많이 읽
은 사람은 미나입니다.

060쪽 **2STEP 유형 다잡기**

**27** 2, 3, 19 / [풀이] 2, 4, 3, 15, 4, 15, 19

**29** 6, 23

**30** [방법] (예) $9 \times 5$에서 $2 \times 3$을 빼서 구합니다.
$9 \times 5 = 45$이고 $2 \times 3 = 6$이므로 바둑돌은
$45 - 6 = 39$(개)입니다. ▶5점

**28** 43개 / [풀이] 5, 40, 40, 3, 43

**31** 41 cm          **32** 30개

**33** 56개           **34** 74개

**29** 35점 / [풀이] 7, 5, 7, 35

**35** 0점

**36** (1) $0 \times 2 = 0$, $3 \times 1 = 3$  (2) 15점

**37** [1단계] (예) 5번 이겼으므로
$1 \times 5 = 5$(점)이고, 3번 비겼으므로
$0 \times 3 = 0$(점)입니다. ▶4점
[2단계] 유희가 얻은 점수는 $5 + 0 = 5$(점)입니
다. ▶1점
[답] 5점

**29** $6 \times 4 = 24$(개)
➜ (책상의 수)$= 24 - 1 = 23$(개)

**31** 9 cm씩 4도막 → $9 \times 4 = 36$ (cm)
➜ (지안이가 사용한 리본의 길이)
$= 36 + 5 = 41$ (cm)

**32** (파란색 구슬의 수)$= 5 \times 5 = 25$(개)
➜ (노란색 구슬과 파란색 구슬의 수)
$= 5 + 25 = 30$(개)

**33** (한 상자에 들어 있는 멜론의 수)
$= 4 \times 2 = 8$(개)
➜ (7상자에 들어 있는 멜론의 수)
$= 8 \times 7 = 56$(개)

**34** (규민이가 접은 종이배의 수)
$= 6 \times 7 = 42$(개)
(연서가 접은 종이배의 수)
$= 8 \times 4 = 32$(개)
➜ (규민이와 연서가 접은 종이배의 수)
$= 42 + 32 = 74$(개)

**35** 0점에만 7번을 맞혔습니다. → $0 \times 7 = 0$(점)

**36** (1) 0에 2번 → $0 \times 2 = 0$(점)

3에 1번 → $3 \times 1 = 3$(점)

(2) (태주가 얻은 점수)$= 0 + 3 + 12 = 15$(점)

---

**1** 6모둠

**2** 사각형, 1개

**3**
> ❶ 어떤 수 구하기 ▶ 3점
> ❷ 바르게 계산한 값 구하기 ▶ 2점

예 ❶ 어떤 수를 □라 하면 잘못 계산한 곱셈식은 $□ \times 9 = 63$입니다.

$7 \times 9 = 63$이므로 어떤 수는 7입니다.

❷ (바르게 계산한 값)$= 7 \times 6 = 42$

답 42

**4**
> ❶ ㉠, ㉡에 알맞은 수 구하기 ▶ 2점
> ❷ ㉢에 알맞은 수 구하기 ▶ 1점
> ❸ □ 안에 알맞은 수 구하기 ▶ 2점

예 ❶ $6 \times 8 = 48$이므로 ㉠은 8입니다.

$3 \times 1 = 3$이므로 ㉡은 3입니다.

❷ ㉠$+$㉡$+$㉢$= 8 + 3 +$㉢$= 18$이므로

$11 +$㉢$= 18$에서 ㉢은 7입니다.

❸ $□ \times 7 = 35$에서 $5 \times 7 = 35$이므로

□ 안에 알맞은 수는 5입니다.

답 5

**5** 6, 7, 8, 9

**6** 0, 3

**7** (1) 15점, 4점  (2) 42점  (3) 6점

**8** (1) 24개  (2) 네발자전거  (3) 6대

---

**1** (1반의 전체 학생 수)$= 3 \times 8 = 24$(명)

두 반의 학생 수가 같으므로 2반의 모둠의 수를 ●라 하면 $4 \times ● = 24$입니다.

$4 \times 6 = 24$이므로 ●는 6입니다.

따라서 한 모둠에 4명씩이면 모두 6모둠입니다.

---

**2** 삼각형은 5개, 사각형은 4개 이용했습니다.

(삼각형의 변의 수)$= 3 \times 5 = 15$(개)

(사각형의 변의 수)$= 4 \times 4 = 16$(개)

→ $15 < 16$이므로 사각형의 변의 수가

$16 - 15 = 1$(개) 더 많습니다.

**5** • $0 \times$(어떤 수)는 항상 0이므로 □ 안에는 1부터 9까지의 수가 모두 들어갈 수 있습니다.

• $6 \times 8 = 48$이고 $9 \times 5 = 45$, $9 \times 6 = 54$,

$9 \times 7 = 63$, $9 \times 8 = 72$, $9 \times 9 = 81$이므로

□ 안에 6, 7, 8, 9가 들어갈 수 있습니다.

따라서 □ 안에 공통으로 들어갈 수 있는 수는

6, 7, 8, 9입니다.

**6** • 두 수의 곱이 0이려면 두 수 중 하나는 0이어야 합니다. 따라서 뒤집혀 있는 카드 한 장에 적힌 수는 0입니다.

• 5, 0, 2의 수 중 2개를 골라 곱을 구하면 15가 될 수 없습니다. 뒤집혀 있는 다른 카드에 적힌 수를 □라 하면 $5 \times □ = 15$이므로

$5 \times 3 = 15$에서 □$= 3$입니다.

**7** (1) • 3점짜리 공: $3 \times 5 = 15$(점)

• 1점짜리 공: $1 \times 4 = 4$(점)

(2) 경수가 얻은 점수가 61점이므로 □점짜리 공 7개를 넣어 얻은 점수는

$61 - 15 - 4 = 42$(점)입니다.

(3) $6 \times 7 = 42$이므로 7개를 넣은 공의 점수는 6점입니다.

**8** (1) (두발자전거의 바퀴 수)$= 2 \times 4 = 8$(개)

(네발자전거의 바퀴 수)$= 4 \times 4 = 16$(개)

바퀴는 모두 $8 + 16 = 24$(개)입니다.

(2) 두 자전거의 수가 같을 때 바퀴의 수가 24개이고 $24 < 28$이므로 바퀴 수가 더 많은 네발자전거의 수가 더 많아야 합니다.

(3) • 두발자전거와 네발자전거가 각각 3대, 5대인 경우의 바퀴 수: $2 \times 3 = 6$, $4 \times 5 = 20$

→ 바퀴는 $6 + 20 = 26$(개)입니다.

• 두발자전거와 네발자전거가 각각 2대, 6대인 경우의 바퀴 수: $2 \times 2 = 4$, $4 \times 6 = 24$

→ 바퀴는 $4 + 24 = 28$(개)입니다.

따라서 네발자전거는 6대 있습니다.

## 065쪽 2단원 마무리

**01** 16
**02** 4, 4
**03** 0
**04** 18
**05** (위에서부터) 9, 27 / 8, 28 / 5, 20 / 30, 36
**06** 5씩
**07** 5×3
**08** 21, 63
**09** 7
**10** (1), (2), (3) [선 잇기]
**11** ㉢
**12** ③
**13** 81세
**14**
- ❶ 세윤이가 건 고리와 걸지 못한 고리의 점수 각각 구하기 ▶ 4점
- ❷ 세윤이가 얻은 점수 구하기 ▶ 1점

(예) ❶ 세윤이가 건 고리는 3개, 걸지 못한 고리는 4개입니다.
건 고리의 점수는 1×3=3(점), 걸지 못한 고리의 점수는 0×4=0(점)입니다.
❷ ➡ 세윤이가 얻은 점수: 3+0=3(점)
(답) 3점

**15**
- ❶ ●, ▲에 알맞은 수 각각 구하기 ▶ 4점
- ❷ ●와 ▲에 알맞은 수의 합 구하기 ▶ 1점

(예) ❶ (어떤 수)×0=0이므로
4×●=0에서 ●=0입니다.
1×(어떤 수)=(어떤 수)이므로 ▲×6=6에서 ▲=1입니다.
❷ ●+▲=0+1=1입니다.
(답) 1

**16** 36쪽
**17** 43개
**18** 7, 8, 9
**19**
- ❶ 곱이 가장 큰 경우 구하기 ▶ 2점
- ❷ 곱이 가장 작은 경우 구하기 ▶ 3점

(예) ❶ 9>8>4>1이므로 곱이 가장 큰 경우는 가장 큰 수와 두 번째로 큰 수를 곱한 9×8=72입니다.
❷ 곱이 가장 작은 경우는 가장 작은 수와 두 번째로 작은 수를 곱한 1×4=4입니다.
(답) 72, 4

**20** (위에서부터) 4×1=4, 5×2=10 / 20

---

**02** 컵에 칫솔이 1개씩 4개이므로 1×4=4(개)입니다.

**06** 5단 곱셈구구는 곱이 5씩 커집니다.
5  10  15  20  25 …
+5  +5  +5  +5

**07** 곱셈표에서 3×5와 곱이 같은 곱셈구구는 5×3입니다.

**08** 7×3=21, 7×9=63

**09** 곱하는 두 수의 순서를 바꾸어 곱해도 곱은 같습니다.

**10** (1) 2×6=12 (=) 4×3=12
(2) 8×3=24 (=) 6×4=24
(3) 6×6=36 (=) 9×4=36

**11** ㉢ 9×4는 9×2를 2번 더해서 구합니다.

**12** ① 2×7=14　② 1×9=9
③ 4×5=20　④ 3×6=18
⑤ 8×0=0
➡ 20>18>14>9>0이므로 곱이 가장 큰 것은 ③입니다.

**13** (현주 할아버지의 연세)
=(현주의 나이)×9=9×9=81(세)

**16** (수지가 읽은 쪽수)=8×4=32(쪽)
➡ (전체 동화책 쪽수)=32+4=36(쪽)

**17** (다리가 3개인 의자의 다리 수)
=3×5=15(개)
(다리가 4개인 의자의 다리 수)
=4×7=28(개)
➡ (의자의 다리 수)=15+28=43(개)

**18** 6×6=36, 6×7=42, 6×8=48, 6×9=54
➡ □ 안에 들어갈 수 있는 수는 7, 8, 9입니다.

**20** • 주사위의 눈 2가 3번: 2×3=6
• 주사위의 눈 4가 1번: 4×1=4
• 주사위의 눈 5가 2번: 5×2=10
➡ 주사위 눈의 수의 전체 합: 6+4+10=20

# 3 길이 재기

**01** 2m 2m 2m

**02** 3m 3m 3m

**03** ( ○ )　　　　**04** (　　)
　　(　　)　　　　　　( ○ )

**05** 100, 1, 1, 69　　**06** 2, 200, 245

**07** (　)( ○ )　　　　**08** ( ○ )

**09** ( × )　　　　　　**10** ( × )

**01** m를 쓰는 순서를 생각하여 바르게 씁니다.

**05** 100 cm=1 m
→ 169 cm=1 m 69 cm

**06** 1 m=100 cm이므로 2 m=200 cm입니다.
→ 2 m 45 cm=245 cm

**07** 1 m보다 더 긴 길이를 잴 때는 줄자가 더 편리합니다.

**08** 털실의 한쪽 끝이 줄자의 눈금 0에 맞추어 있으므로 털실의 길이는 110 cm입니다.

**09** 오른쪽 끝의 눈금이 120을 가리키지만 왼쪽 끝을 눈금 0에 맞추지 않았으므로 120 cm가 아닙니다.

**10** 오른쪽 끝의 눈금이 140을 가리키지만 왼쪽 끝을 눈금 0에 맞추지 않았으므로 1 m 40 cm가 아닙니다.

**01** 1 m / 풀이 100, 100, 1

**01** (1) 4　(2) 700　　**02** (1)
　　　　　　　　　　　(2)
　　　　　　　　　　　(3)

**03** 8 m　　　　**04** ㉠

**05** 2 m

**02** ( ○ ) (　　) / 풀이 연필

**06** (1) cm　(2) m　(3) m

**07** 리아

**08** cm 예 필통, 16
　　m 예 우리 학교 건물의 높이는 약 13 m입니다.

**03** 1 m 39 cm / 풀이 1, 39, 1, 39

**09** (1) 510 cm　(2) 501 cm

**10** 360 / 2, 20

**02** (1) 300 cm=3 m
　　(2) 600 cm=6 m
　　(3) 900 cm=9 m

**03** 100 cm=1 m이므로 800 cm=8 m입니다.
→ 철사의 길이는 8 m입니다.

**04** ㉠ 1 m는 1 cm보다 깁니다.
㉡ 1 cm가 100번인 길이는 100 cm=1 m입니다.
㉢ 5 m=500 cm

**05** 10 cm를 20개 이은 길이는 1 cm를 200개 이은 길이와 같으므로 200 cm입니다.
→ 200 cm=2 m이므로 전체 길이는 2 m가 됩니다.

**06** (1) 포크의 길이: 100 cm보다 짧습니다.
　　→ 약 13 cm
　　(2) 농구 골대의 높이: 100 cm보다 깁니다.
　　→ 약 3 m
　　(3) 자동차의 길이: 100 cm보다 깁니다.
　　→ 약 4 m

**07** 도율: 리모콘의 길이는 약 20 cm입니다.

**08** 채점 가이드 cm 단위는 1 m보다 짧은 길이, m 단위는 1 m보다 긴 길이의 물건을 찾아 문장으로 바르게 나타내었는지 확인합니다.

**09** (1) 5 m 10 cm=5 m+10 cm
　　　　　　　　＝500 cm+10 cm
　　　　　　　　＝510 cm
　　(2) 5 m 1 cm=5 m+1 cm
　　　　　　　　＝500 cm+1 cm
　　　　　　　　＝501 cm

**10** • 긴 쪽: 3 m 60 cm = 3 m + 60 cm
                      = 300 cm + 60 cm
                      = 360 cm
  • 짧은 쪽: 220 cm = 200 cm + 20 cm
                      = 2 m + 20 cm
                      = 2 m 20 cm

---

### 074쪽 2STEP 유형 다잡기

**11** ㉡, ㉣

**04** < / 풀이 410, <, 410

**12** ( )
  ( ○ )
  ( )

**13** 1단계 예 6 m 27 cm = 600 cm + 27 cm
                          = 627 cm ▶3점

  2단계 672 > 627이므로 나타내는 길이가
  더 긴 것은 ㉠입니다. ▶2점
  답 ㉠

**14** 스켈레톤

**05** 1, 2에 ○표 / 풀이 3, 1, 2

**15** 7, 8, 9            **16** 4

**06** 2 m 10 cm / 풀이 210, 210, 2, 10

**17** 1 m 40 cm          **18** 170, 1, 70

**19** 1 m 90 cm

**20** 이유 예 줄넘기의 한끝을 자의 눈금 10에
  맞추었으므로 줄넘기의 길이는
  150 cm = 1 m 50 cm입니다. ▶5점

---

**11** ㉠ 7 m 49 cm = 700 cm + 49 cm
                    = 749 cm
  ㉡ 502 cm = 500 cm + 2 cm
             = 5 m 2 cm
  ㉢ 804 cm = 800 cm + 4 cm
             = 8 m 4 cm
  ㉣ 1 m 90 cm = 100 cm + 90 cm
               = 190 cm

---

**12** • 2 m 51 cm = 251 cm
  → 215 cm < 251 cm
  • 5 m 74 cm = 574 cm
  → 574 cm > 538 cm (○)
  • 8 m 33 cm = 833 cm
  → 860 cm > 833 cm

**14** 2 m 70 cm = 270 cm
  1 m 20 cm = 120 cm
  → 110 < 120 < 270이므로 썰매의 길이가 가장
  짧은 종목은 스켈레톤입니다.

**15** 7 m 69 cm = 769 cm
  7☐3 cm > 769 cm이므로 ☐ 안에는 6보다
  큰 수가 들어가야 합니다.
  → ☐ 안에 들어갈 수 있는 수는 7, 8, 9입니다.

**16** 8 m ♥7 cm = 8♥7 cm
  8♥7 cm < 848 cm이므로 ♥는 4와 같거나
  4보다 작은 수가 들어가야 합니다.
  따라서 ♥에 알맞은 수 중 가장 큰 수는 4입니다.

**17** 0과 1 m 사이를 10칸으로 나누었으므로 작은
  눈금 한 칸은 10 cm입니다.
  밧줄의 길이는 1 m보다 작은 눈금 4칸만큼 더
  길므로 1 m 40 cm입니다.

**18** 거울의 한끝이 줄자의 눈금 0에 맞추어져 있고
  다른 쪽 끝에 있는 줄자의 눈금을 읽으면 170
  입니다. → 170 cm = 1 m 70 cm

**19** 물건의 한끝이 줄자의 눈금 0에 맞추어져 있고
  다른 쪽 끝에 있는 줄자의 눈금을 읽으면 190
  입니다. → 190 cm = 1 m 90 cm

---

### 077쪽 1STEP 개념 확인하기

**01** 2, 50          **02** 1, 30

**03** 5, 70          **04** 3, 45

**05** 6, 75          **06** 9, 26

**07** (위에서부터) 1, 4, 30

**08** 2, 40

**09** (위에서부터) 5, 100, 4, 70

**01** cm끼리 더하면 20 cm＋30 cm＝50 cm, m끼리 더하면 1 m＋1 m＝2 m입니다.
→ 1 m 20 cm＋1 m 30 cm＝2 m 50 cm

**02** cm끼리 빼면 40 cm－10 cm＝30 cm, m끼리 빼면 2 m－1 m＝1 m입니다.
→ 2 m 40 cm－1 m 10 cm＝1 m 30 cm

**03** • cm끼리의 계산: 40＋30＝70
• m끼리의 계산: 2＋3＝5
→ 5 m 70 cm

**04** • cm끼리의 계산: 65－20＝45
• m끼리의 계산: 5－2＝3
→ 3 m 45 cm

**07** cm끼리의 합이 100보다 크므로 100 cm를 1 m로 받아올림합니다.

**09** cm끼리 뺄 수 없으면 1 m를 100 cm로 받아내림합니다.

---

**078쪽 2STEP 유형 다잡기**

**07** 5 m 76 cm / 풀이 76, 5, 5, 76

**01** (  )
(  ○  )

**02** (1) 5 m 90 cm  (2) 8 m 55 cm

**03** 752 cm

**08** 15 m 10 cm / 풀이 110, 1

**04** 9 m 15 cm      **05** 4 m 30 cm

**06** 1단계 예 ㉠ 1 m 40 cm＋5 m 70 cm
＝7 m 10 cm
㉡ 4 m 60 cm＋2 m 80 cm
＝7 m 40 cm ▶3점
2단계 7 m 10 cm＜7 m 40 cm이므로 길이가 더 긴 것은 ㉡입니다. ▶2점
답 ㉡

**09** 8, 77 / 풀이 3, 56, 3, 56, 8, 77

**07** 5 m 97 cm      **08** 3 m 10 cm

**09** 9 m 43 cm      **10** 6 m 76 cm

---

**01** m는 m끼리, cm는 cm끼리 계산해야 합니다.
→ 5 m 90 cm＋3 m＝8 m 90 cm

**02** (2)
```
    2 m  30 cm
 +  6 m  25 cm
────────────────
    8 m  55 cm
```

**03**
```
    3 m  42 cm
 +  4 m  10 cm
────────────────
    7 m  52 cm  → 752 cm
```

**04**
```
    5 m  45 cm
 +  3 m  70 cm
────────────────
    9 m  15 cm
```

**05**
```
    2 m  60 cm
 +  1 m  70 cm
────────────────
    4 m  30 cm
```

**07** 372 cm＝3 m 72 cm
→ 2 m 25 cm＋3 m 72 cm
＝5 m 97 cm

**08** 색 테이프의 길이는 각각 1 m 50 cm, 160 cm입니다.
160 cm＝1 m 60 cm
```
    1 m  50 cm
 +  1 m  60 cm
────────────────
    3 m  10 cm
```

**09** 205 cm＜5 m 16 cm＜7 m 38 cm
└→2 m 5 cm
→ (가장 긴 길이)＋(가장 짧은 길이)
＝7 m 38 cm＋205 cm
＝7 m 38 cm＋2 m 5 cm
＝9 m 43 cm

**10** ■＝466 cm＝4 m 66 cm
■＋●＋●
＝4 m 66 cm＋1 m 5 cm＋1 m 5 cm
＝5 m 71 cm＋1 m 5 cm
＝6 m 76 cm

**10** 4 m 90 cm / 풀이 2, 45, 2, 45, 4, 90

**11** 6 m 87 cm

**12** 1단계 예 사슴의 키는
117 cm=1 m 17 cm입니다. ▶2점
2단계 (기린의 키)
=(사슴의 키)+1 m 28 cm
=1 m 17 cm+1 m 28 cm
=2 m 45 cm ▶3점
답 2 m 45 cm

**13** 6 m 30 cm

**11** 5 m 33 cm
/ 풀이 <, 9, 68, 4, 35, 5, 33

**14** 2 m 30 cm          **15** 3, 27

**16** ㉡, ㉠          **17** 8, 7, 6

**12** 1 m 50 cm / 풀이 4, 1, 50

**18** 3 m 40 cm          **19** 1 m 80 cm

**20** 이유 예 1 m를 100 cm로 받아내림했는데 m끼리의 계산에서 받아내림을 계산하지 않았기 때문입니다. ▶3점
바르게 계산
```
    8 m  10 cm
 −  1 m  70 cm
─────────────
    6 m  40 cm
```
▶2점

**11** (빨간색 고무줄의 길이)+(연두색 고무줄의 길이)
=5 m 30 cm+1 m 57 cm
=6 m 87 cm

**13** (세단뛰기 결과)
=2 m 70 cm+1 m 40 cm+2 m 20 cm
=4 m 10 cm+2 m 20 cm
=6 m 30 cm

**15** 4 m 32 cm−1 m 5 cm=3 m 27 cm

**16**
```
    7 m  56 cm          9 m  67 cm
 −  3 m  24 cm       −  6 m  12 cm
─────────────        ─────────────
    4 m  32 cm          3 m  55 cm
      → ㉡               → ㉠
```

**17** 9 m 80 cm−1 m 9 cm=8 m 71 cm
주어진 수 카드로 만들 수 있는 길이 중
8 m 71 cm보다 긴 길이는 8 m 76 cm입니다.

**18**
```
    5    100
    6 m  20 cm
 −  2 m  80 cm
─────────────
    3 m  40 cm
```

**19**
```
    4    100
    5 m  10 cm
 −  3 m  30 cm
─────────────
    1 m  80 cm
```

**13** 3, 16 / 풀이 4, 63, 4, 63, 3, 16

**21** 2 m 50 cm, 4 m 90 cm

**22** ㉠

**14** 2 m 34 cm / 풀이 3, 69, 1, 35, 2, 34

**23** 유나, 1 m 31 cm

**24** 67 cm

**15** 3 m 60 cm / 풀이 1, 80, 3, 10, 3, 60

**25** 1단계 예 115 cm=1 m 15 cm ▶2점
2단계 (세 변의 길이의 합)
=1 m 15 cm+1 m 30 cm+1 m 10 cm
=2 m 45 cm+1 m 10 cm
=3 m 55 cm ▶3점
답 3 m 55 cm

**26** 1 m 39 cm

**16** 65 m 80 cm
/ 풀이 40, 20, 25, 60, 65, 80

**27** 15 m 30 cm

**21** 340 cm=3 m 40 cm
・5 m 90 cm−3 m 40 cm=2 m 50 cm
・8 m 30 cm−3 m 40 cm=4 m 90 cm

**22** ㉠ 4 m 52 cm − 1 m 30 cm = 3 m 22 cm

㉡ 5 m 93 cm − 244 cm
  = 5 m 93 cm − 2 m 44 cm
  = 3 m 49 cm

➔ 3 m 22 cm < 3 m 49 cm이므로 나타내는 길이가 더 짧은 것은 ㉠입니다.

**23** 4 m 48 cm > 3 m 17 cm이므로
유나가 공을
4 m 48 cm − 3 m 17 cm = 1 m 31 cm
더 멀리 던졌습니다.

**24** (1991년 기록) − (1961년 기록)
  = 895 cm − 8 m 28 cm
  = 8 m 95 cm − 8 m 28 cm
  = 67 cm

**26** 길이가 긴 변부터 길이를 차례로 쓰면
3 m 47 cm, 3 m 15 cm, 2 m 12 cm,
2 m 8 cm입니다.
(가장 긴 변의 길이) − (가장 짧은 변의 길이)
  = 3 m 47 cm − 2 m 8 cm = 1 m 39 cm

**27** (남은 거리) = 90 m 80 cm − 75 m 50 cm
  = 15 m 30 cm

---

**084쪽 2STEP 유형 다잡기**

**28** 8 m 27 cm

**⑰** 30, 6 / 풀이 17, 30, 6

**29** 43, 2

**30** [1단계] 예 243 cm = 2 m 43 cm이므로
2 m 43 cm + ■ = 6 m 85 cm입니다.
■ = 6 m 85 cm − 2 m 43 cm
  = 4 m 42 cm ▸3점
[2단계] 4 m 42 cm = 442 cm이므로
■는 442 cm입니다. ▸2점
답 442 cm

**⑱** 2 m 54 cm
/ 풀이 2, 64, 2, 64, 10, 2, 54

---

**31** 4 m 34 cm   **32** 1 m 25 cm

**⑲** 8, 6, 3, 3, 53
/ 풀이 8, 63, 8, 63, 3, 53

**33** 10 m 90 cm

**34** [1단계] 예 9 > 6 > 5 > 2이므로 수 카드 4장 중에서 3장을 골라 만들 수 있는 가장 긴 길이는 9 m 65 cm이고, 가장 짧은 길이는 2 m 56 cm입니다. ▸2점
[2단계] 만든 두 길이의 차는
9 m 65 cm − 2 m 56 cm = 7 m 9 cm입니다. ▸3점
답 7 m 9 cm

**28** (빨간색 막대~초록색 막대~파란색 막대)
  = 30 m 28 cm + 13 m 40 cm
  = 43 m 68 cm
➔ 43 m 68 cm − 35 m 41 cm
  = 8 m 27 cm

**29** • cm끼리의 계산: ㉠ − 14 = 29
  ➔ ㉠ = 29 + 14 = 43
• m끼리의 계산: 10 − ㉡ = 8
  ➔ ㉡ = 10 − 8 = 2

**31** (나무 막대 2개의 길이의 합)
  = 3 m 27 cm + 2 m 61 cm
  = 5 m 88 cm
154 cm = 1 m 54 cm
➔ (이어 붙인 나무 막대의 전체 길이)
  = 5 m 88 cm − 1 m 54 cm
  = 4 m 34 cm

**32** (색 테이프 2장의 길이의 합)
  = 4 m + 3 m 40 cm = 7 m 40 cm
➔ (겹친 부분의 길이)
  = 7 m 40 cm − 6 m 15 cm
  = 1 m 25 cm

**33** 9 > 4 > 1이므로 가장 긴 길이는 9 m 41 cm, 가장 짧은 길이는 1 m 49 cm입니다.
➔ (가장 긴 길이) + (가장 짧은 길이)
  = 9 m 41 cm + 1 m 49 cm
  = 10 m 90 cm

**01** 2  **02** 7

**03** 2  **04** 4

**05** 3  **06** 10

**07** 10  **08** 4 m

**09** 9 m  **10** 6 m

**01** 한 걸음의 길이로 재어 보면 1 m는 약 2걸음입니다.

**02** 한 뼘의 길이로 재어 보면 1 m는 약 7뼘입니다.

**03** 양팔을 벌린 길이로 2번이면
약 1 m의 2배이므로 약 2 m입니다.

**04** 양팔을 벌린 길이로 4번이면
약 1 m의 4배이므로 약 4 m입니다.

**05** 양팔을 벌린 길이로 3번이면
약 1 m의 3배이므로 약 3 m입니다.

**06** 5×2=10이므로 약 10 m입니다.

**07** 2×5=10이므로 약 10 m입니다.

**08** 2 m의 2배 정도이므로 털실의 길이는 약 4 m입니다.

**09** 3 m의 3배 정도이므로 털실의 길이는 약 9 m입니다.

**10** 1 m의 6배 정도이므로 털실의 길이는 약 6 m입니다.

**20** 1 m / **풀이** 100, 1

**01** 1 m

**02** ( ○ )( )( )

**03** **문장 만들기** **예** 내 책상 긴 쪽의 길이는 약 1 m입니다.

**21** 3 m / **풀이** 3, 3, 3

**04** 11 m

**05** 3 m

**06** 재민, 준우, 서희

**22** 1 m / **풀이** 2, 2, 100, 1

**07** 6 m

**08** **거리 어림하기** 약 14 m ▶ 2점
**설명** **예** 왼쪽 가로등부터 의자까지의 거리는 약 6 m, 의자의 길이는 약 4 m, 의자에서 오른쪽 가로등까지의 거리는 약 4 m입니다.
따라서 가로등 사이의 거리는
6+4+4=14이므로
약 14 m로 어림했습니다. ▶ 3점

**09** 5명

**01** 선풍기의 높이는 책장 2칸의 높이와 같습니다.
• 책장 한 칸의 높이: 50 cm
• 선풍기의 높이: 50 cm가 2번 ➔ 약 1 m

**02** 몸에서 약 1 m인 부분은 양팔을 벌린 길이입니다.

**03** **채점 가이드** 길이가 약 1 m가 되는 물건을 찾아 바르게 문장을 만들었는지 확인합니다.

**04** 1 m가 11번이므로 약 11 m입니다.

**05** 울타리의 길이는 6걸음입니다.
두 걸음이 1 m이므로 울타리의 길이는 약 3 m입니다.

**06** 재민이가 잰 책꽂이의 길이: 약 5 m
서희가 잰 창문의 길이: 약 3 m
준우가 잰 시소의 길이: 약 4 m
➔ 긴 길이를 어림한 사람부터 차례로 이름을 쓰면 재민, 준우, 서희입니다.

**07** 자전거 보관소의 길이
➔ 약 2 m의 3배 ➔ 약 6 m

**09** 3 m는 300 cm입니다.
60+60+60+60+60=300 (cm)이므로 3 m에 가장 가까운 길이를 만들려면 5명이 이어 서야 합니다.

**23** ( ) ( ) ( ○ )

**10** (1) •╲ ╱• 
(2) • ╳ •
(3) •╱ ╲•

**11** (1) 5 m (2) 400 m

**12** 예 학교 책상의 높이, 예 운동장 긴 쪽의 길이

**13** ㉡, ㉢

**24** 2 m / 풀이 10, 10, 200, 2

**14** 7 m

**15** 18 m

**25** 신애 / 풀이 5, 8, 신애

**16** 1단계 예 어림하여 자른 리본의 길이가 3 m와 얼마만큼 차이 나는지 알아보면
영지는 12 cm, 찬우는 8 cm, 동현이는 7 cm 입니다. ▶3점
2단계 7 cm<8 cm<12 cm이므로 3 m에 가장 가깝게 어림한 사람은 동현입니다. ▶2점
답 동현

**17** 호철이네 모둠

---

**10** (1) 지팡이는 키보다 작으므로 약 1 m입니다.
(2) 방문은 키보다 커야 하므로 약 2 m입니다.
(3) 가로등은 방문보다 크므로 약 10 m입니다.

**11** (1) 아빠 기린의 키: 사람 키의 3배 정도
➜ 약 5 m
(2) 기차의 길이: 약 400 m

**12** 채점 가이드 10 m가 어느 정도의 길이인지 생각하며 길이가 10 m보다 짧은 것과 긴 것을 바르게 찾았는지 확인합니다.

**13** ㉡ 버스의 길이는 약 10 m입니다.
㉢ 엄마 타조의 키는 어른 키보다 큽니다. 따라서 약 2 m로 2 cm보다 큽니다.

**14** 1 m가 7번이므로 약 7 m입니다.

**15** 4×9=36이므로 36걸음은 4걸음씩 9번입니다.
2의 9배는 18이므로 도서관의 긴 쪽의 길이는 약 18 m입니다.

---

**17** 양팔을 벌린 길이는 약 1 m이므로 2명이면 약 2 m, 4명이면 약 4 m입니다.
따라서 5 m에 더 가까운 모둠은 호철이네 모둠입니다.

**1** 5 m 42 cm     **2** 1 m 10 cm

**3** ❶ 한 걸음의 길이로 6번 잰 길이 구하기 ▶3점
❷ 교실에서 화장실까지의 거리 구하기 ▶2점

예 ❶ (한 걸음의 길이로 6번 잰 길이)
=40+40+40+40+40+40
=240 (cm)
240 cm=2 m 40 cm입니다.
❷ (교실에서 화장실까지의 거리)
=2 m 40 cm+20 cm
=2 m 60 cm
따라서 교실에서 화장실까지의 거리는 약 2 m 60 cm입니다.
답 약 2 m 60 cm

**4** 10 m 55 cm

**5** ❶ 민규가 10걸음만큼 간 거리 구하기 ▶2점
❷ 소현이 걸음으로 가면 몇 걸음인지 구하기 ▶3점

예 ❶ 60을 10번 더하면 600이므로 민규가 10걸음만큼 간 거리는 600 cm=6 m입니다.
❷ 소현이의 한 걸음은 50 cm이므로 두 걸음이 1 m입니다.
6 m는 두 걸음씩 6번으로 12걸음입니다.
답 12걸음

**6** 4 m 15 cm, 4 m 51 cm, 5 m 14 cm

**7** (1) 6 m 90 cm (2) 3 m 25 cm

**8** (1) 9 m 60 cm (2) 21 m (3) 30 m 60 cm

---

**1** (호영이가 만든 리본의 길이)
=6 m 5 cm+2 m 62 cm=8 m 67 cm
호영이가 만든 리본의 길이와 선아가 만든 리본의 길이가 같으므로
(빨간색 리본의 길이)
=8 m 67 cm-3 m 25 cm
=5 m 42 cm입니다.

**2** 물통의 길이가 **30 cm**이므로 큰 눈금 한 칸 사이의 길이는 **10 cm**입니다.
한 줄로 이어 놓은 물건의 전체 길이는 큰 눈금으로 **11개**만큼이므로
**110 cm=1 m 10 cm**입니다.

**4** ・**4 m 20 cm**만큼 달리다가 반대 방향으로 **1 m 10 cm**만큼 간 거리
→ **4 m 20 cm−1 m 10 cm=3 m 10 cm**
・**3 m 10 cm**의 위치에서 다시 **7 m 45 cm**만큼 간 거리
→ **3 m 10 cm+7 m 45 cm**
=**10 m 55 cm**

**6** **4 m**보다 길고 **540 cm(=5 m 40 cm)**보다 짧아야 하므로 m 앞에 올 수 있는 수는 **4** 또는 **5**입니다.
・**4 m ☐☐ cm**인 길이:
**4 m 15 cm, 4 m 51 cm**
・**5 m ☐☐ cm**인 길이:
**5 m 14 cm, 5 m 41 cm**
**5 m 41 cm**는 **540 cm**보다 긴 길이이므로 조건에 맞는 길이는 **4 m 15 cm**,
**4 m 51 cm, 5 m 14 cm**입니다.

**7** ⑴ **2 m 30 cm+2 m 30 cm+2 m 30 cm**
=**6 m 90 cm**
⑵ 삼각형의 가장 긴 변의 길이는 철사의 길이에서 나머지 두 변의 길이를 빼서 구합니다.
**6 m 90 cm−1 m 55 cm−2 m 10 cm**
=**5 m 35 cm−2 m 10 cm**
=**3 m 25 cm**
따라서 삼각형의 가장 긴 변의 길이는 **3 m 25 cm**입니다.

**8** ⑴ **1 m 20 cm**를 **8**번 더하면 **9 m 60 cm**입니다.
⑵ 화분을 **8**개 놓았으므로 간격의 수는 **7**개입니다. 간격 하나에 **3 m**이므로 간격의 합은 **3×7=21 (m)**입니다.
⑶ (산책로의 전체 길이)
=**9 m 60 cm+21 m=30 m 60 cm**

---

**01** 7, 61 **02** m
**03** 110, 1, 10 **04** 8 m 65 cm
**05** 4 m **06** ( △ )
( ○ )
**07** 5, 18 **08** >
**09** 50 m **10** 109 cm

**11**
❶ 길이의 단위 똑같이 나타내기 ▶ 3점
❷ 길이가 긴 것부터 차례로 기호 쓰기 ▶ 2점

⟨예⟩ ❶ ㉠ **8 m 74 cm=874 cm**
㉢ **10 m 3 cm=1003 cm**
❷ **1003>917>874**이므로 길이가 긴 것부터 차례로 기호를 쓰면 ㉢, ㉡, ㉠입니다.
⟨답⟩ ㉢, ㉡, ㉠

**12** 2 m 22 cm **13** ㉡
**14** 4 m 45 cm **15** 404
**16** 11 m 35 cm

**17**
❶ 실제 길이와 어림한 길이의 차 구하기 ▶ 4점
❷ 실제 길이에 더 가깝게 어림한 사람 찾기 ▶ 1점

⟨예⟩ ❶ 실제 길이와 어림한 길이의 차를 구하면
・우주: **4 m 50 cm−330 cm**
=**4 m 50 cm−3 m 30 cm**
=**1 m 20 cm**
・민정: **5 m 60 cm−4 m 50 cm**
=**1 m 10 cm**입니다.
❷ **1 m 20 cm>1 m 10 cm**이므로 실제 길이에 더 가깝게 어림한 사람은 민정입니다.
⟨답⟩ 민정

**18** 9 m

**19**
❶ 길이의 단위 똑같이 나타내기 ▶ 2점
❷ 누구네 집이 몇 m 몇 cm 더 가까운지 구하기 ▶ 3점

⟨예⟩ ❶ **6827 cm=68 m 27 cm**입니다.
❷ **69 m 44 cm>68 m 27 cm**이므로 학교에서 승주네 집이
**69 m 44 cm−68 m 27 cm=1 m 17 cm** 더 가깝습니다.
⟨답⟩ 승주네 집, 1 m 17 cm

**20** 4 m 8 cm

**02** 침대의 긴 쪽의 길이는 키보다 길어야 하므로 cm보다 m가 더 알맞습니다.

**05** 벽의 긴 쪽의 길이는 양팔을 벌린 길이의 **4**배 정도입니다. → 약 **1** m의 **4**배 → 약 **4** m

**07** 7 m 55 cm−2 m 37 cm=5 m 18 cm

**08** 1 m 27 cm=127 cm
185>127 → 185 cm>1 m 27 cm

**09** 비행기의 길이는 사람 키의 몇십 배이므로 100 cm(=1 m)나 2 m보다 긴 50 m가 가장 알맞습니다.

**10** 1 m 9 cm=100 cm+9 cm=109 cm

**12** 3 m 54 cm−1 m 32 cm=2 m 22 cm

**13** ㉠ 2 m 47 cm+3 m 25 cm
=5 m 72 cm
㉡ 9 m 83 cm−4 m 38 cm
=5 m 45 cm
→ 5 m 72 cm>5 m 45 cm이므로 나타내는 길이가 더 짧은 것은 ㉡입니다.

**14** 1 m 25 cm+1 m 95 cm+1 m 25 cm
=3 m 20 cm+1 m 25 cm
=4 m 45 cm

**15** 348 cm=300 cm+48 cm
=3 m 48 cm
3 m 48 cm+☐ cm=7 m 52 cm
→ ☐ cm=7 m 52 cm−3 m 48 cm
=4 m 4 cm=404 cm

**16** 7>5>0이므로 만들 수 있는 가장 긴 길이는 7 m 50 cm입니다.
→ 7 m 50 cm+3 m 85 cm=11 m 35 cm

**18** 지호의 두 걸음의 길이가 1 m이고, 18걸음은 두 걸음씩 **9**번인 것과 같습니다. 따라서 트럭의 길이는 1 m가 **9**번이므로 약 **9** m입니다.

**20** (종이테이프 2장의 길이의 합)
=2 m 16 cm+2 m 16 cm=4 m 32 cm
(이어 붙인 종이테이프의 전체 길이)
=4 m 32 cm−24 cm=4 m 8 cm

# 4 시각과 시간

**101쪽** 1 STEP **개념 확인하기**

**01**

**02** 6, 50    **03** 3, 3, 33
**04** 30    **05** 51
**06** 5, 40    **07** 55, 5
**08** 50, 2, 10

**01** 참고 긴바늘이 가리키는 숫자와 그 숫자를 가리킬 때 나타내는 시각은 다음과 같습니다.

| 숫자 | 12 | 1 | 2 | 3 | 4 | 5 | 6 | 7 | 8 | 9 | 10 | 11 |
|---|---|---|---|---|---|---|---|---|---|---|---|---|
| 분 | 0 | 5 | 10 | 15 | 20 | 25 | 30 | 35 | 40 | 45 | 50 | 55 |

**03** 긴바늘: 6(30분)에서 작은 눈금 **3**칸 더 간 곳을 가리킵니다. → 33분
→ 2시 33분
참고 짧은바늘: ■와 (■+1) 사이
긴바늘: 작은 눈금 ▲칸 ⎤→■시 ▲분

**04** 짧은바늘: 1과 2 사이에 있습니다. → 1시
긴바늘: 6을 가리킵니다. → 30분
→ 1시 30분

**05** 짧은바늘: 8과 9 사이에 있습니다. → 8시
긴바늘: 10(50분)에서 작은 눈금 1칸 더 간 곳을 가리킵니다. → 51분
→ 8시 51분

**06** • 짧은바늘: 5와 6 사이에 있습니다. → 5시
• 긴바늘: 8을 가리킵니다. → 40분
→ 5시 40분

**07** 6시 55분은 7시가 되려면 5분이 더 지나야 하므로 7시 5분 전입니다.

**08** 1시 50분은 2시가 되려면 10분이 더 지나야 하므로 2시 10분 전입니다.

**01** 2, 25 / **풀이** 2, 25

**01**
(1) •⟍  ⟋•
(2) •⟋  ⟍•

**02** 12시 35분

**03** 1시 20분, 4시 45분

**04** **이유** **예** 시계에서 긴바늘이 4를 가리키고 있으므로 20분을 나타냅니다. ▶3점
**바르게 읽기** 9시 20분 ▶2점

**02** '4시 37분'에 색칠 / **풀이** 4, 37

**05** 7, 14

**06** ㉡

**07** ⬡에 ○표

**08** **예** 1 / 1시 46분

---

**01** (1) 짧은바늘이 3과 4 사이에 있으므로 3시, 긴바늘이 8을 가리키므로 40분입니다.
→ 3시 40분
(2) 짧은바늘이 4와 5 사이에 있으므로 4시, 긴바늘이 1을 가리키므로 5분입니다.
→ 4시 5분

**02** 짧은바늘이 12와 1 사이에 있으므로 12시, 긴바늘이 7을 가리키므로 35분입니다.
→ 12시 35분

**03** • 짧은바늘이 1과 2 사이에 있으므로 1시, 긴바늘이 4를 가리키므로 20분입니다.
→ 출발한 시각: 1시 20분
• 짧은바늘이 4와 5 사이에 있으므로 4시, 긴바늘이 9를 가리키므로 45분입니다.
→ 돌아온 시각: 4시 45분

**05** 짧은바늘이 7과 8 사이에 있으므로 7시, 긴바늘이 2(10분)에서 작은 눈금 4칸 더 간 곳을 가리키므로 14분입니다. → 7시 14분

**06** 시계의 긴바늘이 5(25분)에서 작은 눈금 3칸 더 간 곳을 가리키면 <u>28분</u>입니다.

**07** 출발에서 처음 만나는 시계부터 시각을 읽으며 이동합니다.
11시 23분(○) → 1시 51분(✕)
↓
6시 47분(○) → ⬡
**참고** 왼쪽 아래 시계가 나타내는 시각은 9시 40분입니다.

---

**08** **채점 가이드** □ 안에 써넣은 수에 따라 1시 46분부터 1시 49분까지 다양한 답이 나옵니다. 작은 눈금의 칸 수에 알맞은 시각을 썼는지 확인합니다.

**03** 8시 5분 전 / **풀이** 5, 8, 5

**09** 3, 50, 4, 10

**10** ○
○
△

**11** 3, 15

**12** ㉡, ㉢

**13** 4시 55분

**04** 4시 38분 / **풀이** 4, 38

**14** ( ○ ) ( )

**15** 미나

**16** **예** [12:24] / 12, 24

**05** ㉠ / **풀이** 24, 27, ㉠

**17** 어제

---

**09** • 짧은바늘이 3과 4 사이에 있으므로 3시, 긴바늘이 10을 가리키므로 50분입니다.
→ 3시 50분
• 10분이 더 지나면 4시가 됩니다.
→ 4시 10분 전

**10** 6시 5분 전=5시 55분
6시 15분 전=5시 45분

**11** 2시 45분은 3시가 되기 15분 전이므로 3시 15분 전입니다.

**12** 주어진 시계는 10시 50분을 나타냅니다.
→ ㉡ 10시 50분=㉢ 11시 10분 전
**주의** 짧은바늘이 10과 11 사이에 있으면 10시를 나타냅니다. 더 가까운 숫자로 몇 시를 나타내지 않도록 주의합니다.

**13** 5시 5분 전=4시 55분

**14** 10시 5분을 나타내므로 같은 시각을 나타낸 것은 왼쪽 시계입니다.
**참고** 오른쪽 시계가 나타내는 시각: 10시 25분

**15** 8시 55분＝9시 5분 전

**16** (채점가이드) 0부터 59까지의 수 중에서 하나를 써넣고, 시각을 바르게 읽었는지 확인합니다. 수는 99까지 나타낼 수 있지만 분은 59분까지만 나타낸다는 것에 주의합니다.

**17** 3시 10분 전은 2시 50분이므로 집에 더 일찍 도착한 날은 어제입니다.

**106쪽 2STEP 유형 다잡기**

**18** 도율        **19** 미술, 수학, 국어

**06**  / 풀이 |

**20**     **21**

**22** (이유) (예) 예찬이가 나타낸 시계에서 긴바늘이 4에서 작은 눈금 2칸 더 간 곳을 가리키므로 6시 22분입니다. 42분은 긴바늘이 8에서 작은 눈금 2칸 더 간 곳을 가리켜야 합니다. ▶ 3점

(바르게 나타내기)  ▶ 2점

**23** 8, 2 /

**24** (예)  / 12, 10, 친구들과 점심을 먹었습니다.

**07** 5, 15 / 풀이 5, 15

**25**  / 6시 20분

**26** 55, 5       **27** 동준

**18** • 리아가 일어난 시각: 8시 5분 전＝7시 55분
 • 도율이가 일어난 시각: 7시 50분
 → 7시 50분이 7시 55분보다 빠른 시각이므로 도율이가 더 일찍 일어났습니다.

**19** • 국어: 6시 5분 전＝5시 55분
 • 미술: 5시 10분 전＝4시 50분
 → 먼저 시작한 과목부터 차례로 쓰면 미술, 수학, 국어입니다.

**20** 27분이므로 긴바늘은 5에서 작은 눈금 2칸 더 간 곳을 가리켜야 합니다.

**21** 10시 15분 전＝9시 45분
 → 긴바늘이 9를 가리키도록 그립니다.

**24** (채점가이드) 시계에 나타낸 시각이 몇 시 몇 분인지 바르게 읽고, 그 시각에 한 일을 바르게 썼는지 확인합니다.

**25** 짧은바늘이 6과 7 사이에 있으므로 6시, 긴바늘이 4를 가리키므로 20분입니다.
 (주의) 거울에 비친 시계의 바늘의 위치만 보고 시각을 5시 40분으로 잘못 생각하지 않도록 주의합니다.

**26** 짧은바늘이 1과 2 사이에 있고, 긴바늘이 11을 가리키므로 1시 55분입니다.
 1시 55분은 2시가 되기 5분 전이므로 2시 5분 전입니다.

**27** 짧은바늘이 9와 10 사이에 있으므로 9시, 긴바늘이 11에서 작은 눈금 2칸 더 간 곳을 가리키므로 57분입니다. → 9시 57분(동준)

**109쪽 1STEP 개념 확인하기**

**01** '긴바늘', '60분'에 ○표
**02** |
**03** 60
**04** I, 60, 100
**05** 30, I, 30, I, 30
**06** 50
**07** 60, I
**08** I, 20, 80

**01** 시계의 긴바늘이 한 바퀴 도는 데 걸린 시간은 60분입니다.

**06** 시간 띠에서 I칸이 I0분이고 색칠한 칸은 5칸 이므로 걸린 시간은 50분입니다.

**07** 시간 띠에서 I칸이 I0분이고 색칠한 칸은 6칸 이므로 걸린 시간은 60분=I시간입니다.

**08** I시간과 20분이므로 걸린 시간은 I시간 20분 입니다.
시간 띠에서 I칸이 I0분이고 색칠한 칸은 8칸 이므로 I시간 20분=80분입니다.

---

### 110쪽 2STEP 유형 다잡기

**08** ⓒ / 풀이 '시간'에 ◯표, 시간

**01** '시각'에 ◯표, '시간'에 ◯표

**02** 이름 현호 ▶ 2점
바르게 고치기 예 중간에 쉬는 시간이 30분 있어. ▶ 3점

**09** 150 / 풀이 120, 150

**03** ⑴ 80 ⑵ 3, 20

**04** ⑴ ⑵ ⑶

**05** 주경

**06** 달리기

**10**
| 4시 | I0분 | 20분 | 30분 | 40분 | 50분 | 5시 |
, 60, I
/ 풀이 5, 6, 60, I

**07** 3, 180

**08**
| I시 | I0분 20분 30분 40분 50분 | 2시 | I0분 20분 30분 40분 50분 | 3시 |
/ I시간 50분

**09** I시간 20분　　　**10** I30분

---

**01** 어떤 일이 일어난 때는 '시각', 두 시각 사이는 '시간'이라고 합니다.

**02** 30분 동안 쉬는 것이므로 시각과 시각 사이를 나타내는 것입니다. 따라서 '쉬는 시간'이라고 해야 합니다.

**03** ⑴ I시간 20분=60분+20분=80분
⑵ 200분=60분+60분+60분+20분
　　　=3시간 20분

**04** ⑴ I시간 I5분=60분+I5분=75분
⑵ 2시간 25분=60분+60분+25분
　　　=I45분
⑶ I시간 45분=60분+45분=I05분

**05** • 주경: I00분=60분+40분=I시간 40분
• 현우: I70분=60분+60분+50분
　　　=2시간 50분

**06** 70분=60분+I0분=I시간 I0분
I시간 5분<I시간 I0분이므로 더 오래 한 운동 은 달리기입니다.
다른 풀이 I시간 5분=60분+5분=65분
65<70이므로 더 오래 한 운동은 달리기입니다.

**08** I시 I0분부터 3시까지 시간 띠를 색칠합니다.
시간 띠에서 I칸이 I0분이고 색칠한 칸은 II칸 이므로 버스를 탄 시간은 II0분=I시간 50분 입니다.

**09** • 시작한 시각: 4시 40분
• 끝낸 시각: 6시
4시 40분 ―I시간 후→ 5시 40분 ―20분 후→ 6시
➔ 수영을 한 시간: I시간+20분=I시간 20분

**10** • 시작한 시각: I시 20분
• 끝난 시각: 3시 30분
I시 20분 ―2시간 후→ 3시 20분
―I0분 후→ 3시 30분
➔ 영화의 상영 시간: 2시간 I0분
　　　=60분+60분+I0분
　　　=I30분

---

### 112쪽 2STEP 유형 다잡기

**11** I시간 45분 / 풀이 6, 45, 45, I, 45

**11** ⑴ I, 30 ⑵ 55 ⑶ 2, 40

**12** I70분

**12** 서아
/ 풀이 20, 30, 20, <, 30, '서아'에 ◯표

**13** 연서

**14** 1단계 예 · 꽃 심기: 1시간 20분
· 딸기잼 만들기: 1시간 10분
· 전통 과자 만들기: 1시간 50분 ▶4점
2단계 1시간 50분>1시간 20분>1시간 10분
이므로 가장 오래 걸리는 활동은 전통 과자
만들기입니다. ▶1점
답 전통 과자 만들기

**13** 2시간

**15** 1바퀴　　　　　　**16** 3시간

**17** 4바퀴　　　　　　**18** 3바퀴

**11** (1) 8시 ─1시간 후→ 9시 ─30분 후→ 9시 30분
→ 걸린 시간: 1시간 30분

(2) 9시 45분 ─15분 후→ 10시
─40분 후→ 10시 40분
→ 걸린 시간: 55분

(3) 8시 ─2시간 후→ 10시
─40분 후→ 10시 40분
→ 걸린 시간: 2시간 40분

**12** 6시부터 8시 50분까지의 시간을 구합니다.
6시 ─2시간 후→ 8시 ─50분 후→ 8시 50분
따라서 전체 시간은 2시간 50분=170분입니다.

**13** 2시 30분 ─1시간 후→ 3시 30분
─20분 후→ 3시 50분
준호가 책 정리를 하는 데 걸린 시간: 1시간 20분
따라서 책 정리를 더 짧게 한 사람은 연서입니다.

**16** 긴바늘이 3바퀴 돌면 3시간 지난 것입니다.
따라서 책을 다 읽을 때까지 걸린 시간은 3시간
입니다.

**17** 시계의 짧은바늘이 2에서 6까지 가는 데 걸리
는 시간은 4시간이므로 긴바늘은 모두 4바퀴
돕니다.

**18** 멈춘 시계의 시각: 5시 30분
5시 30분에서 8시 30분이 되려면 3시간이 걸
리므로 긴바늘을 3바퀴만 돌리면 됩니다.

---

114쪽 **2STEP 유형 다잡기**

**14** 6시 35분 / 풀이 6, 45, 6, 35

**19** 2시 30분　　　　**20** 5시 10분

**21** 　　　**22** 현지

**23** 예 럭키, 9, 10

**15** 10시 55분 / 풀이 10, 35, 10, 55

**24** 11, 11, 10　　　**25**

**26** 1단계 예 2시 25분 ─2시간 후→ 4시 25분
─15분 후→ 4시 40분 ▶3점

2단계 4시 40분이므로 긴바늘은 숫자 8을
가리킵니다. ▶2점
답 8

**27** 7시 40분　　　　**28** 3시 5분

---

**19** 4시 30분 ─1시간 전→ 3시 30분
─1시간 전→ 2시 30분
→ 재희와 친구들이 만난 시각: 2시 30분

**20** 6시 30분 ─1시간 전→ 5시 30분
─20분 전→ 5시 10분
→ 등산을 시작한 시각: 5시 10분

**21** 100분=60분+40분=1시간 40분
8시 50분 ─1시간 전→ 7시 50분
─40분 전→ 7시 10분

**22** 승호: 7시 45분 ─1시간 전→ 6시 45분
─30분 전→ 6시 15분
현지: 7시 50분 ─1시간 전→ 6시 50분
─40분 전→ 6시 10분
영어 공부를 더 먼저 시작한 사람은 현지입니다.

**23** (채점 가이드) 원하는 만화 영화 제목을 적고 영화 상영 시간에 맞도록 시작하는 시각을 바르게 구했는지 확인합니다.

(참고) 각 만화 영화의 시작 시각은 다음과 같습니다.
- 별똥별: 9시 25분  · 럭키: 9시 10분
- 피터팬: 9시 30분

**25** 40분 후의 시각은 긴바늘이 시계 방향으로 작은 눈금 40칸을 움직인 시각입니다.
→ 왼쪽 시계의 시각 5시 5분에서 40분 후의 시각은 5시 45분입니다.

**27** 긴바늘이 2바퀴 돌면 2시간이 지난 것입니다. 5시 40분에서 2시간 후의 시각을 구하면 7시 40분입니다.

**28** 세 활동을 모두 하는 데 걸린 시간은
20분+1시간 10분+15분=1시간 45분입니다.

1시 20분 —(1시간 후)→ 2시 20분
—(40분 후)→ 3시 —(5분 후)→ 3시 5분

따라서 활동이 모두 끝난 시각은 3시 5분입니다.

---

**117쪽 1STEP 개념 확인하기**

**01** 24
**02** '오전'에 ○표
**03** '블록 놀이'에 ○표
**04** 1
**05** 24, 33
**06** 2, 1, 2
**07** 30
**08** 화
**09** 13, 20, 27
**10** 2
**11** 12, 14
**12** 8, 2, 8

**03** 아침 식사: 오전 8시~오전 9시
독서: 오전 9시~오전 11시
블록 놀이: 오후 2시~오후 6시

**05** 1일=24시간임을 이용합니다.

**09** (참고) 같은 요일은 7일마다 반복됩니다.

**10** 14일=7일+7일
=1주일+1주일=2주일

**11** 1년=12개월임을 이용합니다.

---

**118쪽 2STEP 유형 다잡기**

**16** 48 / (풀이) 24, 24, 48
**01** (1) 32  (2) 2, 3
**02** (이름) 규민 ▶ 2점
(바르게 고치기) (예) 60시간은 2일 12시간이야.
▶ 3점
**03** 11시간
**17** 오전 / (풀이) 오전, 오후, 오전
**04** '오전'에 ○표, '오후'에 ○표
**05** (1)•      (2)•      (3)•  (교차 연결)
**06** 오후
**07** ㉠
**08** 오후 10시, 오전 7시 50분
**18** 5시간 / (풀이) 2, 3, 5
**09**

```
        오전
12 1 2 3 4 5 6 7 8 9 10 11 12(시)
|||||||||||||||||||||||||||
        1 2 3 4 5 6 7 8 9 10 11 12(시)
              오후
```

**10** 7시간

---

**01** (1) 1일 8시간=24시간+8시간=32시간
(2) 51시간=24시간+24시간+3시간
=1일+1일+3시간=2일 3시간

**02** 60시간=24시간+24시간+12시간
=1일+1일+12시간
=2일 12시간

**03** 하루는 24시간이고, 하루 중 낮이 아닌 시간이 밤입니다. 따라서 밤은 24-13=11(시간)입니다.

**05** (참고) · 낮: 해가 뜰 때부터 질 때까지의 사이
· 저녁: 해가 질 무렵부터 밤이 되기 전까지의 사이
· 새벽: 밤 12시 이후 해가 뜨기 전까지의 사이

**07** ㉡ 줄다리기는 오후에 합니다.
㉢ 공 굴리기는 오전에 합니다.

**08** 저녁 10시는 오후이고, 아침 7시 50분은 오전입니다.

**09** 오전 8시에 학교에 도착해서 오후 3시에 나왔으므로 오전 8시부터 오후 3시까지 색칠합니다.

**10** 시간 띠의 한 칸의 크기는 **1**시간이고, **7**칸을 색칠했으므로 학교에 있던 시간은 **7**시간입니다.

**11** **3**시간 **30**분    **12** **10**시간

**13** **35**시간

**19** **7**일 / 풀이 **7**

**14** (    )    **15** 세화
( ○ )

**16** 답 같습니다. ▶2점

이유 예 현성이의 생일과 민우의 생일은
**14**일=**2**주일 차이이기 때문입니다. ▶3점

**20** **5**번 / 풀이 **2, 9, 16, 23, 30, 5**

**17** **7**일

**18** **5**일, **12**일, **19**일, **26**일

**19** **8**월 **20**일    **20** **8**월 **31**일, 수요일

**21** **9**일

**11** 오전 **10**시 --2시간 후--> 낮 **12**시 --1시간 후-->
오후 **1**시 --30분 후--> 오후 **1**시 **30**분

따라서 민주네 가족이 불국사와 석굴암을 구경한 시간은 **3**시간 **30**분입니다.

**12** 오전 **9**시 --3시간 후--> 낮 **12**시 --7시간 후--> 오후 **7**시

따라서 민주네 가족이 집에서 출발한 때부터 집에 도착할 때까지 걸린 시간은 **10**시간입니다.

**13** 오전 **9**시 --24시간 후--> 다음날 오전 **9**시
--11시간 후--> 오후 **8**시

윤선이네 가족이 할머니 댁에 다녀오는 데 걸린 시간은 **24**+**11**=**35**(시간)입니다.

**14** **1**주일 **2**일=**7**일+**2**일=**9**일

**15** **2**주일=**7**일+**7**일=**14**일
**16**일>**14**일이므로 연습한 기간이 더 긴 사람은 세화입니다.

**17** **6**일 --+7일--> **13**일 --+7일--> **20**일 --+7일--> **27**일

**18** 토요일은 **5**일, **12**일, **19**일, **26**일입니다.

**19** **8**월의 토요일은 **6**일, **13**일, **20**일, **27**일이므로 **8**월 셋째 토요일은 **8**월 **20**일입니다.

**20** **8**월의 마지막 날은 **8**월 **31**일입니다. **8**월 **31**일은 수요일입니다.

**21** 시험 전 매주 월요일, 수요일, 금요일에 한자 공부를 하였으므로 **8**월에 준호가 한자 공부를 한 날은 **1**일, **3**일, **5**일, **8**일, **10**일, **12**일, **15**일, **17**일, **19**일로 모두 **9**일입니다.

**21** 목요일 / 풀이 **2, 1, 2, 2,** 목

**22** 화요일    **23** 목요일

**24** 1단계 예 **10**일=**7**일+**3**일=**1**주일 **3**일 ▶2점
2단계 **4**월 **17**일은 금요일이고 **1**주일 후도 금요일입니다. 따라서 **10**일 후는 금요일에서 **3**일만큼 더 간 월요일입니다. ▶3점
답 월요일

**22** **29**개월 / 풀이 **12, 12, 29**

**25** (1) **2, 3** (2) **21**    **26** ( ○ ) (    )

**27** **1, 2**

**23** **9**월 / 풀이 **31, 31, 30, 31**

**28** (    ) ( ○ ) ( ○ )

**29** ㉡

**30**

7월

| 일 | 월 | 화 | 수 | 목 | 금 | 토 |
|---|---|---|---|---|---|---|
|  |  |  | 1 | 2 | 3 | 4 | 5 | 6 |
| 7 | 8 | 9 | 10 | 11 | 12 | 13 |
| 14 | 15 | 16 | 17 | 18 | 19 | 20 |
| 21 | 22 | 23 | 24 | 25 | 26 | 27 |
| 28 | 29 | 30 | 31 |  |  |  |

**31** **6**월 **21**일

**22** 15일＝7일＋7일＋1일＝2주일 1일
6월 12일은 월요일이고, 2주일 후도 월요일입니다. 따라서 15일 후는 월요일에서 1일만큼 더 간 화요일입니다.
**다른 풀이** 달력에서 보면 15일 후는 6월 27일이므로 화요일입니다.

**23** 12일＝7일＋5일＝1주일 5일
6월 6일은 화요일이고 1주일 전도 화요일입니다. 따라서 12일 전은 화요일에서 5일만큼 거꾸로 센 목요일입니다.

**25** (1) 27개월＝12개월＋12개월＋3개월
＝1년＋1년＋3개월
＝2년 3개월
(2) 1년 9개월＝12개월＋9개월＝21개월

**26** 1년 7개월＝12개월＋7개월＝19개월
19개월＞15개월이므로 나타내는 기간이 더 긴 것은 1년 7개월입니다.

**27** ・2023년 1월 1일
$\xrightarrow[\text{1년 후}]{}$ 2024년 1월 1일
・2024년 1월 1일
$\xrightarrow[\text{2주 후}]{}$ 2024년 1월 15일

**28** ・날수가 31일인 달: 1월, 3월, 5월, 7월, 8월, 10월, 12월
・날수가 30일인 달: 4월, 6월, 9월, 11월
・날수가 28(29)일인 달: 2월

**29** ㉡ 4월은 30일까지 있습니다.
㉢ 7월과 8월의 날수는 31일로 같습니다.

**31** 6월은 30일까지 있으므로 대호의 생일은 6월 30일입니다. 6월 30일에서 9일 전은 6월 21일이므로 수아의 생일은 6월 21일입니다.

---

**124쪽 2 STEP 유형 다잡기**

**24** 16일, 목요일 / **풀이** 7, 16, 목
**32** 수요일　　　　　**33** 4번

---

**34** 11일　　　　　　**35** 화요일
**25** 22일 / **풀이** 6, 16, 6, 16, 22
**36** 20일
**37** **1단계** 예 7월은 31일까지 있으므로 7월 20일부터 7월 31일까지의 날수는 12일입니다. ▶ 2점
**2단계** 8월 1일부터 8월 12일까지의 날수는 12일입니다. ▶ 2점
**3단계** 따라서 문제집을 푼 기간은 12＋12＝24(일)입니다. ▶ 1점
**답** 24일
**26** 12월 10일 / **풀이** 9, 10, 12, 10
**38** 6월 20일　　　　**39** 12월 19일

---

**32** 27일　20일　13일　6일
$\underset{-7}{\curvearrowleft}$　$\underset{-7}{\curvearrowleft}$　$\underset{-7}{\curvearrowleft}$
1주일마다 같은 요일이 반복되므로 4월 27일은 4월 6일과 같은 수요일입니다.

**33** 5일　12일　19일　26일
$\underset{+7}{\curvearrowright}$　$\underset{+7}{\curvearrowright}$　$\underset{+7}{\curvearrowright}$
따라서 2월에는 월요일이 모두 4번 있습니다.

**34** 4일　11일
$\underset{+7}{\curvearrowright}$
따라서 이달의 둘째 목요일은 11일입니다.

**35** 9월의 마지막 날은 9월 30일입니다.
30일　23일　16일　9일　2일
$\underset{-7}{\curvearrowleft}$　$\underset{-7}{\curvearrowleft}$　$\underset{-7}{\curvearrowleft}$　$\underset{-7}{\curvearrowleft}$
➜ 9월 30일은 9월 2일과 같은 화요일입니다.

**36** 1월 25일부터 1월 31일까지는 7일이고, 2월 1일부터 2월 13일까지는 13일입니다.
따라서 세계 마술 대회를 하는 기간은 7＋13＝20(일)입니다.

**38** 6월 30일까지 11일 동안이므로 시작한 날은 오늘에서 10일 전입니다.
30－10＝20(일)이므로 시작한 날은 6월 20일입니다.

**39** ||월은 **30**일까지 있고 ||월 **20**일부터 ||월 **30**일까지의 날수는 ||일입니다.
→ **30**−||=**19**(일)이므로 발명 대회는 |**2**월 |**9**일까지 열립니다.

**126**쪽 **3STEP 응용 해결하기**

**1** **3**시 **45**분

**2**
① 월별 피아노 연습을 한 날수 구하기 ▶ 4점
② 전체 피아노 연습을 한 날수 구하기 ▶ 1점

예 ① **3**월 |일부터 **3**월 **31**일까지의 날수는 **31**일, **4**월의 날수는 **30**일, **5**월 |일부터 **5**월 **8**일까지의 날수는 **8**일입니다.
② 따라서 모두 **31**+**30**+**8**=**69**(일) 동안 피아노 연습을 했습니다.
답 **69**일

**3** ||시 **50**분

**4**
① 3월의 마지막 날은 무슨 요일인지 구하기 ▶ 3점
② 4월 |일은 무슨 요일인지 구하기 ▶ 2점

예 ① 같은 요일은 **7**일마다 반복되므로 **3**월 **9**일, |**6**일, **23**일, **30**일은 모두 토요일입니다. **3**월은 **31**일까지 있으므로 **3**월 **31**일은 일요일입니다.
② 따라서 **4**월 |일은 **3**월 **31**일 다음 날인 월요일입니다.
답 월요일

**5** |**0**, |**5**, '오전'에 ○표, **4**

**6** **6**번

**7** (1) **24**시간 (2) **9**시 **24**분

**8** (1) **8**시간 (2) |, **31**, '오후'에 ○표, **6**, |**5**

**1** • 현지는 긴바늘은 바르게 본 것입니다. **9**시 |**5**분 전은 **8**시 **45**분이므로 긴바늘은 **45**분을 나타냅니다.
• 태용이는 짧은바늘은 바르게 본 것입니다. 짧은바늘은 **3**시를 나타냅니다.
따라서 이 시계가 나타내는 시각은 **3**시 **45**분입니다.

**3**

| | 시작한 시각 | 끝난 시각 |
|---|---|---|
| |교시 | **9**시 | **9**시 **35**분 |
| **2**교시 | **9**시 **45**분 | |**0**시 **20**분 |
| **3**교시 | |**0**시 **30**분 | ||시 **5**분 |
| **4**교시 | ||시 |**5**분 | ||시 **50**분 |

→ **4**교시 수업이 끝나는 시각은 ||시 **50**분입니다.

**5** 긴바늘이 **5**바퀴 돌면 **5**시간이 지난 것입니다.
|**0**월 |**4**일 오후 ||시
$\xrightarrow{|시간 후}$ |**0**월 |**4**일 밤 |**2**시
$\xrightarrow{4시간 후}$ |**0**월 |**5**일 오전 **4**시

**6** 오전 **6**시부터 |시간 |**0**분 후의 시각을 차례로 씁니다.
오전 **6**시 ① → 오전 **7**시 |**0**분 ② → 오전 **8**시 **20**분 ③
→ 오전 **9**시 **30**분 ④ → 오전 |**0**시 **40**분 ⑤
→ 오전 ||시 **50**분 ⑥ → 오후 |시
따라서 이 기차는 오전 중에 **6**번 출발합니다.

**7** (1) 하루는 **24**시간이므로 오늘 오전 **9**시부터 내일 오전 **9**시까지는 **24**시간입니다.
(2) 시계는 |시간에 |분씩 빨라지고, 내일 오전 **9**시까지 **24**시간이 지나게 되므로 시계는 실제 시각보다 **24**분이 빨라집니다.
따라서 내일 오전 **9**시에 이 시계가 가리키는 시각은 **9**시 **24**분입니다.

**8** (1) 오후 **3**시 $\xrightarrow{3시간 전}$ 낮 |**2**시
$\xrightarrow{5시간 전}$ 오전 **7**시
따라서 파리의 시각이 서울의 시각보다 **8**시간 늦습니다.
(2) **2**월 |일 오전 **2**시 |**5**분
$\xrightarrow{2시간 15분 전}$ |월 **31**일 밤 |**2**시
$\xrightarrow{45분 전}$ |월 **31**일 오후 ||시 |**5**분
$\xrightarrow{5시간 전}$ |월 **31**일 오후 **6**시 |**5**분
주의 |월은 **31**일까지 있으므로 **2**월 |일의 하루 전 날을 |월 **30**일로 적지 않도록 주의합니다.

**01** 20분  **02** 8, 33

**03** 1, 45  **04** 오후

**05** 6, 50, 7, 10  **06** 4시 35분

**07**   **08** ④

**09** 3, 10, 17, 24, 31

**10** 1월 24일, 월요일  **11** 11시 55분

**12**

> ❶ 2년 4개월은 몇 개월인지 구하기 ▶ 3점
> ❷ 바이올린을 배운 기간이 더 긴 사람 구하기 ▶ 2점

⟨예⟩ ❶ 윤수가 바이올린을 배운 기간:
2년 4개월=12개월+12개월+4개월
=28개월
❷ 30개월>28개월이므로 바이올린을 배운 기간이 더 긴 사람은 보라입니다.
⟨답⟩ 보라

**13** 5시간  **14** 6시 30분

**15** 9시 25분  **16** 3바퀴

**17**

> ❶ 3월의 첫째 목요일의 날짜 구하기 ▶ 1점
> ❷ 3월의 마지막 목요일의 날짜 구하기 ▶ 4점

⟨예⟩ ❶ 3월의 첫째 목요일은 4일입니다.
❷ 1주일마다 같은 요일이 반복되므로 3월 중 목요일인 날은 4일, 11일, 18일, 25일입니다. 따라서 3월의 마지막 목요일은 3월 25일입니다.
⟨답⟩ 3월 25일

**18** 석호

**19**

> ❶ 2교시가 시작하는 시각 구하기 ▶ 2점
> ❷ 2교시가 끝나는 시각 구하기 ▶ 3점

⟨예⟩ ❶ 1교시가 끝나는 시각은 9시 40분이므로 2교시가 시작하는 시각은 9시 40분에서 10분 후인 9시 50분입니다.
❷ 수업시간은 40분이므로 2교시 수업이 끝나는 시각은 9시 50분에서 40분 후인 10시 30분입니다.
⟨답⟩ 10시 30분

**20** 34일

**02** 짧은바늘이 8과 9 사이에 있으므로 8시, 긴바늘이 6(30분)에서 작은 눈금 3칸 더 간 곳을 가리키므로 33분입니다. ➔ 8시 33분

**03** 105분=60분+45분=1시간 45분

**06** 짧은바늘이 4와 5 사이를 가리키므로 4시, 긴바늘이 7을 가리키므로 35분입니다.
➔ 4시 35분

**07** 5시 47분이므로 긴바늘이 9에서 작은 눈금 2칸 더 간 곳을 가리키도록 그립니다.

**08** 날수가 30일인 달은 4월, 6월, 9월, 11월입니다.

**10** 달력을 보면 1월 8일에서 16일 후는 1월 24일이고 월요일입니다.

**11** 12시가 되기 5분 전인 시각은 11시 55분입니다.

**13** 오전 8시 $\xrightarrow{\text{4시간 후}}$ 낮 12시 $\xrightarrow{\text{1시간 후}}$ 오후 1시
민정이가 학교에 있었던 시간: 4+1=5(시간)

**14** 7시 55분에서 1시간 25분 전의 시각을 구합니다.
7시 55분 $\xrightarrow{\text{1시간 전}}$ 6시 55분
$\xrightarrow{\text{25분 전}}$ 6시 30분

**15** 짧은바늘이 9와 10 사이에 있으므로 9시, 긴바늘이 5를 가리키므로 25분입니다.
➔ 9시 25분

**16** 2시 30분에서 5시 30분까지 3시간이 지났으므로 긴바늘은 3바퀴 돌았습니다.

**18** • 연주: 2시 30분 $\xrightarrow{\text{1시간 후}}$ 3시 30분
$\xrightarrow{\text{10분 후}}$ 3시 40분 ➔ 1시간 10분
• 석호: 3시 50분 $\xrightarrow{\text{1시간 후}}$ 4시 50분
$\xrightarrow{\text{10분 후}}$ 5시
$\xrightarrow{\text{20분 후}}$ 5시 20분 ➔ 1시간 30분
따라서 공부를 더 오래 한 사람은 석호입니다.

**20** 10월은 31일까지 있습니다.
10월 20일부터 10월 31일까지는 12일이고, 11월 1일부터 11월 22일까지는 22일입니다.
➔ 미술 대회를 하는 기간: 12+22=34(일)

# 5 표와 그래프

**135쪽** 1 STEP **개념 확인하기**

**01** 감자 　　　　　　**02** 12명

**03**

| 감자 | 래미, 동명, 지민, 미정, 재혁 |
|---|---|
| 오이 | 효정, 인효, 정유 |
| 당근 | 주형, 성준 |
| 가지 | 진서, 나래 |

**04** 5, 3, 2, 2, 12　　**05** ( )
　　　　　　　　　　　　( ○ )

**06** 민우네 반 학생들이 좋아하는 동물별 학생 수

| 4 | ○ | | | |
|---|---|---|---|---|
| 3 | ○ | | ○ | ○ |
| 2 | ○ | ○ | ○ | ○ |
| 1 | ○ | ○ | ○ | ○ |
| 학생 수(명)\동물 | 강아지 | 양 | 펭귄 | 오리 |

**07** 학생 수

**03** /, ×와 같은 표시를 하여 자료를 빠뜨리거나 이름을 여러 번 쓰지 않도록 합니다.

**04** 감자: 5명, 오이: 3명, 당근: 2명, 가지: 2명
(합계)=5+3+2+2=12(명)

**05** 나올 수 있는 종류가 여러 가지이면 종이에 적어 모으는 방법으로 조사하는 것이 좋습니다.

**06** 좋아하는 동물별 학생 수만큼 아래에서 위로 ○를 한 칸에 하나씩 빠짐없이 표시합니다.

**136쪽** 2 STEP **유형 다잡기**

**01** 3, 2, 9 / 풀이 3, 2, 3, 2, 9

**01**

| 앵무새 | 참새 | 독수리 | 백조 |
|---|---|---|---|
| 상민, 인영, 지현, 효성 | 현규, 연정 | 진호, 선주 | 소민, 유나 |

**02** 4, 2, 2, 2, 10　　**03** 2, 4, 2, 1, 9
**04** 4, 3, 2, 9　　　　**05** 민채
**02** ㉢, ㉣, ㉡ / 풀이 조사, 방법, 표
**06** ㉡　　　　　　　　**07** 8, 5, 6, 19
**08** 4가지
**09** 예

윤재네 반 학생들이 좋아하는 운동별 학생 수

| 운동 | 야구 | 배구 | 축구 | 농구 | 합계 |
|---|---|---|---|---|---|
| 학생 수(명) | 5 | 3 | 1 | 3 | 12 |

**10** 예

 / 4, 3, 1, 8

**02** 앵무새: 4명, 참새: 2명, 독수리: 2명,
백조: 2명
(합계)=4+2+2+2=10(명)

**03** 벌: 2마리, 나비: 4마리, 잠자리: 2마리,
사마귀: 1마리
(합계)=2+4+2+1=9(마리)

**04** 30분: 4명, 1시간: 3명, 2시간: 2명
(합계)=4+3+2=9(명)

**05** 우진: 누가 얼마나 공부했는지는 조사한 자료를 보면 알 수 있습니다.

**06** 진성이네 반 학생들이 가고 싶은 나라는 미국, 영국, 중국입니다.

**07** 미국: 8명, 영국: 5명, 중국: 6명
(합계)=8+5+6=19(명)

**08** 윤재네 반 학생들이 좋아하는 운동은 야구, 배구, 축구, 농구로 모두 4가지입니다.

**09** 좋아하는 운동별로 칸을 나누고 학생 수를 각각 세어 표로 나타냅니다.

**10** 채점 가이드 원하는 모양을 만들고 모양별로 사용한 개수를 바르게 세어 표로 나타냈는지 확인합니다. 사용한 모양의 전체 개수와 합계가 같아야 합니다.

## 138쪽 2 STEP 유형 다잡기

**03** 4 / 풀이 7, 9(또는 9, 7), 4

**11** 6 **12** 4명

**13** 1단계 예 영어 수업을 듣는 학생은
22−4−5−6=7(명)입니다. ▶3점
2단계 7>6>5>4이므로 가장 많은 학생
들이 듣는 수업은 영어입니다. ▶2점
답 영어

**04** ( )
( ○ )

**14** 학생 수 **15** 6칸

**05** 수지가 한 달 동안 접은 종류별 종이접기 수

| 수(개)\종류 | 배 | 학 | 모자 | 거북 |
|---|---|---|---|---|
| 3 | ○ | | | |
| 2 | ○ | | ○ | |
| 1 | ○ | ○ | ○ | ○ |

/ 풀이 1, 2, 1

**16** 미나네 반 학생들이 좋아하는 꽃별 학생 수

| 학생 수(명)\꽃 | 장미 | 튤립 | 백합 | 국화 |
|---|---|---|---|---|
| 4 | ○ | | | |
| 3 | ○ | ○ | | ○ |
| 2 | ○ | ○ | ○ | ○ |
| 1 | ○ | ○ | ○ | ○ |

**17** 예 찬우네 반 학생들이 좋아하는 간식별 학생 수

| 학생 수(명)\간식 | 사탕 | 젤리 | 껌 | 초콜릿 |
|---|---|---|---|---|
| 4 | | | | × |
| 3 | | × | | × |
| 2 | × | × | | × |
| 1 | × | × | × | × |

**11** 합계에서 드럼이 아닌 다른 악기를 배우고 싶은
학생 수를 빼서 구합니다.
(드럼을 배우고 싶은 학생 수)
=28−10−9−3=6(명)
다른 풀이 (피아노, 바이올린, 기타를 배우고 싶은
학생 수)=10+9+3=22(명)
➡ (드럼을 배우고 싶은 학생 수)
=28−22=6(명)

**12** (우유 또는 주스를 좋아하는 학생 수)
=17−6−3=8(명)
➡ 4+4=8이므로 우유를 좋아하는 학생은 4명
입니다.

**15** 다녀온 장소별 학생 수만큼 표시해야 하므로 계
곡을 다녀온 학생 6명을 나타낼 수 있도록 세로
를 적어도 6칸으로 해야 합니다.

**16** 좋아하는 꽃별 학생 수만큼 아래에서 위로 ○를
한 칸에 하나씩 빠짐없이 표시합니다.

**17** 좋아하는 간식별 학생 수만큼 아래에서 위로 ×
를 한 칸에 하나씩 빠짐없이 표시합니다.
주의 학생 수가 가장 많은 4까지 나타낼 수 있도록 세로
칸을 나누어야 합니다.

## 140쪽 2 STEP 유형 다잡기

**06** 지혜네 반 학생들이 태어난 계절별 학생 수

| 계절\학생 수(명) | 1 | 2 | 3 | 4 |
|---|---|---|---|---|
| 겨울 | / | / | / | |
| 가을 | / | / | | |
| 여름 | / | / | / | |
| 봄 | / | | | |

/ 풀이 4, 2, 3

**18** 유주네 모둠 학생들이 지난 주에 읽은 책 수

| 이름\책 수(권) | 1 | 2 | 3 |
|---|---|---|---|
| 채희 | × | × | |
| 현태 | × | | |
| 유주 | × | × | × |

**19** 책 수

**20** 예 민재네 반 학생들이 먹은 떡별 학생 수

| 떡\학생 수(명) | 1 | 2 | 3 | 4 |
|---|---|---|---|---|
| 찹쌀떡 | / | / | / | |
| 인절미 | / | | | |
| 꿀떡 | / | / | / | / |

**07** 유진이네 반 학생들의 신발 종류별 학생 수

| 신발\학생 수(명) | 1 | 2 | 3 | 4 | 5 |
|---|---|---|---|---|---|
| 운동화 | / | / | / | / | / |
| 구두 | / | ✗ | | | |
| 샌들 | / | / | / | | |

**21** (이유) (예) 그래프의 세로가 **4**칸밖에 없기 때문에 딸기주스를 좋아하는 학생 수 **6**명을 나타낼 수 없습니다. ▶5점

**22** 준석이네 반 학생들이 좋아하는 인형별 학생 수

| 토끼 | × | × | × | × | |
|---|---|---|---|---|---|
| 공룡 | × | × | | | |
| 곰 | × | × | × | × | × |
| 인형 / 학생 수(명) | 1 | 2 | 3 | 4 | 5 |

**08** 유리네 반 학생들의 취미별 학생 수

| 3 | | ○ | | |
|---|---|---|---|---|
| 2 | ○ | ○ | | ○ |
| 1 | ○ | ○ | ○ | ○ |
| 학생 수(명) / 취미 | 운동 | 게임 | 독서 | 수집 |

/ (풀이) **2, 3, 1, 2, 2**

**23** (1단계) (예) (가 또는 라 동네에 사는 학생 수)
=**17**−**5**−**6**=**6**(명) ▶2점

(2단계) 두 동네에 사는 학생 수가 같으므로 **3**+**3**=**6**에서 가 동네와 라 동네에 사는 학생은 각각 **3**명입니다. ▶3점

(답)
사는 동네별 학생 수

| 라 | ○ | ○ | ○ | | | |
|---|---|---|---|---|---|---|
| 다 | ○ | ○ | ○ | ○ | ○ | ○ |
| 나 | ○ | ○ | ○ | ○ | ○ | |
| 가 | ○ | ○ | ○ | | | |
| 동네 / 학생 수(명) | 1 | 2 | 3 | 4 | 5 | 6 |

**18** 가로에 책 수를 나타낸 그래프입니다. 따라서 학생들이 읽은 책 수만큼 왼쪽에서 오른쪽으로 × 를 한 칸에 하나씩 빠짐없이 표시합니다.

**20** 먹은 떡별 학생 수만큼 왼쪽에서 오른쪽으로 / 를 한 칸에 하나씩 빠짐없이 표시합니다.

(주의) 학생 수가 가장 많은 **4**까지 표시할 수 있도록 가로 칸을 나누어야 합니다.

**21** (참고) 학생 수가 가장 많은 **6**까지 표시할 수 있도록 세로 칸을 나누어야 합니다.

**22** 좋아하는 인형별 학생 수만큼 왼쪽에서 오른쪽으로 ×를 한 칸에 하나씩 빠짐없이 표시해야 합니다.

---

**01** 12　　　　**02** 2
**03** 동화책　　　**04** 사전
**05** 2, 4
**06** 정욱이네 반 학생들이 보고 싶은 동물별 학생 수

| 6 | / | | | |
|---|---|---|---|---|
| 5 | / | | | |
| 4 | / | | / | |
| 3 | / | | / | / |
| 2 | / | | / | / |
| 1 | / | / | / | / |
| 학생 수(명) / 동물 | 판다 | 호랑이 | 사슴 | 기린 |

**01** 표에서 합계를 보면 모두 **12**권입니다.

**03** 그래프에서 ○가 가장 많은 책은 동화책입니다.

**04** 그래프에서 ○가 가장 적은 책은 사전입니다.

**05** 자료를 보고 동물별 학생 수를 세어 보면 호랑이: **2**명, 사슴: **4**명입니다.

(참고) 합계가 조사한 자료의 수의 합과 같은지 확인합니다.

**06** 보고 싶은 동물별 학생 수만큼 아래에서 위로 / 를 한 칸에 하나씩 빠짐없이 표시합니다.
➔ 호랑이: **2**칸, 사슴: **4**칸

---

**09** 선아 / (풀이) **7, 5, 4, 3, 선아**
**01** **9**명
**02** AB형, B형, A형, O형
**03** **11**개　　　　**04** 자
**05** ㉡
**10** (예) 나 상자 / (풀이) <, (예) 나
**06** (정우네 반) (예) 주황 ▶1점　(세희네 반) (예) 보라 ▶1점
(이유) (예) 각 반에서 가장 많은 학생들이 좋아하는 색깔이기 때문입니다. ▶3점
**07** 민서
**08** (위에서부터) 1, 4 / 15, 2, 4, 21

**01** 표를 보면 AB형인 학생은 **9**명입니다.

**02** **9**명(AB형) > **7**명(B형) > **6**명(A형)
> **3**명(O형)

**03** 표에서 합계를 보면 형우가 가지고 있는 학용품은 모두 **11**개입니다.

**04** **1 < 2 < 3 < 5**이므로 형우가 가장 적게 가지고 있는 학용품은 자입니다.

**05** ⓒ 햄치즈 샌드위치를 좋아하는 학생(**5**명)은 치킨 샌드위치를 좋아하는 학생(**4**명)보다
**5 − 4 = 1**(명) 더 많습니다.

**07** 표에서 이긴 횟수를 비교하면 민서가 **5**회, 성진이가 **4**회 이겼으므로 더 많이 이긴 사람은 민서입니다.

**08** (이긴 점수) = **3 × 5 = 15**(점)
(비긴 점수) = **2 × 1 = 2**(점)
(진 점수) = **1 × 4 = 4**(점)
→ (합계) = **15 + 2 + 4 = 21**(점)

---

**146쪽 2STEP 유형 다잡기**

**11** 2월 / 풀이 1, 2, 2

**09** 피자 과자

**10** 고구마 과자, 피자 과자

**11** [1단계] 예 초콜릿 과자를 좋아하는 학생은
**4**명, 고구마 과자를 좋아하는 학생은 **2**명입니다. ▶3점
[2단계] 따라서 초콜릿 과자를 좋아하는 학생은 고구마 과자를 좋아하는 학생보다
**4 − 2 = 2**(명) 더 많습니다. ▶2점
답 **2**명

**12** 감자, **6**, 새우    **13** ㉠

**12** 민서네 모둠 학생들이 마신 음료별 학생 수

| 음료수 | 학생 수(명) |
| --- | --- |
| 주스 | 3 |
| 두유 | 2 |
| 콜라 | 1 |
| 합계 | 6 |

| 학생 수(명) / 음료수 | 주스 | 두유 | 콜라 |
| --- | --- | --- | --- |
| 3 | × | | |
| 2 | × | × | |
| 1 | × | × | × |

/ 풀이 3, 2, 1, 3, 2, 1, 6

---

**14** 4, 3, 3, 2, 12

**15** 재하네 반 학생들이 좋아하는 사탕의 맛별 학생 수

| 맛 / 학생 수(명) | 1 | 2 | 3 | 4 |
| --- | --- | --- | --- | --- |
| 사과 맛 | / | / | | |
| 레몬 맛 | / | / | / | |
| 포도 맛 | / | / | / | |
| 딸기 맛 | / | / | / | / |

**16** 포도 맛, 레몬 맛

**09** 그래프에서 /가 **3**개인 것을 찾으면 피자 과자입니다.

**10** 그래프에 나타낸 /의 높이가 **4**보다 낮은 것을 모두 찾으면 고구마 과자, 피자 과자입니다.

**12** 그래프에서 /의 높이가 가장 높은 것은 감자 과자(**6**명)이므로 가장 많은 학생이 좋아하는 과자는 감자 과자입니다.
두 번째로 많은 학생이 좋아하는 과자는 /의 높이가 두 번째로 높은 새우 과자입니다.

**13** ㉠ 찬희가 받고 싶은 선물은 그래프를 보고 알 수 없습니다.

**14** 딸기 맛: **4**명, 포도 맛: **3**명, 레몬 맛: **3**명,
사과 맛: **2**명
(합계) = **4 + 3 + 3 + 2 = 12**(명)

**16** 포도 맛을 좋아하는 학생 수와 레몬 맛을 좋아하는 학생 수가 각각 **3**명으로 같습니다.

---

**148쪽 2STEP 유형 다잡기**

**17** 2, 4, 3, 9 /

예 영수네 모둠 학생별 줄넘기 한 날수

| 날수(일) / 이름 | 영수 | 윤서 | 재민 |
| --- | --- | --- | --- |
| 4 | | ○ | |
| 3 | | ○ | ○ |
| 2 | ○ | ○ | ○ |
| 1 | ○ | ○ | ○ |

**13** '그래프'에 ○표 / 풀이 '그래프'에 ○표

**18** (1) ╳ 교차 연결
(2) ╳ 교차 연결
(3) ●━━●

**19** 6명  **20** 라희

**21** 편리한 점 예 그래프를 보면 가고 싶은 섬별 학생 수의 많고 적음을 알아보기에 편리합니다. ▶5점

**14** 윤주네 학교 2학년의 반별 안경을 쓴 학생 수

| 반 | 학생 수(명) |
|---|---|
| 1반 | 2 |
| 2반 | 3 |
| 3반 | 1 |
| 합계 | 6 |

| 학생 수(명) 반 | 1반 | 2반 | 3반 |
|---|---|---|---|
| 3 | | ○ | |
| 2 | ○ | ○ | |
| 1 | ○ | ○ | ○ |

/ 풀이 2, 2, 3

**22** 3, 9 /

세호네 모둠 학생들이 좋아하는 교통 수단별 학생 수

| 학생 수(명) 교통 수단 | 지하철 | 버스 | 배 | 비행기 |
|---|---|---|---|---|
| 3 | / | / | | |
| 2 | / | / | | / |
| 1 | / | / | / | / |

**23** 2, 1 /

현아네 모둠 학생들이 좋아하는 운동별 학생 수

| 학생 수(명) 운동 | 야구 | 수영 | 축구 | 검도 |
|---|---|---|---|---|
| 3 | | ✕ | | |
| 2 | ✕ | ✕ | ✕ | |
| 1 | ✕ | ✕ | ✕ | ✕ |

**17** 영수: 2일, 윤서: 4일, 재민: 3일
➜ (합계)=2+4+3=9(일)

**19** 울릉도: 2명, 독도: 4명
➜ 울릉도나 독도에 가고 싶은 학생은 모두 2+4=6(명)입니다.

**20** 그래프에서는 서우가 가고 싶은 섬을 알 수 없습니다.

**22** • 버스를 좋아하는 학생 수를 그래프에서 확인하면 3명입니다.
➜ (합계)=3+3+1+2=9(명)
• 비행기를 좋아하는 학생은 2명이므로 그래프의 비행기 자리에 /를 2개 그립니다.

**23** • 야구를 좋아하는 학생 수를 그래프에서 확인하면 2명입니다.
➜ (검도를 좋아하는 학생 수)
=8-2-3-2=1(명)
• 그래프의 수영과 검도 자리에 ×를 각각 3개, 1개 그립니다.

---

150쪽 **3STEP 응용 해결하기**

**1** 7 /

영환이네 냉장고의 종류별 과일 수

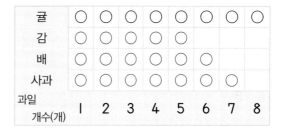

| 과일 개수(개) | 1 | 2 | 3 | 4 | 5 | 6 | 7 | 8 |
|---|---|---|---|---|---|---|---|---|
| 귤 | ○ | ○ | ○ | ○ | ○ | ○ | ○ | ○ |
| 감 | | ○ | ○ | ○ | | | | |
| 배 | | ○ | ○ | | | | | |
| 사과 | ○ | | | | | | | |

**2** 3개

**3** ❶ 가장 적게 사려면 각 과일을 몇 개가 되도록 사야 하는지 구하기 ▶2점
❷ 필요한 과일의 수 구하기 ▶3점

예 ❶ 가장 많이 있는 과일은 귤로 8개입니다. 가장 적게 사려면 다른 과일도 모두 8개가 되도록 사야 합니다.
❷ 따라서 사과 1개, 배 2개, 감 3개를 더 사야 합니다. ➜ 1+2+3=6(개)
답 6개

**4** ❶ 현주와 승재가 읽은 책 수를 □로 나타내기 ▶2점
❷ 승재가 읽은 책 수 구하기 ▶3점

예 ❶ 승재가 읽은 책 수를 □권이라고 하면 현주가 읽은 책 수는 □+2(권)입니다.
❷ □+2+4+8+□=20,
□+14+□=20, □+□=6
➜ 3+3=6이므로 □=3입니다.
답 3권

**5** 빨간색, 초록색  **6** 7점

**7** (1) 6접시 (2) 17접시

**8** (1) 11장 (2) 3장

**1** (사과의 개수)=26−6−5−8=7(개)
과일 수만큼 왼쪽에서 오른쪽으로 ○를 한 칸에 하나씩 빠짐없이 표시합니다.

**2** • 가장 많은 과일: 귤(**8**개)
• 가장 적은 과일: 감(**5**개)
➜ 8−5=3(개)

**5** 조사한 자료에서 지수를 제외한 다른 학생들이 가지고 있는 구슬을 색깔별로 세어 보면 파란색 3개, 빨간색 3개, 초록색 2개입니다.
따라서 지수가 가지고 있는 구슬은 빨간색 구슬 1개와 초록색 구슬 1개입니다.

**6** 지수와 명호가 가지고 있는 구슬은 빨간색 2개, 초록색 3개입니다.
2×2=4(점), 1×3=3(점)이므로 지수와 명호의 점수의 합은 4+3=7(점)입니다.

**7** ⑴ 순대는 2접시 팔았으므로 김밥은 2×3=6(접시) 팔았습니다.
⑵ (아침에 판 음식의 접시 수)
=4+5+2+6=17(접시)

**8** ⑴ (승관이가 가지고 있는 카드 수)
=3+4+4=11(장)
⑵ (승관이가 가지고 있는 보라색 카드 수)
=11−3−1−4=3(장)

---

### 153쪽 5단원 마무리

**01** 발레
**02** 12명
**03** 5, 4, 2, 1, 12
**04** 표
**05** 6개
**06** 15개
**07** 노란색
**08** ㉠, ㉢
**09** 소현이가 가지고 있는 장난감별 개수

| 개수(개) | 로봇 | 인형 | 자동차 | 공 |
|---|---|---|---|---|
| 4 | | ○ | | |
| 3 | | ○ | | ○ |
| 2 | ○ | ○ | ○ | ○ |
| 1 | ○ | ○ | ○ | ○ |

장난감

**10** 자동차

**11** 그래프가 잘못된 이유 쓰기 ▶ 5점

예 ×를 한 칸에 하나씩 그려야 하는데 강아지 자리와 새 자리에서 ×를 한 칸에 2개씩 그린 칸이 있기 때문입니다.

**12** 가고 싶은 장소별 학생 수

| 학생 수(명) / 장소 | 박물관 | 놀이공원 | 동물원 | 물놀이공원 |
|---|---|---|---|---|
| 5 | | | | / |
| 4 | | / | | / |
| 3 | | / | / | / |
| 2 | / | / | / | / |
| 1 | / | / | / | / |

**13** 2, 4, 3, 5, 14

**14** ❶ 가장 많은 학생들이 가고 싶은 장소와 가장 적은 학생들이 가고 싶은 장소의 학생 수 각각 구하기 ▶ 3점
❷ 가장 많은 학생들이 가고 싶은 장소와 가장 적은 학생들이 가고 싶은 장소의 학생 수의 차 구하기 ▶ 2점

예 ❶ 가장 많은 학생들이 가고 싶은 장소는 물놀이 공원으로 5명이고, 가장 적은 학생들이 가고 싶은 장소는 박물관으로 2명입니다.
❷ 가장 많은 학생들이 가고 싶은 장소와 가장 적은 학생들이 가고 싶은 장소의 학생 수의 차는 5−2=3(명)입니다.
답 3명

**15** 2, 4, 3, 9

**16** 예 학생별 걸린 고리 수

| 이름 / 고리 수(개) | 1 | 2 | 3 | 4 |
|---|---|---|---|---|
| 서준 | / | / | / | |
| 예성 | / | / | / | / |
| 윤지 | / | | | |

**17** 예성, 서준, 윤지
**18** 45점
**19** 예 딸기

**20** ❶ 컴퓨터 또는 요리 수업을 듣는 학생 수 구하기 ▶ 2점
❷ 컴퓨터 수업을 듣는 학생 수 구하기 ▶ 3점

예 ❶ (컴퓨터 또는 요리 수업을 듣는 학생 수)
=18−3−5=10(명)
❷ 컴퓨터 수업을 듣는 학생 수와 요리 수업을 듣는 학생 수가 같으므로 5+5=10에서 컴퓨터 수업을 듣는 학생은 5명입니다.
답 5명

**01** 자료에서 주아를 찾습니다. 주아가 배우고 싶은 운동은 발레입니다.

**02** 자료의 수를 세어 보면 주아네 반 학생은 모두 12명입니다.

**03** 발레: 5명, 태권도: 4명, 수영: 2명, 복싱: 1명
(합계)=5+4+2+1=12(명)

**04** 조사한 자료별 수를 알아보는 데 더 편리한 것은 표입니다.

**06** (합계)=3+6+2+4=15(개)

**07** 노란색이 2개로 가장 적습니다.

**08** ㉡ 주어진 표에서 단추의 모양은 알 수 없습니다.

**09** 각 장난감별 개수만큼 아래에서 위로 ○를 한 칸에 하나씩 빠짐없이 표시합니다.

**10** 자동차는 2개로 로봇과 개수가 같습니다.

**12** 가고 싶은 장소별 학생 수는 박물관 2명, 놀이공원 4명, 물놀이 공원 5명입니다.
(동물원에 가고 싶은 학생 수)
=14-2-4-5=3(명)
→ 그래프의 동물원 자리에 /를 3개 그립니다.

**13** 박물관: 2명, 놀이공원: 4명, 동물원: 3명, 물놀이 공원: 5명
(합계)=2+4+3+5=14(명)

**15** 고리 던지기 결과에서 학생별 ○표의 수를 세어 표로 나타냅니다.

**16** 그래프를 그릴 때 가로 눈금이 4칸이거나 4칸보다 많도록 그립니다.

**17** 그래프에서 나타낸 /의 개수가 많은 사람부터 차례로 이름을 쓰면 예성, 서준, 윤지입니다.

**18** 윤지: 5×2=10(점), 예성: 5×4=20(점), 서준: 5×3=15(점)
→ 10+20+15=45(점)
**다른 풀이** 학생들이 건 고리는 모두 9개입니다.
(세 사람이 얻은 점수)=5×9=45(점)

**19** 영서네 반에서 가장 많은 학생들이 좋아하는 과일이기 때문에 딸기로 정하는 것이 좋습니다.

# 6 규칙 찾기

**159쪽 1STEP 개념 확인하기**

**01** 파란색, 노란색　　**02** □, ○
**03** ▷ / 하늘색, 분홍색
**04** ○, △ / 주황색
**05** '시계 방향'에 ○표　**06** 1
**07** 위　　　　　　　**08** 왼, 1

**07** 빨간색 쌓기나무가 있고, 빨간색 쌓기나무의 왼쪽과 위쪽에 쌓기나무 1개가 번갈아 가며 놓여 있습니다.

위쪽
왼쪽

**160쪽 2STEP 유형 다잡기**

**01** ( ○ ) ( 　 ) / **풀이** 파란색, 노란색

**01** ● ● / ● ● ●

**02** **예** 빨간색, 파란색, 초록색이 반복됩니다.

**03** ♡

**02** ㉢ / **풀이** □에 ○표, '빨간색'에 ○표

**04** **예**
| ■ | ● | ◆ | ■ | ● | ◆ | ■ |
| ● | ◆ | ■ | ● | ◆ | ■ | ● |

**05** 규민

**06** **1단계** **예** 모양은 △, ▽이 반복됩니다. △ 다음에 올 모양은 ▽ 모양입니다.
**2단계** 색깔은 빨간색, 노란색, 빨간색이 반복됩니다. 빨간색, 노란색, 빨간색 다음에 올 색깔은 빨간색입니다.
**답** ▽, 빨간색

**03**

| 2 | 3 | 3 | 1 | 2 |
| 3 | 3 | 1 | 2 | 3 |
/ **풀이** 3, 3

**07**
| 1 | 2 | 3 | 2 | 1 | 2 | 3 | 2 | 1 |
| 2 | 3 | 2 | 1 | 2 | 3 | 2 | 1 | 2 |

**08** **예** 1, 2, 3, 2가 반복됩니다.

**01** 빨간색, 주황색, 주황색이 반복됩니다.

**02** 다른 풀이 ＼ 방향으로 같은 색이 반복됩니다.

**03** △, ◇, ♡이 반복됩니다. ♡ 다음으로 △, ◇, ♡
이므로 ㉠에 알맞은 모양은 ♡입니다.

**04** 채점 가이드 모양은 **3**가지, 색은 **2**가지가 주어져 있습니다.
무늬를 만들 때 주어진 모양을 사용했는지, 모양과 색깔에
모두 규칙이 있는지 확인합니다.

**05** 색깔은 노란색, 노란색, 파란색, 파란색이 반복
되는 규칙입니다.

**07** ⬡, ♥, ❀, ♥이 반복됩니다.

**09** 빨간색으로 색칠되어 있는 부분이 시계 방향으
로 돌아가고 있습니다.
⬠ 다음에 올 모양은 ⬠입니다.

**10** ◗ → ◗

**11** 채점 가이드 시계 방향으로 돌아가는 규칙을 만들어 무늬를
바르게 색칠했는지 확인합니다. 다양한 무늬가 나올 수 있
으며 색칠한 무늬의 규칙이 알맞으면 정답으로 인정합니다.

**12** 테두리에 있는 작은 삼각형 **1**개를 시계 반대 방
향으로 돌려 가며 색칠하고, 색깔은 파란색과 초
록색이 반복됩니다.

**13** 빨간색, 초록색, 노란색이 반복되면서 수가 **1**개
씩 늘어납니다. 초록색 구슬 **5**개 다음에는 노란
색 구슬 **6**개가 와야 하므로 나머지 구슬에는 노
란색을 색칠합니다.

**14** ㉠ 하늘색 공깃돌과 분홍색 공깃돌이 반복되면
서 분홍색 공깃돌이 **1**개씩 늘어납니다.
㉡ 하늘색 공깃돌과 분홍색 공깃돌이 반복되면
서 각 공깃돌이 **1**개씩 늘어납니다.
설명하는 규칙에 맞게 공깃돌을 놓은 것은 ㉠입
니다.

**17** ▯, ▢, ⬓이 반복되는 규칙이므로

다음에 쌓을 모양은 ▯입니다.

## 162쪽 2STEP 유형 다잡기

**04** ㉢ / 풀이 '시계 방향'에 ○표, ㉢

**09** ( ○ ) (　　) (　　)

**10** ◗

**11** 예

**12** ◇

**05** 레몬 / 풀이 **1**, 레몬

**13**

**14** ㉠

**15** 1단계 예 고양이와 토끼가 각각 **1**장씩 늘어
나며 반복되는 규칙입니다. ▶3점
2단계 고양이 **3**장, 토끼 **3**장을 붙였으므로
이어 나오는 빈 부분에는 고양이 **4**장을 붙
여야 합니다. ▶2점
답 고양이, **4**장

**06** ㉠ / 풀이 **1**

**16** **1**, **3**　　　　　**17** ( ○ ) (　　) (　　)

## 164쪽 2STEP 유형 다잡기

**18** 미나　　　　　　　**19** **4**개

**07** '**2**개'에 ✕표 / 풀이 **1**, **1**

**20** ㉡　　　　　　　　**21** 영준

**22** **6**개

**23** 예 쌓기나무가 앞쪽으로 **2**개씩 늘어나고
있습니다.

**08** ◐ / 풀이 '◑'에 ○표

**24** ㉢　　　　　　　　**25** **1**개

**26** [1단계] 예 쌓기나무가 1층에서 왼쪽으로 2층, 3층, ...으로 쌓이고 있습니다. ▶3점
[2단계] 다섯 번째에 올 모양은 1층에서 왼쪽으로 2층, 3층, 4층, 5층으로 쌓으므로 필요한 쌓기나무는 모두
1+2+3+4+5=15(개)입니다. ▶2점
[답] 15개

**18** 쌓은 모양을 보면 쌓기나무가 2개, 1개, 2개씩 반복되고 있습니다.

**19** 쌓기나무가 4개, 1개씩 반복되고 있습니다. 다음에 이어질 모양에 쌓을 쌓기나무는 4개입니다.

**22** 쌓기나무가 뒷쪽과 앞쪽에 각각 1개씩 늘어나고 있습니다.
→ 2+2+2=6(개)

**24** 시계 방향으로 돌아가는 규칙이므로 다음과 같습니다.

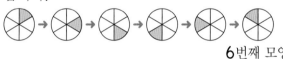

6번째 모양

**25** 쌓기나무가 1개, 4개, 2개씩 반복되고 있습니다. 쌓기나무의 수를 규칙에 맞게 쓰면 1, 4, 2, 1, 4, 2, 1, 4, 2, 1이므로 10번째에 올 모양을 만드는 데 필요한 쌓기나무는 1개입니다.

---

**167쪽 1STEP 개념 확인하기**

**01** (위에서부터) 4, 4, 8, 10
**02** ○, ✕
**03** (위에서부터) 30, 49, 56
**04** 40에 빨간색, 42에 파란색으로 색칠
**05** 2            **06** 3
**07** 파란색, 노란색        **08** 1

**02** • ╱ 방향으로 같은 수가 놓여 있습니다.
   • ╲ 방향으로 갈수록 2씩 커집니다.
   예 2  4  6  8  10
      +2  +2  +2  +2

---

**05** 4, 6, 8, 10으로 아래쪽으로 내려갈수록 2씩 커집니다.

**06** 6, 9, 12, 15로 오른쪽으로 갈수록 3씩 커집니다.

**08** 같은 줄에서 오른쪽으로 갈수록 수는 1씩 커집니다.

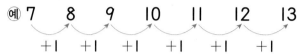

예 7  8  9  10  11  12  13
   +1  +1  +1  +1  +1  +1

---

**168쪽 2STEP 유형 다잡기**

**09** 1 / 풀이 1, 1, 1
**01** ㉡                **02** 예 2씩 커집니다.
**03** 예 같은 줄에서 오른쪽으로 갈수록 3씩 커지는 규칙이 있습니다.
**04** [잘못 말한 사람] 준호 ▶2점
[바르게 고치기] 예 ╱ 방향으로 같은 수들이 있어.
▶3점

**10** (위에서부터) 4, 12, 10, 8, 14
/ 풀이 '합'에 ○표

**05** ㉡
**06** 예

| + | 1 | 2 | 3 |
|---|---|---|---|
| 1 | 2 | 3 | 4 |
| 2 | 3 | 4 | 5 |
| 3 | 4 | 5 | 6 |

/ ╱ 방향의 수들은 모두 같은 수입니다.

**11** '짝수'에 ○표 / 풀이 '짝수'에 ○표
**07** 예 5씩 커지는 규칙이 있습니다.
**08**

| × | 1 | 2 | 3 | 4 | 5 | 6 |
|---|---|---|---|---|---|---|
| 1 | 1 | 2 | 3 | 4 | 5 | 6 |
| 2 | 2 | 4 | 6 | 8 | 10 | 12 |
| 3 | 3 | 6 | 9 | 12 | 15 | 18 |
| 4 | 4 | 8 | 12 | 16 | 20 | 24 |
| 5 | 5 | 10 | 15 | 20 | 25 | 30 |
| 6 | 6 | 12 | 18 | 24 | 30 | 36 |

**01** 3, 4, 5, 6, 7로 오른쪽으로 갈수록 1씩 커집니다.

**02** 1, 3, 5, 7로 ＼ 방향으로 갈수록 2씩 커지는 규칙이 있습니다.

**03** 다른 풀이 · ＼ 방향으로 갈수록 6씩 커집니다.
· 같은 줄에서 아래쪽으로 내려갈수록 3씩 커집니다.
· ／ 방향으로 같은 수들이 있습니다.

**05** ㉠＝5＋5＝10, ㉡＝9＋3＝12이므로 알맞은 수가 더 큰 것은 ㉡입니다.

**06** 채점 가이드 적혀 있는 수들에 맞게 덧셈표를 만들고, 만든 덧셈표의 규칙을 바르게 썼는지 확인합니다.

**07** 5, 10, 15, 20, 25, 30으로 아래쪽으로 내려갈수록 5씩 커지는 규칙이 있습니다.

**08** 6, 12, 18, 24, 30, 36은 6씩 커지는 규칙이 있습니다.
↓ 방향으로 6씩 커지는 수가 있는 곳에 색칠합니다.

---

170쪽 **2STEP 유형 다잡기**

**09** ( ◯ )(    )      **10** ㉠

**11** 63

**⑫** 6, 16, 8, 8 / 풀이 '곱'에 ◯표

**12** (위에서부터) 4, 8, 12, 7, 28

**13** 12, 27

**⑬** (위에서부터) 10, 11, 12 / 풀이 10, 11, 12

**14** 2씩        **15** 8

**16** (위에서부터) 42, 56, 72

**17** 1단계 예 7, 14이므로 아래쪽으로 내려갈수록 7씩 커지는 규칙이 있습니다. ▶2점
2단계 14＋7＝21, 21＋7＝28이므로 ●에 알맞은 수는 28입니다. ▶3점
답 28

**09** 왼쪽 곱셈표에는 ↓ 방향에 있는 수가 → 방향에도 똑같이 있습니다.

---

**10** ㉡ 9, 15, 21, 27은 오른쪽으로 갈수록 6씩 커지고, 그 아래 줄부터는 오른쪽으로 갈수록 각각 10씩, 14씩, 18씩 커집니다.
㉢ → 방향에 있는 수들은 반드시 ↓ 방향에도 똑같이 있습니다.

**11** 점선을 따라 접으면 만나는 수가 서로 같습니다. ★과 만나는 수는 63입니다.

**12** 1×④＝4, 1×⑧＝8, 3×4＝⑫, ⑦×2＝14, 7×4＝㉘

**13**

| × | ㉣ | 7 | ㉤ |
|---|---|---|---|
| ㉢ | ㉠ | 14 | |
| 3 | | | ㉡ |
| 5 | 30 | | 45 |

· ㉢×7＝14에서 ㉢＝2, 5×㉣＝30에서 ㉣＝6입니다. ➜ ㉠＝㉢×㉣＝2×6＝12
· 5×㉤＝45에서 ㉤＝9입니다.
➜ ㉡＝3×㉤＝3×9＝27

**14** 10, 12, 14로 ＼ 방향으로 갈수록 2씩 커집니다.

**15** ㉠보다 2만큼 더 큰 수가 10이므로 ㉠에 알맞은 수는 8입니다.

**16** 오른쪽으로 가거나 아래쪽으로 내려갈수록 각 단의 수만큼 커집니다.

---

172쪽 **2STEP 유형 다잡기**

**⑭** ㉠ / 풀이 파란색, 노란색

**18** ⬤◯◯

**19** 예 바람개비를 시계 방향으로 돌려 가며 놓은 규칙입니다.

**⑮** (위에서부터) 6, 10, 11, 12 / 풀이 1, 4

**20** 4씩

**21**

| 5 | | |
| 4 | | ○ |
| 3 | | |
| 2 | | |
| 1 | 6 | 11 |

**22** 라 5

**16** 30 / 풀이 30, 30, 30

**23**

**24** 15분

**25** 7시 30분

**26** 〔1단계〕 예 6시, 6시 30분, 7시, 7시 30분 이므로 부산행 버스는 30분마다 출발합니다. ▶2점

〔2단계〕 4번째 버스가 7시 30분에 출발하므로 5번째 버스는 8시, 6번째 버스는 8시 30분에 출발합니다. ▶3점

답 8시 30분

**21** → 방향으로 갈수록 5씩 커집니다. 14−5=9, 9−5=4이므로 4에서 오른쪽으로 두 번째 버튼을 눌러야 합니다.

다른 풀이 ↑ 방향으로 1씩 커집니다. 11, 12, 13, 14이므로 11에서 위쪽으로 세 번째 버튼을 눌러야 합니다.

**22** 앞줄에서부터 ↓ 방향으로 가, 나, 다, 라의 한글이 순서대로 적혀 있고, → 방향으로 같은 줄에 1부터 7까지의 수가 순서대로 적혀 있습니다.

**23** 6시 10분 → 7시 10분 → 8시 10분 → 9시 10분
➡ 1시간씩 지나는 규칙이므로 9시 10분에서 1시간 지난 10시 10분을 그립니다.

**24** 6시, 6시 15분, 6시 30분, 6시 45분, ...이므로 전주행 버스는 15분마다 출발합니다.

174쪽 **3STEP 응용 해결하기**

**1** ,    **2** 3번

**3**
❶ 쌓기나무가 쌓인 규칙 찾기 ▶3점
❷ 21번째에 올 쌓기나무의 수 구하기 ▶2점

예 ❶ 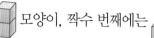 모양과  모양이 반복되는 규칙입니다. 2개가 반복되므로 홀수 번째에는 모양이, 짝수 번째에는 모양이 옵니다.

❷ 21은 홀수이므로 21번째에 올 쌓기나무는 모양으로 2개입니다.

답 2개

**4**

| × | 4 | 6 | 8 |
|---|---|---|---|
| 4 | 16 | 24 | 32 |
| 6 | 24 | 36 | 48 |
| 8 | 32 | 48 | 64 |

**5**
❶ 바둑돌을 놓는 규칙 찾기 ▶2점
❷ 바둑돌을 17개 놓아 필요한 검은색 바둑돌의 수 구하기 ▶3점

예 ❶ 흰색 바둑돌과 검은색 바둑돌이 반복되면서 수가 1개씩 늘어납니다.

❷ 바둑돌을 17개 놓으면
○●●○○/○●●●●/○○○○○/●●입니다.
따라서 검은색 바둑돌은 2+4+2=8(개) 필요합니다.

답 8개

**6** 윤서, 2

**7** (1) 2개씩  (2) 7번째

**8** (1)

무대
첫째 둘째 셋째 …

| 가열 | 1 | 2 | 3 | 4 | 5 | 6 | 7 | 8 | 9 | 10 | 11 | 12 | 13 | 14 |
| 나열 | 15 | 16 | | | | | | | | | | ○ | | |

(2) 14  (3) 40번

**1** 시계 반대 방향으로 돌아가는 규칙입니다.

**2** 노란색 칸에 알맞은 수는 6+4=10입니다.
덧셈표의 빈칸을 모두 채우면 10은 모두 3번 들어갑니다.

**4** 가로와 세로에 주어진 수가 같으므로 같은 수를 두 번 곱하여 16, 36, 64가 나오는 수를 찾습니다.

| × | ㉠ | ㉡ | ㉢ |
|---|---|---|---|
| ㉠ | 16 | | |
| ㉡ | | 36 | |
| ㉢ | | | 64 |

• ㉠×㉠=16이고
 4×4=16이므로 ㉠=4,
• ㉡×㉡=36이고
 6×6=36이므로 ㉡=6,
• ㉢×㉢=64이고
 8×8=64이므로
 ㉢=8입니다.

**6** 진태: 2, 1, 1이 반복되는 규칙입니다.
윤서: 1, 2 / 1, 2, 3 / 1, 2, 3, 4와 같이 숫자가 1개씩 더 늘어가는 규칙입니다.
→ 10, 11, 12번째 수를 각각 차례로 쓰면 진태는 2, 1, 1이고, 윤서는 1, 2, 3이므로 12번째 수 카드의 수는 윤서가 진태보다 3−1=2 더 큽니다.

**7** (1) 왼쪽과 오른쪽에 있는 쌓기나무 위에 쌓기나무가 각각 1개씩 늘어나므로 2개씩 늘어나고 있습니다.
(2) 첫 번째: 4개, 두 번째: 4+2=6(개),
세 번째: 4+2+2=8(개),
네 번째: 4+2+2+2=10(개), …
→ 4+2+2+2+2+2+2=16(개)이므로 쌓기나무가 16개인 모양은 7번째입니다.

**8** (1) 가, 나, 다, 라 순서이므로 다열은 3번째 줄이고, 열두 번째이므로 왼쪽부터 12번째 자리입니다.
(2) 의자 번호는 뒤로 갈수록 14씩 커집니다.
(3) 윤아의 자리는 12번 의자에서 2줄 더 뒤에 있으므로 윤아의 의자 번호는
12+14+14=40(번)입니다.

---

**177쪽 6단원 마무리**

**01** ▽, ☆  **02** 초록색
**03** (위에서부터) ★ / ■, ★, ■
**04** 3, 1
**05** (위에서부터) 14, 16, 16, 17

---

**06** 1  **07** 2씩
**08** 민우  **09** △

**10**
| ● | ◉ | ● |
|---|---|---|

/

| 1 | 2 | 2 | 1 | 2 | 2 | 1 |
|---|---|---|---|---|---|---|
| 2 | 2 | 1 | 2 | 2 | 1 | 2 |

**11** 6개
**12** 예 초록색, 주황색, 초록색이 반복됩니다.
**13** ㉡
**14**
❶ 규칙이 다른 하나를 찾아 기호 쓰기 ▶ 2점
❷ 규칙을 찾아 바르게 이유 쓰기 ▶ 3점

답 ❶ 가
이유 ❷ 예 나와 다는 16, 32, 48, 64로 16씩 커지고, 가는 8, 16, 24, 32로 8씩 커지기 때문입니다.

**15** (왼쪽에서부터) ★, ★, ■
**16** (위에서부터) 48, 54, 64
**17**
❶ 번호가 놓이는 규칙 찾기 ▶ 3점
❷ 민규의 번호 구하기 ▶ 2점

예 ❶ 오른쪽으로 갈수록 1씩 커지고, 뒤로 갈수록 8씩 커지는 규칙입니다.
❷ 민규의 가장 앞줄의 번호가 5이므로 민규의 번호는 5+8+8=21(번)입니다.
답 21번

**18** 11시 30분  **19** 13
**20**
❶ 쌓기나무를 쌓는 규칙 찾기 ▶ 3점
❷ 다섯 번째 올 모양을 만드는 데 필요한 쌓기나무 수 구하기 ▶ 2점

예 ❶ 처음 쌓기나무의 왼쪽에 쌓기나무가 2개씩 늘어나고 있습니다.
❷ 세 번째에 필요한 쌓기나무가 8개이므로 네 번째에 필요한 쌓기나무는 8+2=10(개), 다섯 번째에 필요한 쌓기나무는 10+2=12(개)입니다.
답 12개

---

**03** □, ▽, ☆ 모양이 반복되고, 빨간색과 초록색이 반복되는 규칙에 맞게 완성합니다.

**04** 쌓기나무가 왼쪽에서 오른쪽으로 3개, 1개씩 반복됩니다.

**05** $7+7=14$, $7+9=16$, $9+7=16$, $9+8=17$

**06** 6, 7, 8, 9, 10으로 오른쪽으로 갈수록 1씩 커지는 규칙이 있습니다.

**07** 7, 9, 11, 13, 15로 아래쪽으로 내려갈수록 2씩 커집니다.

**08** ↘ 방향으로 놓인 수는 6, 9, 12, 15, 18이므로 3씩 커집니다.

**09** 빨간색으로 색칠되어 있는 부분이 시계 방향으로 돌아가고 있습니다.
△ 다음에 올 모양은 △ 입니다.

**10** ◉, ●, ●가 반복되는 규칙입니다.
→ 1, 2, 2가 반복되는 규칙으로 바꾸어 나타냅니다.

**11** 쌓기나무가 아래로 2개, 3개, 4개 늘어나고 있습니다. → $1+2+3=6$(개)

**13** ㉠ 곱셈표에 있는 수들은 모두 짝수입니다.

**15** ■, ★ 모양이 각각 1개씩 늘어나며 반복됩니다.

**16** 같은 줄에서 오른쪽으로 가거나 아래쪽으로 갈수록 일정한 수만큼 커지는 규칙이 있습니다.

**18** 9시 → 9시 50분 → 10시 40분
→ 50분씩 지나는 규칙이므로 4교시가 시작하는 시각은 10시 40분에서 50분 지난 11시 30분입니다.

**19**

| + | 3 | ㉠ | | ㉢ |
|---|---|---|---|---|
| | | | | |
| 7 | | 12 | | 16 |
| | | | | |
| 9 | | | | ㉣ |

• $7+㉠=12$에서 $㉠=12-7=5$ 입니다.
• $7+㉢=16$에서 $㉢=16-7=9$ 입니다.
→ $㉣=9+㉢=9+9=18$
→ $㉣-㉠=18-5=13$

**180쪽** **1~6단원 총정리**

**01** 3000, 삼천　　**02** 6, 57

**03** 2906, 3006, 3206

**04** 8, 40　　**05** ( )
( ○ )
( ○ )

**06** 120, 1, 20　　**07**
(1) •——• 
(2) •——• (교차)

**08** ㉡　　**09** ㉡

**10** 2 m　　**11** 63개

**12** (위에서부터) 20, 25, 18, 24, 36, 28, 49

**13**
> ❶ 각 수에서 숫자 5가 나타내는 값 구하기 ▶ 3점
> ❷ 나타내는 값이 큰 수부터 차례로 쓰기 ▶ 2점

**(예)** ❶ 숫자 5가 나타내는 값을 각각 구하면 다음과 같습니다.
• 1504 → 500　　• 9835 → 5
• 5237 → 5000
❷ 따라서 숫자 5가 나타내는 값이 큰 수부터 차례로 쓰면 5237, 1504, 9835입니다.
**(답)** 5237, 1504, 9835

**14**
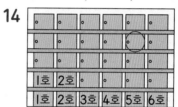

**15** 4, 3, 4, 1, 12

**16** 푸름이네 반 학생들의 장래 희망별 학생 수

| 의사 | ○ | | | |
|---|---|---|---|---|
| 경찰 | ○ | ○ | ○ | ○ |
| 운동선수 | ○ | ○ | ○ | |
| 선생님 | ○ | ○ | ○ | ○ |
| 장래 희망 학생 수(명) | 1 | 2 | 3 | 4 |

**17** 3명　　**18** 주경

**19** 2시간 20분　　**20** 4점

**21** 1, 3 /　선아네 농장에서 기르는 동물 수

| 4 | | | × | |
|---|---|---|---|---|
| 3 | | | × | × |
| 2 | | × | × | × |
| 1 | × | × | × | × |
| 동물 수(마리) 동물 | 소 | 돼지 | 닭 | 염소 |

**22**
❶ 집에서 놀이터를 거쳐 공원으로 가는 거리 구하기 ▶ 3점
❷ 얼마나 더 먼지 구하기 ▶ 2점

예 ❶ (집~놀이터~공원으로 가는 거리)
　＝(집~놀이터)＋(놀이터~공원)
　＝20 m 50 cm＋40 m 20 cm
　＝60 m 70 cm
❷ 60 m 70 cm－55 m 40 cm
　＝5 m 30 cm
따라서 5 m 30 cm 더 멉니다.
답 5 m 30 cm

**23** 목요일

**24**
❶ 쌓기나무를 쌓는 규칙 찾기 ▶ 3점
❷ 다섯 번째에 올 모양을 만드는 데 필요한 쌓기나무 수 구하기 ▶ 2점

예 ❶ 처음 모양에서 1층씩 높아지므로 쌓기나무는 2개씩 늘어나고 있습니다.
❷ 다섯 번째에 올 모양을 만드는 데 필요한 쌓기나무는
3＋2＋2＋2＋2＝11(개)입니다.
답 11개

**25** 8, 9

**03** 100씩 뛰어 세면 백의 자리 수가 1씩 커집니다.
주의 뛰어 셀 때 천의 자리 수가 바뀌는 것에 주의합니다.

**05** 30시간＝24시간＋6시간
　　　＝1일＋6시간＝1일 6시간

**06** 빗자루의 한끝이 줄자의 눈금 0에 맞추어져 있으므로 다른 쪽 끝에 있는 눈금을 읽으면 120입니다. → 120 cm＝1 m 20 cm

**07** (1) 5분이 더 지나면 4시가 됩니다.
　→ 4시 5분 전
(2) 짧은바늘이 4와 5 사이에 있으므로 4시, 긴바늘이 8을 가리키므로 40분입니다.
　→ 4시 40분

**08** ◁, ▷이 반복되면서 초록색, 빨간색, 파란색이 반복됩니다. ☐ 안에 알맞은 모양은 ▷이면서 파란색인 ⓒ입니다.

**09** ⓒ 3×5에 3을 더해서 구합니다.

**10** 50 cm가 2번이면 약 1 m입니다.
리본의 길이는 막대의 길이로 4번이므로 약 2 m입니다.

**11** (골프공의 수)
＝(한 상자에 들어 있는 골프공의 수)×(상자 수)
＝9×7＝63(개)

**14** 위로 올라갈수록 1층씩 커지고, 오른쪽으로 갈수록 1번째, 2번째, 3번째, ...로 1씩 커집니다.

**15** (합계)＝4＋3＋4＋1＝12(명)

**17** 선생님: 4명, 의사: 1명 → 4－1＝3(명)

**18** 도율: 같은 줄에서 오른쪽으로 갈수록 2씩 커집니다.

**19** 2시 30분 ──2시간 후──→ 4시 30분
　　　　　　──20분 후──→ 4시 50분
따라서 연극을 한 시간은 2시간 20분입니다.

**20** • 0이 적힌 칸에 들어온 구슬: 3개
　→ 0×3＝0(점)
• 1이 적힌 칸에 들어온 구슬: 4개
　→ 1×4＝4(점)
• 2가 적힌 칸에 들어온 구슬: 0개
　→ 2×0＝0(점)
따라서 진수가 얻은 점수는 4점입니다.

**21** • 그래프에서 확인하면 소의 수는 1마리, 염소의 수는 3마리입니다.
• 돼지의 수가 2마리이므로 그래프의 돼지 자리에 ×를 2개 그립니다. 닭의 수가 4마리이므로 그래프의 닭 자리에 ×를 4개 그립니다.

**23** 25　18　11　4
　　　－7　－7　－7
→ 3월 25일은 3월 4일과 같은 목요일입니다.

**25** 천, 백의 자리 수가 같고, 일의 자리 수를 비교하면 6>4입니다.
따라서 ☐ 안에 7보다 큰 수가 들어가야 하므로 들어갈 수 있는 수는 8, 9입니다.

# 1 네 자리 수

## 서술형 다지기

**1**
조건 3, 7603
풀이 ❶ 천, 3
❷ 3, 3000, 3000 / 3000, 1000, 1000
답 1000

**1-1**
풀이 ❶ 3269와 3769의 각 자리 수 비교하기
예 3269와 3769의 각 자리 수를 비교하면 백의 자리 수가 5만큼 커졌습니다. ▶2점
❷ ♥는 얼마인지 구하기
백의 자리 수가 5만큼 커졌으므로 500만큼 커진 것입니다. 따라서 ♥씩 5번만큼은 500입니다. 500은 100이 5번인 수이므로 ♥는 100입니다. ▶3점
답 100

**1-2**
풀이 ❶ 4812와 6812의 각 자리 수 비교하기
예 4812와 6812의 각 자리 수를 비교하면 천의 자리 수가 2만큼 커졌습니다. ▶2점
❷ ●는 얼마인지 구하기
천의 자리 수가 2만큼 커졌으므로 2000만큼 커진 것입니다. 따라서 ●씩 4번만큼은 2000입니다. 1000은 500이 2개인 수이므로 2000은 500이 4개인 수입니다. ➔ ●=500 ▶3점
답 500

**1-3**
1단계 예 ㉠씩 4번 뛰어 세었을 때 5294에서 5298로 일의 자리 수가 4만큼 커졌으므로 4만큼 커진 것입니다. ➔ ㉠=1 ▶2점
2단계 ㉡씩 6번 뛰어 세었을 때 5294에서 5594로 백의 자리 수가 3만큼 커졌으므로 300만큼 커진 것입니다. 100은 50이 2개인 수이므로 300은 50이 6개인 수입니다. ➔ ㉡=50 ▶2점
3단계 ㉠과 ㉡에 알맞은 수의 합은 1+50=51입니다. ▶1점
답 51

**2**
조건 7000
풀이 ❶ 7000, 7 / 7, 2
❷ 7, 십, 2
❸ 7227
답 7227

**2-1**
풀이 ❶ 백의 자리 숫자, 일의 자리 숫자 구하기
예 백의 자리 숫자는 300을 나타내므로 3입니다. (일의 자리 수)=(백의 자리 수)+6이므로 일의 자리 숫자는 3+6=9입니다. ▶2점
❷ 천의 자리 숫자, 십의 자리 숫자 구하기
뒤의 숫자부터 거꾸로 써도 같은 수가 되려면 (천의 자리 숫자)=(일의 자리 숫자)=9, (백의 자리 숫자)=(십의 자리 숫자)=3입니다. ▶2점
❸ 조건을 모두 만족하는 네 자리 수 구하기
따라서 조건을 모두 만족하는 네 자리 수는 9339입니다. ▶1점
답 9339

**2-2**
1단계 예 천의 자리 숫자는 3000을 나타내므로 3입니다. ▶1점
2단계 백의 자리 숫자가 될 수 있는 수는 3보다 작은 0, 1, 2입니다.
➔ 30□□, 31□□, 32□□ ▶2점
3단계 같은 숫자가 2개씩 있으므로 조건을 만족하는 네 자리 수는 3030, 3003, 3131, 3113, 3232, 3223입니다. 따라서 조건을 모두 만족하는 네 자리 수는 6개입니다. ▶2점
답 6개

**3**
조건 7, 2, 5, 4 / 5, 3000
풀이 ❶ 5, 7, 2, 4
❷ 3000, 2
❸ 2, 5, 2547, 2574
답 2547, 2574

**3-1** (풀이) ❶ 십의 자리에 놓는 수와 남은 카드 구하기

(예) 십의 자리 숫자가 3이므로 남은 수 카드는
8, 1, 5입니다. ▶1점

❷ 천의 자리에 놓을 수 있는 수 구하기

6000보다 큰 수를 만들어야 하므로 천의 자리에
놓을 수 있는 수는 8입니다. ▶2점

❸ 만들 수 있는 네 자리 수 모두 구하기

천의 자리 숫자는 8, 십의 자리 숫자는 3이므로 만
들 수 있는 네 자리 수는 8135, 8531입니다. ▶2점

(답) 8135, 8531

**3-2** (1단계) (예) 백의 자리 숫자는 400을 나타내므로 4
입니다. 남은 수는 1, 7, 8입니다. ▶1점

(2단계) 7000보다 작은 수를 만들어야 하므로 천의
자리에 놓을 수 있는 수는 1입니다. ▶2점

(3단계) 천의 자리 숫자는 1, 백의 자리 숫자는 4이
므로 만들 수 있는 네 자리 수는 1478, 1487입니
다. ▶2점

(답) 1478, 1487

**3-3** (1단계) (예) 십의 자리 숫자는 3이므로 남은 수는
6, 5, 9입니다. ▶1점

(2단계) 4000보다 크고 8000보다 작은 수를 만들
어야 하므로 천의 자리에 놓을 수 있는 수는 5와 6
입니다. ▶2점

(3단계) 천의 자리 숫자가 5, 십의 자리 숫자가 3인
수는 5639, 5936이고,
천의 자리 숫자가 6, 십의 자리 숫자가 3인 수는
6539, 6935입니다. ▶2점

(답) 5639, 5936, 6539, 6935

## 서술형 완성하기

**08쪽**

**1** (풀이) ❶ 5234와 9234의 각 자리 수 비교하기

(예) 5234와 9234의 각 자리 수를 비교하면 천의
자리 수가 4만큼 커졌습니다. ▶2점

❷ ♣는 얼마인지 구하기

천의 자리 수가 4만큼 커졌으므로 4000만큼 커
진 것입니다. 따라서 ♣씩 4번만큼은 4000입니다.

4000은 1000이 4개인 수이므로 ♣는 1000입
니다. ▶3점

(답) 1000

**2** (풀이) ❶ 1305와 4305의 각 자리 수 비교하기

(예) 1305와 4305의 각 자리 수를 비교하면 천의
자리 수가 3만큼 커졌습니다. ▶2점

❷ ■는 얼마인지 구하기

천의 자리 수가 3만큼 커졌으므로 3000만큼 커
진 것입니다. 따라서 ■씩 6번만큼은 3000입니다.
1000은 500이 2개인 수이므로 3000은 500
이 6개인 수입니다. → ■=500 ▶3점

(답) 500

**3** (풀이) ❶ ㉠에 알맞은 수 구하기

(예) ㉠씩 5번 뛰어 세었을 때 6123에서 6173으
로 십의 자리 수가 5만큼 커졌으므로 ㉠에 알맞은
수는 10입니다. ▶2점

❷ ㉡에 알맞은 수 구하기

㉡씩 8번 뛰어 세었을 때 2638에서 2678로 십
의 자리 수가 4만큼 커졌습니다. 10은 5가 2개인
수이므로 40은 5가 8개인 수입니다. 따라서 ㉡에
알맞은 수는 5입니다. ▶2점

❸ ㉠과 ㉡에 알맞은 수의 차 구하기

㉠과 ㉡에 알맞은 수의 차: 10-5=5 ▶1점

(답) 5

**4** (풀이) ❶ 천의 자리 숫자, 백의 자리 숫자 구하기

(예) 백의 자리 숫자는 300을 나타내므로 3입니다.
(천의 자리 수)=(백의 자리 수)+2이므로 천의 자
리 숫자는 3+2=5입니다. ▶2점

❷ 십의 자리 숫자, 일의 자리 숫자 구하기

같은 두 수의 합이 8인 경우는 4+4=8이므로
십의 자리 숫자와 일의 자리 숫자는 4입니다. ▶2점

❸ 조건을 모두 만족하는 네 자리 수 구하기

따라서 조건을 모두 만족하는 네 자리 수는
5344입니다. ▶1점

(답) 5344

**5** (풀이) ❶ 천의 자리 숫자 구하기

(예) 천의 자리 숫자는 7000을 나타내므로 7입니
다. ▶1점

❷ 십의 자리 숫자가 될 수 있는 수 구하기

십의 자리 숫자가 될 수 있는 수는 7보다 큰 8, 9
입니다. ➡ 7□8□, 7□9□ ▶ 2점

❸ 조건을 모두 만족하는 네 자리 수의 개수 구하기

같은 숫자가 2개씩 있으므로 조건을 만족하는 네
자리 수는 7788, 7887, 7799, 7997입니다.
따라서 조건을 모두 만족하는 네 자리 수는 4개입
니다. ▶ 2점

답 4개

---

**6** 풀이 ❶ 일의 자리에 놓는 수와 남은 카드 구하기

예 십의 자리 숫자가 9이므로 남은 수 카드는
5, 0, 3입니다. ▶ 1점

❷ 천의 자리에 놓을 수 있는 수 구하기

4000보다 작은 수를 만들어야 하므로 천의 자리
에 놓을 수 있는 수는 3입니다. ▶ 2점

❸ 만들 수 있는 네 자리 수 모두 구하기

천의 자리 숫자가 3, 십의 자리 숫자가 9이므로 만들
수 있는 네 자리 수는 3095, 3590입니다. ▶ 2점

답 3095, 3590

---

**7** 풀이 ❶ 십의 자리에 놓는 수와 남은 수 구하기

예 십의 자리 숫자는 20을 나타내므로 2입니다.
남은 수는 7, 3, 5입니다. ▶ 1점

❷ 천의 자리에 놓을 수 있는 수 구하기

6000보다 큰 수를 만들어야 하므로 천의 자리에
놓을 수 있는 수는 7입니다. ▶ 2점

❸ 만들 수 있는 네 자리 수 모두 구하기

천의 자리 숫자는 7, 십의 자리 숫자는 2이므로 만
들 수 있는 네 자리 수는 7325, 7523입니다.
▶ 2점

답 7325, 7523

---

**8** 풀이 ❶ 백의 자리에 놓는 수와 남은 수 구하기

예 백의 자리 숫자는 4이므로 남은 수는 8, 6, 7
입니다. ▶ 1점

❷ 천의 자리에 놓을 수 있는 수 구하기

5000보다 크고 8000보다 작은 수를 만들어야
하므로 천의 자리에 놓을 수 있는 수는 6, 7입니
다. ▶ 2점

---

❸ 만들 수 있는 네 자리 수 모두 구하기

천의 자리 숫자가 6, 백의 자리 숫자가 4인 수는
6478, 6487이고,
천의 자리 숫자가 7, 백의 자리 숫자가 4인 수는
7468, 7486입니다. ▶ 2점

답 6478, 6487, 7468, 7486

# 2 곱셈구구

## 서술형 다지기

**1** 조건 3

풀이 ❶ 24

❷ 24 / 6, 12, 18, 24, 30 / 4

답 4

**1-1** 풀이 ❶ 주어진 곱 계산하기

예 6 × 6 = 36 ▶ 2점

❷ 지워진 수 구하기

9단 곱셈구구에서 곱이 36이 되는 곱셈식을 찾습
니다. 9 × 1 = 9, 9 × 2 = 18, 9 × 3 = 27,
9 × 4 = 36, ... ➡ 지워진 수는 4입니다. ▶ 3점

답 4

**1-2** 1단계 예 재희네 반 학생 수: 2 × 9 = 18(명) ▶ 2점

2단계 한 줄에 3명씩 서 있으므로 3단 곱셈구구에
서 곱이 18이 되는 곱셈식을 찾습니다.

..., 3 × 5 = 15, 3 × 6 = 18, 3 × 7 = 21, ...

➡ 한 줄에 3명씩 6줄로 설 수 있습니다. ▶ 3점

답 6줄

**1-3** 1단계 예 현수네 집에 귤이 8 × 5 = 40(개) 있었는
데 아버지께서 9개를 더 사오셨으므로 지금 현수네
집에 있는 귤은 40 + 9 = 49(개)입니다. ▶ 2점

2단계 한 봉지에 7개씩 담겨 있으므로 7단 곱셈구
구에서 곱이 49가 되는 곱셈식을 찾습니다.

..., 7 × 5 = 35, 7 × 6 = 42, 7 × 7 = 49,
7 × 8 = 56, ...

➡ 감은 한 봉지에 7개씩 모두 7봉지입니다. ▶ 3점

답 7봉지

**12쪽**

**2** 조건 5, 4

풀이 ❶ 5, 5, 0 / 4, 4, 4

❷ 0, 4, 4

답 4

**2-1** 풀이 ❶ 구슬을 꺼낸 점수 각각 구하기

예 • 0이 적힌 구슬 8개 → $0 \times 8 = 0$(점)

• 1이 적힌 구슬 2개 → $1 \times 2 = 2$(점) ▶3점

❷ 연아가 얻은 점수 구하기

연아가 얻은 점수는 $0 + 2 = 2$(점)입니다. ▶2점

답 2점

**2-2** 1단계 예 • 원판의 수 0 → $0 \times 3 = 0$(점)

• 원판의 수 1 → $1 \times 2 = 2$(점)

• 원판의 수 3 → $3 \times 2 = 6$(점) ▶3점

2단계 얻은 점수는 $0 + 2 + 6 = 8$(점)입니다. ▶2점

답 8점

**2-3** 1단계 예 지나네 반에서 1등은 5점씩 2명이므로

$5 \times 2 = 10$(점), 3등은 0점씩 5명이므로

$0 \times 5 = 0$(점)입니다.

→ 지나네 반의 점수: $10 + 0 = 10$(점) ▶2점

2단계 현호네 반에서 2등은 3점씩 4명이므로

$3 \times 4 = 12$(점), 3등은 0점씩 3명이므로

$0 \times 3 = 0$(점)입니다.

→ 현호네 반의 점수: $12 + 0 = 12$(점) ▶2점

3단계 $10 < 12$이므로 현호네 반의 점수가 더 높습니다. ▶1점

답 현호네 반

**14쪽**

**3** 조건 7, 5 / 2

풀이 ❶ 7 / 7, 5, 35

❷ 4 / 4, 8

❸ 35, 8, 27

답 27

**3-1** 풀이 ❶ 색 테이프 7도막의 길이 구하기

예 한 도막의 길이가 9 cm인 색 테이프가 7도막

이므로 색 테이프 7도막의 길이는

$9 \times 7 = 63$ (cm)입니다. ▶2점

❷ 겹친 부분의 전체 길이 구하기

색 테이프 7도막을 이어 붙였으므로 겹친 부분은

6군데입니다.

(겹친 부분의 전체 길이)$= 3 \times 6 = 18$ (cm) ▶2점

❸ 이어 붙인 색 테이프의 전체 길이 구하기

(전체 길이)$=$(색 테이프 7도막의 길이)

$-$(겹친 부분의 전체 길이)

$= 63 - 18 = 45$ (cm) ▶1점

답 45 cm

**3-2** 1단계 예 리본 6개를 이어 붙였으므로 겹친 부분은

5군데입니다.

(겹친 부분의 전체 길이)$= 4 \times 5 = 20$ (cm) ▶2점

2단계 (리본 6개의 길이)

$=$(전체 길이)$+$(겹친 부분의 전체 길이)

$= 34 + 20 = 54$ (cm) ▶1점

3단계 리본 1개의 길이를 ■ cm라고 하면

■$\times 6 = 54$입니다. $9 \times 6 = 54$이므로 ■$= 9$입

니다. → 리본 1개의 길이는 9 cm입니다. ▶2점

답 9 cm

**3-3** 1단계 예 한 개의 길이가 8 cm인 리본이 9개이므로

리본 9개의 길이는 $8 \times 9 = 72$ (cm)입니다 ▶2점

2단계 (겹친 부분의 전체 길이)

$=$(리본 9개의 길이)$-$(전체 길이)

$= 72 - 56 = 16$ (cm) ▶1점

3단계 리본 9개를 이어 붙였으므로 겹친 부분은

8군데입니다. 겹친 부분 한 군데의 길이를 ■ cm

라고 하면 ■$\times 8 = 16$입니다. $2 \times 8 = 16$이므로

■$= 2$입니다. 따라서 겹친 부분 한 군데의 길이는

2 cm입니다. ▶2점

답 2 cm

## 서술형 완성하기

**16쪽**

**1** 풀이 ❶ 주어진 곱 계산하기

예 $4 \times 4 = 16$ ▶2점

❷ ♥에 알맞은 수 구하기

2단 곱셈구구에서 곱이 16이 되는 곱셈식을 찾습

니다. ..., $2 \times 6 = 12$, $2 \times 7 = 14$, $2 \times 8 = 16$, ...

→ ♥$= 8$ ▶3점

답 8

**2**

[풀이] ❶ 전체 복숭아 수 구하기

㉾ 복숭아가 한 상자에 $4$개씩 $6$상자가 있으므로

(전체 복숭아 수)$=4\times6=24$(개)입니다. ▶ 2점

❷ 참외 상자 수 구하기

한 상자에 $8$개씩 담겨 있으므로 $8$단 곱셈구구에서 곱이 $24$가 되는 곱셈식을 찾습니다.

$8\times1=8$, $8\times2=16$, $8\times3=24$, ...

따라서 참외는 $3$상자 있습니다. ▶ 3점

[답] $3$상자

**3**

[풀이] ❶ 집에 있는 사탕 수 구하기

㉾ 집에 사탕이 $6\times9=54$(개) 있었는데 어머니께서 $2$개를 더 사오셨으므로 집에 있는 사탕은 $54+2=56$(개)입니다. ▶ 2점

❷ 쿠키를 몇 상자 사야 하는지 구하기

한 상자에 $8$개이므로 $8$단 곱셈구구에서 곱이 $56$이 되는 곱셈식을 찾습니다.

..., $8\times5=40$, $8\times6=48$, $8\times7=56$, ...

따라서 쿠키는 $7$상자 사야 합니다. ▶ 3점

[답] $7$상자

**4**

[풀이] ❶ 화살을 맞혀 얻은 점수 각각 구하기

㉾ • 판에 적힌 수 $0$ → $0\times4=0$(점)

• 판에 적힌 수 $3$ → $3\times5=15$(점)

• 판에 적힌 수 $5$ → $5\times1=5$(점) ▶ 3점

❷ 민재가 얻은 점수 구하기

민재가 얻은 점수: $0+15+5=20$(점) ▶ 2점

[답] $20$점

**5**

[풀이] ❶ 민규네 반의 점수 구하기

㉾ 민규네 반에서 $1$등은 $6$점씩 $4$명이므로

$6\times4=24$(점), $3$등은 $0$점씩 $3$명이므로

$0\times3=0$(점)입니다.

→ 민규네 반의 점수: $24+0=24$(점) ▶ 2점

❷ 원우네 반의 점수 구하기

원우네 반에서 $2$등은 $3$점씩 $5$명이므로

$3\times5=15$(점),

$3$등은 $0$점씩 $2$명이므로 $0\times2=0$(점)입니다.

→ 원우네 반의 점수: $15+0=15$(점) ▶ 2점

❸ 어느 반의 점수가 더 높은지 구하기

$24>15$이므로 민규네 반의 점수가 더 높습니다.

▶ 1점

[답] 민규네 반

**6**

[풀이] ❶ 색 테이프 $4$도막의 길이 구하기

㉾ 한 도막의 길이가 $8\,\text{cm}$인 색 테이프가 $4$도막이므로 색 테이프 $4$도막의 길이는

$8\times4=32\,(\text{cm})$입니다. ▶ 2점

❷ 겹친 부분의 전체 길이 구하기

색 테이프 $4$도막을 이어 붙였으므로 겹친 부분은 $3$군데입니다.

(겹친 부분의 전체 길이)$=2\times3=6\,(\text{cm})$ ▶ 2점

❸ 이어 붙인 색 테이프의 전체 길이 구하기

(전체 길이)$=$(색 테이프 $4$도막의 길이)

$\qquad\qquad-$(겹친 부분의 전체 길이)

$\qquad\quad=32-6=26\,(\text{cm})$ ▶ 1점

[답] $26\,\text{cm}$

**7**

[풀이] ❶ 겹친 부분의 전체 길이 구하기

㉾ 색 테이프 $8$개를 이어 붙였으므로 겹친 부분은 $7$군데입니다.

(겹친 부분의 전체 길이)$=3\times7=21\,(\text{cm})$ ▶ 2점

❷ 색 테이프 $8$개의 길이 구하기

(색 테이프 $8$개의 길이)

$=$(전체 길이)$+$(겹친 부분의 전체 길이)

$=51+21=72\,(\text{cm})$ ▶ 1점

❸ 색 테이프 $1$개의 길이 구하기

색 테이프 $1$개의 길이를 ■ cm라고 하면

■ $\times8=72$입니다.

$9\times8=72$이므로 ■ $=9$입니다.

따라서 색 테이프 $1$개의 길이는 $9\,\text{cm}$입니다. ▶ 2점

[답] $9\,\text{cm}$

**8**

[풀이] ❶ 리본 $6$개의 길이 구하기

㉾ 한 개의 길이가 $7\,\text{cm}$인 리본이 $6$개이므로

(리본 $6$개의 길이)$=7\times6=42\,(\text{cm})$입니다. ▶ 2점

❷ 겹친 부분의 전체 길이 구하기

(겹친 부분의 전체 길이)

$=$(리본 $6$개의 길이)$-$(전체 길이)

$=42-27=15\,(\text{cm})$ ▶ 1점

❸ 겹친 부분 한 군데의 길이 구하기

리본 $6$개를 이어 붙였으므로 겹친 부분은 $5$군데입니다. 겹친 부분 한 군데의 길이를 ■ cm라고 하면

■ $\times5=15$이고 $3\times5=15$이므로 ■ $=3$입니다.

따라서 겹친 부분 한 군데의 길이는 $3\,\text{cm}$입니다.

▶ 2점

[답] $3\,\text{cm}$

# 3 길이 재기

**18쪽**

**1** 조건 1, 20 / 2, 40
풀이 ❶ 1, 20, 1, 20, 2, 40
❷ 40, 2, 40, 40, 2, 80 / 2, 80
답 2, 80

**1-1** 풀이 ❶ 정우의 3걸음의 길이 구하기
예 (정우의 3걸음의 길이)
$=70\,\text{cm}+70\,\text{cm}+70\,\text{cm}=210\,\text{cm}$
$=2\,\text{m}\,10\,\text{cm}$ ▶2점
❷ 책상의 긴 쪽의 길이 구하기
(책상의 긴 쪽의 길이)
$=$(정우의 3걸음의 길이)$+50\,\text{cm}$
$=2\,\text{m}\,10\,\text{cm}+50\,\text{cm}=2\,\text{m}\,60\,\text{cm}$
따라서 책상의 긴 쪽의 길이는 약 $2\,\text{m}\,60\,\text{cm}$입니다. ▶3점
답 약 $2\,\text{m}\,60\,\text{cm}$

**1-2** 1단계 예 • 담의 높이의 3배는
$1\,\text{m}\,20\,\text{cm}+1\,\text{m}\,20\,\text{cm}+1\,\text{m}\,20\,\text{cm}$
$=3\,\text{m}\,60\,\text{cm}$이므로
(가의 높이)$=3\,\text{m}\,60\,\text{cm}-1\,\text{m}\,3\,\text{cm}$
$=2\,\text{m}\,57\,\text{cm}$입니다.
• (나의 높이)$=1\,\text{m}\,20\,\text{cm}+1\,\text{m}\,55\,\text{cm}$
$=2\,\text{m}\,75\,\text{cm}$ ▶4점
2단계 $2\,\text{m}\,57\,\text{cm}<2\,\text{m}\,75\,\text{cm}$이므로 더 낮은 탑은 가입니다. ▶1점
답 가

**1-3** 1단계 예 • 나무로 2번 잰 길이는
$2\,\text{m}\,30\,\text{cm}+2\,\text{m}\,30\,\text{cm}$
$=4\,\text{m}\,60\,\text{cm}$이므로
(가의 높이)$=4\,\text{m}\,60\,\text{cm}+35\,\text{cm}$
$=4\,\text{m}\,95\,\text{cm}$입니다.
• 나무로 3번 잰 길이는
$2\,\text{m}\,30\,\text{cm}+2\,\text{m}\,30\,\text{cm}+2\,\text{m}\,30\,\text{cm}$
$=6\,\text{m}\,90\,\text{cm}$이므로

(나의 높이)$=6\,\text{m}\,90\,\text{cm}-1\,\text{m}\,10\,\text{cm}$
$=5\,\text{m}\,80\,\text{cm}$입니다. ▶4점
2단계 $4\,\text{m}\,95\,\text{cm}<5\,\text{m}\,80\,\text{cm}$이므로 더 높은 건물은 나입니다. ▶1점
답 나

**20쪽**

**2** 조건 38, 30 / 78, 40
풀이 ❶ 93, 95
❷ 93, 95, 15, 55
답 15, 55

**2-1** 풀이 ❶ ㉯ 길의 길이 구하기
예 (㉯ 길의 길이)
$=50\,\text{m}\,45\,\text{cm}+44\,\text{m}\,40\,\text{cm}$
$=94\,\text{m}\,85\,\text{cm}$ ▶2점
❷ ㉮ 길은 ㉯ 길보다 몇 m 몇 cm 더 가까운지 구하기
$8570\,\text{cm}=85\,\text{m}\,70\,\text{cm}$이므로
㉮ 길은 ㉯ 길보다
$94\,\text{m}\,85\,\text{cm}-85\,\text{m}\,70\,\text{cm}$
$=9\,\text{m}\,15\,\text{cm}$ 더 가깝습니다. ▶3점
답 $9\,\text{m}\,15\,\text{cm}$

**2-2** 1단계 예 (집~우체국~놀이터)
$=27\,\text{m}\,28\,\text{cm}+47\,\text{m}\,56\,\text{cm}$
$=74\,\text{m}\,84\,\text{cm}$ ▶2점
2단계 (집~병원~놀이터)
$=37\,\text{m}\,54\,\text{cm}+41\,\text{m}\,33\,\text{cm}$
$=78\,\text{m}\,87\,\text{cm}$ ▶2점
3단계 $74\,\text{m}\,84\,\text{cm}<78\,\text{m}\,87\,\text{cm}$이므로 우체국을 거쳐서 가는 것이
$78\,\text{m}\,87\,\text{cm}-74\,\text{m}\,84\,\text{cm}=4\,\text{m}\,3\,\text{cm}$ 더 가깝습니다. ▶1점
답 우체국, $4\,\text{m}\,3\,\text{cm}$

**22쪽**

**3** 조건 4 / 25
풀이 ❶ 4 / 20, 20, 20, 20, 80
❷ 80, 105
❸ 100, 105, 1, 5
답 1, 5

**3-1** (풀이) ❶ 상자를 둘러싸는 데 사용한 리본의 길이 구하기

(예) 상자를 둘러싸는 데 사용한 리본의 길이는
15 cm씩 2번, 30 cm씩 2번이므로
15＋30＋15＋30＝90 (cm)입니다. ▶ 2점

❷ 상자를 묶는 데 사용한 리본의 길이는 몇 cm인지 구하기

매듭을 만드는 데 20 cm를 사용했으므로 상자를
묶는 데 사용한 리본의 길이는
90＋20＝110 (cm)입니다. ▶ 2점

❸ 상자를 묶는 데 사용한 리본의 길이는 몇 m 몇 cm인지 구하기

1 m＝100 cm이므로 상자를 묶는 데 사용한 리본
의 길이는 110 cm＝1 m 10 cm입니다. ▶ 1점

(답) 1 m 10 cm

**3-2** (1단계) (예) 상자를 둘러싸는 데 사용한 리본의 길이
는 30 cm씩 4번이므로
30＋30＋30＋30＝120 (cm)입니다. ▶ 2점

(2단계) 상자를 둘러싸는 데 사용한 리본의 길이가
120 cm＝1 m 20 cm이므로 매듭을 만드는 데
사용한 리본의 길이는
1 m 55 cm－1 m 20 cm＝35 cm입니다. ▶ 3점

(답) 35 cm

**3-3** (1단계) (예) 상자를 둘러싸는 데 사용한 리본의 길이
는 65 cm씩 2번, 40 cm씩 2번, 25 cm씩 4번
입니다. ▶ 2점

(2단계) • 65 cm씩 2번: 65＋65＝130 (cm)
→ 1 m 30 cm
• 40 cm씩 2번: 40＋40＝80 (cm)
• 25 cm씩 4번:
25＋25＋25＋25＝100 (cm) → 1 m
➔ (상자를 묶는 데 사용한 리본의 길이)
＝1 m 30 cm＋80 cm＋1 m
＝3 m 10 cm ▶ 3점

(답) 3 m 10 cm

## 서술형 완성하기

**24쪽**

**1** (풀이) ❶ 영아가 양팔을 벌려서 3번 잰 길이 구하기

(예) (영아가 양팔을 벌려서 3번 잰 길이)
＝1 m 15 cm＋1 m 15 cm＋1 m 15 cm
＝3 m 45 cm ▶ 2점

❷ 낚싯대의 길이 구하기

(낚싯대의 길이)
＝(영아가 양팔을 벌려서 3번 잰 길이)＋35 cm
＝3 m 45 cm＋35 cm
＝3 m 80 cm
따라서 낚싯대의 길이는 약 3 m 80 cm입니다.
▶ 3점

(답) 약 3 m 80 cm

**2** (풀이) ❶ 가와 나의 높이 각각 구하기

(예) • (가의 높이)
＝1 m 30 cm＋2 m 5 cm
＝3 m 35 cm
• 민서의 키의 3배는 1 m 30 cm＋1 m 30 cm
＋1 m 30 cm＝3 m 90 cm이므로
(나의 높이)＝3 m 90 cm－70 cm
＝3 m 20 cm입니다. ▶ 4점

❷ 더 낮은 탑은 무엇인지 구하기

3 m 35 cm＞3 m 20 cm이므로 더 낮은 탑은
나입니다. ▶ 1점

(답) 나

**3** (풀이) ❶ 가와 나의 높이 각각 구하기

(예) • 나무로 3번 잰 길이는
2 m 10 cm＋2 m 10 cm＋2 m 10 cm
＝6 m 30 cm이므로
(가의 높이)＝6 m 30 cm＋40 cm
＝6 m 70 cm입니다.
• 나무로 4번 잰 길이는
2 m 10 cm＋2 m 10 cm＋2 m 10 cm
＋2 m 10 cm＝8 m 40 cm이므로
(나의 높이)＝8 m 40 cm－20 cm
＝8 m 20 cm입니다. ▶ 4점

❷ 더 높은 건물은 무엇인지 구하기

6 m 70 cm＜8 m 20 cm이므로 더 높은 건물
은 나입니다. ▶ 1점

(답) 나

**4** (풀이) ❶ ㉮ 길의 길이 구하기

(예) (㉮ 길의 길이)
＝54 m 30 cm＋38 m 10 cm
＝92 m 40 cm ▶ 2점

❷ 어느 쪽의 길이 얼마나 더 가까운지 구하기
9010 cm＝90 m 10 cm이므로 ㉯ 길이
92 m 40 cm－90 m 10 cm＝2 m 30 cm
더 가깝습니다. ▶3점
(답) ㉯ 길, 2 m 30 cm

**5** (풀이) ❶ 학교에서 서점을 지나서 학원 가는 거리 구하기
(예) (학교~서점~학원)
＝29 m 85 cm＋52 m 63 cm
＝82 m 48 cm ▶2점
❷ 학교에서 공원을 지나서 학원 가는 거리 구하기
(학교~공원~학원)
＝38 m 44 cm＋48 m 50 cm
＝86 m 94 cm ▶2점
❸ 어디를 지나서 가는 길이 얼마나 더 가까운지 구하기
82 m 48 cm＜86 m 94 cm이므로
서점을 지나서 가는 길이
86 m 94 cm－82 m 48 cm＝4 m 46 cm
더 가깝습니다. ▶1점
(답) 서점, 4 m 46 cm

**6** (풀이) ❶ 상자를 둘러싸는 데 사용한 리본의 길이 구하기
(예) 상자를 둘러싸는 데 사용한 리본의 길이는
40 cm씩 2번, 15 cm씩 2번이므로
40＋15＋40＋15＝110 (cm)입니다. ▶2점
❷ 상자를 묶는 데 사용한 리본의 길이는 몇 cm인지 구하기
매듭을 만드는 데 18 cm를 사용했으므로 상자를
묶는 데 사용한 리본의 길이는
110＋18＝128 (cm)입니다. ▶2점
❸ 상자를 묶는 데 사용한 리본의 길이는 몇 m 몇 cm인지 구하기
1 m＝100 cm이므로 상자를 묶는 데 사용한 리본
의 길이는 128 cm＝1 m 28 cm입니다. ▶1점
(답) 1 m 28 cm

**7** (풀이) ❶ 상자를 둘러싸는 데 사용한 리본의 길이 구하기
(예) 상자를 둘러싸는 데 사용한 리본의 길이는
50 cm씩 4번이므로
50＋50＋50＋50＝200 (cm)입니다. ▶2점
❷ 매듭을 만드는 데 사용한 리본의 길이는 몇 cm인지 구하기
상자를 둘러싸는 데 사용한 리본의 길이가
200 cm＝2 m이므로
매듭을 만드는 데 사용한 리본의 길이는
2 m 22 cm－2 m＝22 cm입니다. ▶3점
(답) 22 cm

**8** (풀이) ❶ 길이가 같은 부분의 개수 구하기
(예) 상자를 둘러싸는 데 사용한 리본의 길이는
72 cm씩 2번, 35 cm씩 2번, 50 cm씩 4번입
니다. ▶2점
❷ 상자를 묶는 데 사용한 리본의 길이는 몇 m 몇 cm인지 구하기
• 72 cm씩 2번: 72＋72＝144 (cm)
→ 1 m 44 cm
• 35 cm씩 2번: 35＋35＝70 (cm)
• 50 cm씩 4번:
50＋50＋50＋50＝200 (cm) → 2 m
→ (상자를 묶는 데 사용한 리본의 길이)
＝1 m 44 cm＋70 cm＋2 m
＝4 m 14 cm ▶3점
(답) 4 m 14 cm

# **4** 시각과 시간

## 서술형 다지기

**26쪽**

**1** (조건) 9 / 30, 10, 30
(풀이) ❶ 70 / 60, 70, 1, 10
❷ 1, 10 / 10, 10, 10 / 10, 10
(답) 10, 10

**1-1** (풀이) ❶ 전체 경기 시간은 몇 시간 몇 분인지 구하기
(예) (전체 경기 시간)
＝45분＋15분＋45분＝105분
1시간＝60분이므로 축구 전체 경기 시간은
105분＝1시간 45분입니다. ▶2점
❷ 축구 경기가 끝난 시각 구하기
축구 경기가 끝난 시각은 8시에서 1시간 45분 후
입니다.
8시  → 9시 → 9시 45분
　　1시간 후　　45분 후
→ 축구 경기가 끝난 시각은 9시 45분입니다. ▶3점
(답) 9시 45분

**1-2** (1단계) 예 (2교시가 끝날 때까지 걸린 시간)
=(1교시 수업 시간)+(쉬는 시간)+
(2교시 수업 시간)
=40분+10분+40분=90분
1시간=60분이므로 2교시가 끝날 때까지 걸린 시간은 90분=1시간 30분입니다. ▶ 2점
(2단계) 2교시가 끝난 시각은 9시 10분에서 1시간 30분 후입니다.

9시 10분 $\xrightarrow{\text{1시간 후}}$ 10시 10분

$\xrightarrow{\text{30분 후}}$ 10시 40분

➜ 2교시가 끝난 시각은 10시 40분입니다. ▶ 3점
답 10시 40분

**1-3** (1단계) 예 (3회가 시작할 때까지 걸린 시간)
=(1회 공연 시간)+(쉬는 시간)
+(2회 공연 시간)+(쉬는 시간)
=90분+20분+90분+20분
=220분
1시간=60분이므로 3회가 시작할 때까지 걸린 시간은 220분=3시간 40분입니다. ▶ 2점
(2단계) 3회가 시작한 시각은 8시에서 3시간 40분 후입니다.

8시 $\xrightarrow{\text{3시간 후}}$ 11시 $\xrightarrow{\text{40분 후}}$ 11시 40분

➜ 3회가 시작한 시각은 11시 40분입니다. ▶ 3점
답 11시 40분

**28쪽**

**2** 조건 2 / 1, 30, 3, 50
풀이 ❶ 2, 20, 2, 20
❷ 리아
답 리아

**2-1** 풀이 ❶ 준호가 줄넘기 연습을 한 시간 구하기
예 4시 10분에서 1시간이 지나면 5시 10분이고,
5시 10분에서 50분이 지나면 6시이므로 준호가 줄넘기 연습을 한 시간은 1시간 50분입니다. ▶ 3점
❷ 줄넘기 연습을 더 오래 한 사람 구하기
미나가 줄넘기 연습을 한 시간은 1시간 30분이므로 줄넘기 연습을 더 오래 한 사람은 준호입니다. ▶ 2점
답 준호

**2-2** (1단계) 예 2시 20분에서 1시간이 지나면 3시 20분이고, 3시 20분에서 30분이 지나면 3시 50분이므로 진호가 공부한 시간은 1시간 30분입니다. ▶ 2점
(2단계) 3시에서 1시간이 지나면 4시이고, 4시에서 50분이 지나면 4시 50분이므로 영주가 공부한 시간은 1시간 50분입니다. ▶ 2점
(3단계) 공부를 더 오래 한 사람은 영주입니다. ▶ 1점
답 영주

**2-3** (1단계) 예 9시 30분에서 1시간이 지나면 10시 30분이고, 10시 30분에서 40분이 지나면 11시 10분이므로 1관 상영 시간은 1시간 40분입니다. ▶ 2점
(2단계) 10시 10분에서 2시간이 지나면 12시 10분이고, 12시 10분에서 10분이 지나면 12시 20분이므로 2관 상영 시간은 2시간 10분입니다. ▶ 2점
(3단계) 영화 상영 시간이 더 짧은 곳은 1관입니다. ▶ 1점

답 1관

서술형 강화책

4 단원

**30쪽**

**3** 조건 4
풀이 ❶ 4
❷ 7 / 4, 11, 18, 25
❸ 25
답 2, 25

**3-1** 풀이 ❶ 4월의 첫째 수요일 알아보기
예 달력에서 보이는 4월의 첫째 수요일은 4월 2일입니다. ▶ 2점
❷ 4월 중 수요일인 날짜 모두 알아보기
7일마다 같은 요일이 반복되므로 4월 중 수요일인 날은 4월 2일, 4월 9일, 4월 16일, 4월 23일, 4월 30일입니다. ▶ 2점
❸ 4월의 마지막 수요일 구하기
따라서 4월의 마지막 수요일은 4월 30일입니다. ▶ 1점
답 4월 30일

**3-2** (1단계) 예 10월의 날수는 31일이므로 10월의 마지막 날은 10월 31일입니다. ▶ 2점

(2단계) 31−7=24(일), 24−7=17(일), 17−7=10(일), 10−7=3(일)이므로 10월 31일과 10월 3일은 같은 요일입니다. ▶ 2점

(3단계) 따라서 10월 31일은 10월 3일과 같은 금요일입니다. ▶ 1점

답 금요일

**3-3** (1단계) 예 9월의 날수는 30일이므로 9월의 마지막 날은 9월 30일입니다. ▶ 2점

(2단계) 30−7=23(일), 23−7=16(일), 16−7=9(일), 9−7=2(일)이므로 9월 30일과 9월 2일은 같은 요일입니다. ▶ 2점

(3단계) 9월 30일은 9월 2일과 같은 화요일이고, 10월 1일은 화요일의 다음 날이므로 수요일입니다. ▶ 1점

답 수요일

## 서술형 완성하기

**32쪽**

**1** 풀이 ❶ 축제를 한 시간은 몇 시간 몇 분인지 구하기
예 (축제를 한 시간)
＝70분＋20분＋70분＝160분
1시간=60분이므로 축제를 한 시간은 160분=2시간 40분입니다. ▶ 2점

❷ 축제가 끝난 시각 구하기
축제가 끝난 시각은 5시에서 2시간 40분 후입니다.
5시 $\xrightarrow{\text{2시간 후}}$ 7시 $\xrightarrow{\text{40분 후}}$ 7시 40분
따라서 축제가 끝난 시각은 7시 40분입니다. ▶ 3점
답 7시 40분

**2** 풀이 ❶ 3회가 시작할 때까지 걸린 시간은 몇 시간 몇 분인지 구하기
예 (3회가 시작할 때까지 걸린 시간)
＝100분＋15분＋100분＋15분
＝230분
1시간=60분이므로 3회가 시작할 때까지 걸린 시간은 230분=3시간 50분입니다. ▶ 2점

❷ 3회가 시작한 시각 구하기
3회가 시작한 시각은 6시에서 3시간 50분 후입니다.
6시 $\xrightarrow{\text{3시간 후}}$ 9시 $\xrightarrow{\text{50분 후}}$ 9시 50분
따라서 3회가 시작한 시각은 9시 50분입니다. ▶ 3점

답 9시 50분

**3** 풀이 ❶ '맛집 여행기'가 끝날 때까지 걸린 시간은 몇 시간 몇 분인지 구하기
예 ('맛집 여행기'가 끝날 때까지 걸린 시간)
＝60분＋15분＋60분＋15분＋60분
＝210분
1시간=60분이므로 '맛집 여행기'가 끝날 때까지 걸린 시간은 210분=3시간 30분입니다. ▶ 2점

❷ '맛집 여행기'가 끝난 시각 구하기
'맛집 여행기'가 끝난 시각은 오전 10시에서 3시간 30분 후입니다.
오전 10시 $\xrightarrow{\text{2시간 후}}$ 낮 12시 $\xrightarrow{\text{1시간 후}}$ 오후 1시 $\xrightarrow{\text{30분 후}}$ 오후 1시 30분
따라서 '맛집 여행기'가 끝난 시각은 오후 1시 30분입니다. ▶ 3점
답 오후 1시 30분

**4** 풀이 ❶ 현우가 산책을 한 시간 구하기
예 2시에서 1시간이 지나면 3시이고,
3시에서 50분이 지나면 3시 50분이므로 현우가 산책을 한 시간은 1시간 50분입니다. ▶ 3점

❷ 산책을 더 오래 한 사람 구하기
연서가 산책을 한 시간은 2시간 10분이므로 산책을 더 오래 한 사람은 연서입니다. ▶ 2점
답 연서

**5** 풀이 ❶ 제 1관 공연 시간 구하기
예 6시 20분에서 2시간이 지나면 8시 20분이고, 8시 20분에서 20분이 지나면 8시 40분이므로 제 1관 공연 시간은 2시간 20분입니다. ▶ 2점

❷ 제 2관 공연 시간 구하기
7시에서 2시간이 지나면 9시이고, 9시에서 30분이 지나면 9시 30분이므로 제 2관 공연 시간은 2시간 30분입니다. ▶ 2점

❸ 공연 시간이 더 긴 곳 구하기
공연 시간이 더 긴 곳은 제 2관입니다. ▶ 1점
답 제 2관

**6** (풀이) **❶** 11월의 마지막 날의 날짜 구하기

(예) 11월의 날수는 30일이므로 11월의 마지막 날은 11월 30일입니다. ▶2점

**❷** 11월의 마지막 날과 같은 요일인 날 구하기

30−7=23(일), 23−7=16(일),
16−7=9(일), 9−7=2(일)이므로 11월 30일과 11월 2일은 같은 요일입니다. ▶2점

**❸** 11월의 마지막 날은 무슨 요일인지 구하기

따라서 11월 30일은 11월 2일과 같은 화요일입니다. ▶1점

(답) 화요일

**7** (풀이) **❶** 5월의 마지막 날의 날짜 구하기

(예) 5월의 날수는 31일이므로 5월의 마지막 날은 5월 31일입니다. ▶1점

**❷** 5월의 마지막 날의 요일 구하기

31−7=24(일), 24−7=17(일),
17−7=10(일), 10−7=3(일)이므로
5월 31일은 5월 3일과 같은 토요일입니다. ▶2점

**❸** 현충일은 무슨 요일인지 구하기

5월 31일이 토요일이므로 6월 1일은 일요일입니다. 현충일은 6월 6일로 6월 1일부터 5일 후이므로 금요일입니다. ▶2점

(답) 금요일

# 5 표와 그래프

## 서술형 다지기

**34쪽**

**1** (조건) 11, 7, 4 / 30

(풀이) **❶** 8

**❷** 8, 4 / 8, 4, 4

(답) 4

**1-1** (풀이) **❶** 미국에 가 보고 싶은 학생 수 구하기

(예) 조사한 전체 학생은 26명이므로
(미국에 가 보고 싶은 학생 수)
=26−5−7−2=12(명)입니다. ▶3점

**❷** 미국에 가 보고 싶은 학생 수와 독일에 가 보고 싶은 학생 수의 차 구하기

미국에 가 보고 싶은 학생은 12명이고, 독일에 가 보고 싶은 학생은 7명이므로 미국에 가 보고 싶은 학생은 독일에 가 보고 싶은 학생보다
12−7=5(명) 더 많습니다. ▶2점

(답) 5명

**1-2** (1단계) (예) 만화책을 읽고 싶은 학생은 6명이므로 조사한 전체 학생은 6×3=18(명)입니다. ▶2점

(2단계) 조사한 전체 학생은 18명이므로
(과학책을 읽고 싶은 학생 수)
=18−5−3−6=4(명)입니다. ▶2점

(3단계) 과학책을 읽고 싶은 학생은 4명이고, 동화책을 읽고 싶은 학생은 3명이므로
과학책을 읽고 싶은 학생은 동화책을 읽고 싶은 학생보다 4−3=1(명) 더 많습니다. ▶1점

(답) 1명

**36쪽**

**2** (조건) 5, 2

(풀이) **❶** 4, 5, 2

**❷** 4 / 5, 10 / 2, 6 / 4, 10, 6, 20

(답) 20

**2-1** (풀이) **❶** 각 점수별 횟수 구하기

(예) 그래프를 그릴 때 아래부터 빠짐없이 그려야 하므로 과녁을 맞힌 횟수를 구하면 2점은 4번, 3점은 2번, 5점은 3번입니다. ▶2점

**❷** 민우가 얻은 점수의 합 구하기

2점 과녁의 점수: 2×4=8(점)
3점 과녁의 점수: 3×2=6(점)
5점 과녁의 점수: 5×3=15(점)
따라서 민우가 얻은 점수의 합은
8+6+15=29(점)입니다. ▶3점

(답) 29점

**2-2** (1단계) (예) 1점 풍선은 4번, 3점 풍선은 5번 터뜨렸습니다. ▶1점

(2단계) 풍선을 모두 12개를 터뜨렸으므로
(5점 풍선을 터뜨린 횟수)=12−4−5=3(번)입니다. ▶2점

[3단계] 1점 풍선의 점수: $1 \times 4 = 4$(점)

3점 풍선의 점수: $3 \times 5 = 15$(점)

5점 풍선의 점수: $5 \times 3 = 15$(점)

따라서 유나가 얻은 점수의 합은

$4 + 15 + 15 = 34$(점)입니다. ▶2점

답 34점

## 서술형 완성하기

**38쪽**

**1** 풀이 ❶ 시금치를 좋아하는 학생 수 구하기

예 조사한 전체 학생은 20명이므로

(시금치를 좋아하는 학생 수)

$= 20 - 5 - 3 - 2 = 10$(명)입니다. ▶3점

❷ 시금치를 좋아하는 학생 수와 가지를 좋아하는 학생 수의 차 구하기

시금치를 좋아하는 학생은 10명이고, 가지를 좋아하는 학생은 3명이므로

시금치를 좋아하는 학생은 가지를 좋아하는 학생보다 $10 - 3 = 7$(명) 더 많습니다. ▶2점

답 7명

**2** 풀이 ❶ 빨간색과 노란색을 좋아하는 학생 수 구하기

예 조사한 전체 학생은 30명이므로

(빨간색과 노란색을 좋아하는 학생 수)

$= 30 - 11 - 5 = 14$(명)입니다. ▶3점

❷ 노란색을 좋아하는 학생 수 구하기

빨간색과 노란색을 좋아하는 학생 수가 같고

$7 + 7 = 14$이므로 노란색을 좋아하는 학생은 7명입니다. ▶2점

답 7명

**3** 풀이 ❶ 조사한 전체 학생 수 구하기

예 부산에 가고 싶은 학생은 5명이므로 조사한 전체 학생은 $5 \times 4 = 20$(명)입니다. ▶2점

❷ 목포에 가고 싶은 학생 수 구하기

조사한 전체 학생이 20명이므로

(목포에 가고 싶은 학생 수)

$= 20 - 5 - 4 - 7 = 4$(명)입니다. ▶2점

❸ 제주에 가고 싶은 학생 수와 목포에 가고 싶은 학생 수의 차 구하기

제주에 가고 싶은 학생은 7명이고, 목포에 가고 싶은 학생은 4명이므로

제주에 가고 싶은 학생은 목포에 가고 싶은 학생보다 $7 - 4 = 3$(명) 더 많습니다. ▶1점

답 3명

**4** 풀이 ❶ 각 점수별 횟수 구하기

예 그래프를 그릴 때 왼쪽부터 빠짐없이 그려야 하므로 과녁을 맞힌 횟수를 구하면 3점은 2번, 5점은 6번, 7점은 3번입니다. ▶2점

❷ 현아가 얻은 점수의 합 구하기

3점 과녁의 점수: $3 \times 2 = 6$(점)

5점 과녁의 점수: $5 \times 6 = 30$(점)

7점 과녁의 점수: $7 \times 3 = 21$(점)

따라서 현아가 얻은 점수의 합은

$6 + 30 + 21 = 57$(점)입니다. ▶3점

답 57점

**5** 풀이 ❶ 5점 문제를 맞힌 개수 구하기

예 전체 문제 수는 14개이므로 5점 문제는

$14 - 7 - 3 = 4$(개) 맞혔습니다. ▶2점

❷ 민재가 얻은 점수의 합 구하기

2점짜리 문제: $2 \times 7 = 14$(점)

3점짜리 문제: $3 \times 3 = 9$(점)

5점짜리 문제: $5 \times 4 = 20$(점)

따라서 민재가 쪽지 시험에서 얻은 점수는

$14 + 9 + 20 = 43$(점)입니다. ▶3점

답 43점

**6** 풀이 ❶ 4, 6, 8점 구슬을 뽑은 횟수 구하기

예 4점 구슬은 3번, 6점 구슬은 6번, 8점 구슬은 4번 뽑았습니다. ▶1점

❷ 2점 구슬을 뽑은 횟수 구하기

구슬을 모두 18개를 뽑았으므로

(2점 구슬을 뽑은 횟수)

$= 18 - 3 - 6 - 4 = 5$(번)입니다. ▶2점

❸ 준휘가 얻은 점수의 합 구하기

2점 구슬의 점수: $2 \times 5 = 10$(점)

4점 구슬의 점수: $4 \times 3 = 12$(점)

6점 구슬의 점수: $6 \times 6 = 36$(점)

8점 구슬의 점수: $8 \times 4 = 32$(점)

➜ 준휘가 얻은 점수의 합은

$10 + 12 + 36 + 32 = 90$(점)입니다. ▶2점

답 90점

# 6 규칙 찾기

## 서술형 다지기

40쪽

**1** [조건] 3, 2, 4, 3, 2
[풀이] ❶ 4, 3
❷ 2, 4
[답] 4

**1-1** [풀이] ❶ 쌓기나무를 쌓은 규칙 알아보기
[예] 쌓기나무가 5개, 3개, 1개씩 반복되고 있습니다. ▶ 3점
❷ 빈칸에 들어갈 모양을 만드는 데 필요한 쌓기나무의 수 구하기
그림의 마지막에 놓인 쌓기나무가 5개이므로
빈칸에 들어갈 모양을 만드는 데 필요한 쌓기나무는 3개입니다. ▶ 2점
[답] 3개

**1-2** [1단계] [예] 쌓기나무가 4개, 8개씩 반복되고 있습니다. ▶ 2점
[2단계] 쌓기나무의 수를 규칙에 맞게 차례로 쓰면
일곱 번째: 4개, 여덟 번째: 8개, 아홉 번째: 4개,
열 번째: 8개입니다. 따라서 열 번째 모양을 만드는 데 필요한 쌓기나무 수는 8개입니다. ▶ 3점
[답] 8개

**1-3** [1단계] [예] 노란색 칸이 1칸, 2칸씩 반복되고 있습니다. ▶ 2점
[2단계] 노란색 칸 수를 규칙에 맞게 차례로 쓰면
여섯 번째: 2칸, 일곱 번째: 1칸,
여덟 번째: 2칸, 아홉 번째: 1칸입니다.
따라서 아홉 번째 모양에서 노란색으로 색칠한 칸은 1칸입니다. ▶ 3점
[답] 1칸

42쪽

**2** [풀이] ❶ 1, 1
❷ 1, 13 / 1, 14
❸ 13, 14, 27
[답] 27

**2-1** [풀이] ❶ 덧셈표의 규칙 알아보기
[예] 같은 줄에서 오른쪽으로 갈수록 2씩 커지고,
아래쪽으로 갈수록 2씩 커집니다. ▶ 2점
❷ ㉠과 ㉡에 알맞은 수 각각 구하기
㉠에 알맞은 수는 12+2=14이고, ㉡에 알맞은
수는 10+2+2=14입니다. ▶ 2점
❸ ㉠과 ㉡에 알맞은 수의 합 구하기
㉠과 ㉡에 알맞은 수의 합은 14+14=28입니다. ▶ 1점
[답] 28

**2-2** [1단계] [예] 같은 줄에서 오른쪽으로 갈수록 일정한
수만큼 커지는 규칙이 있습니다. ▶ 1점
[2단계] ㉠이 있는 가로줄은 6씩 커지므로 ㉠에 알맞은 수는 42+6+6=54입니다.
㉡이 있는 가로줄은 7씩 커지므로 ㉡에 알맞은 수는 56+7=63입니다. ▶ 3점
[3단계] ㉠과 ㉡에 알맞은 수의 차는 63-54=9입니다. ▶ 1점
[답] 9

44쪽

**3** [조건] 6, 3
[풀이] ❶ 1, 6
❷ 12, 18 / 6, 6 / 18
[답] 18

**3-1** [풀이] ❶ 엘리베이터 버튼의 규칙 찾기
[예] 엘리베이터 버튼의 수는 오른쪽으로 갈수록 5씩
커지고, 위로 올라갈수록 1씩 커집니다. ▶ 2점
❷ 송화의 집이 몇 층인지 구하기
송화가 누른 버튼은 4가 적혀 있는 버튼에서 오른쪽으로 3번 이동한 위치입니다.

4층　　9층　　14층　　19층

+5　　+5　　+5

➔ 따라서 송화의 집은 19층입니다. ▶ 3점
[답] 19층

**3-2** (1단계) 예 비행기에는 가, 나, 다, 라열이 있고, 왼쪽에서부터 오른쪽으로 갈수록 뒤에 붙는 수가 I씩 커지므로 나열 9번 자리는 나열 왼쪽에서 9번째에 있습니다. ▶1점

(2단계) 나열 의자 번호를 보면 2, 6, 10, 14, 18이므로 오른쪽으로 갈수록 4씩 커집니다. ▶2점

(3단계) 경수의 자리는 나열 9번이므로 경수의 의자 번호는 18에서 오른쪽으로 4번 더 간 34입니다.
▶2점

(답) 34

# 서술형 완성하기

**46쪽**

**1** (풀이) ❶ 쌓기나무를 쌓은 규칙 알아보기
예 쌓기나무가 3개, 2개, I개씩 반복되고 있습니다. ▶3점

❷ 빈칸에 들어갈 모양을 만드는 데 필요한 쌓기나무의 수 구하기
그림의 마지막에 놓인 쌓기나무가 I개이므로 빈칸에 들어갈 모양을 만드는 데 필요한 쌓기나무는 3개입니다. ▶2점
(답) 3개

**2** (풀이) ❶ 쌓기나무를 쌓은 규칙 알아보기
예  2개   4개   6개   8개
       +2   +2   +2
쌓기나무가 2개씩 늘어나고 있습니다. ▶2점

❷ 여섯 번째 모양을 만드는 데 필요한 쌓기나무의 수 구하기
쌓기나무의 수를 규칙에 맞게 이어 쓰면
다섯 번째: 8+2=10(개),
여섯 번째: 10+2=12(개)입니다. ▶3점
(답) 12개

**3** (풀이) ❶ 색칠한 규칙 알아보기
예 초록색 칸이 2칸, 3칸, 4칸씩 반복됩니다. ▶2점

❷ 열 번째 모양에서 초록색으로 색칠한 칸 수 구하기
초록색 칸 수를 규칙에 맞게 이어 쓰면
일곱 번째: 2칸, 여덟 번째: 3칸, 아홉 번째: 4칸,
열 번째: 2칸입니다.
따라서 열 번째 모양에서 초록색으로 색칠한 칸은 2칸입니다. ▶3점
(답) 2칸

**4** (풀이) ❶ 덧셈표의 규칙 알아보기
예 같은 줄에서 오른쪽으로 갈수록 2씩 커지고, 아래쪽으로 갈수록 2씩 커집니다. ▶2점

❷ ㉠과 ㉡에 알맞은 수 각각 구하기
㉠에 알맞은 수는 8+2=10이고, ㉡에 알맞은 수는 10+2+2+2=16입니다. ▶2점

❸ ㉠과 ㉡에 알맞은 수의 차 구하기
㉠과 ㉡에 알맞은 수의 차: 16-10=6 ▶1점
(답) 6

**5** (풀이) ❶ 곱셈표의 규칙 알아보기
예 같은 줄에서 오른쪽으로 갈수록 일정한 수만큼 커지는 규칙이 있습니다. ▶1점

❷ ㉠과 ㉡에 알맞은 수 각각 구하기
㉠이 있는 가로줄은 5씩 커지므로 ㉠에 알맞은 수는 20+5=25입니다.
㉡이 있는 가로줄은 6씩 커지므로 ㉡에 알맞은 수는 30+6+6=42입니다. ▶3점

❸ ㉠과 ㉡에 알맞은 수의 합 구하기
㉠과 ㉡에 알맞은 수의 합: 25+42=67 ▶1점
(답) 67

**6** (풀이) ❶ 엘리베이터 버튼의 규칙 찾기
예 엘리베이터 버튼의 수는 오른쪽으로 갈수록 3씩 커지고, 위로 올라갈수록 I씩 커집니다. ▶2점

❷ 전망대가 몇 층인지 구하기
전망대를 가기 위해 누른 버튼은 2가 적혀 있는 버튼에서 오른쪽으로 7번 이동한 위치입니다.

 2   5   8   II   14   17   20   23
  +3  +3  +3  +3   +3   +3   +3
따라서 전망대는 23층입니다. ▶3점
(답) 23층

**7** (풀이) ❶ 은영이 자리의 위치 찾기
예 오른쪽으로 갈수록 자리가 I번, 2번, 3번, ...이고, 뒤로 갈수록 가, 나, 다, 라, 마이므로 마열 7번 자리는 7번 줄에서 뒤로 다섯 번째에 있습니다. ▶1점

❷ 마열 또는 7번 자리 의자 번호의 규칙 찾기
7번 자리의 의자 번호를 보면 7, 15로 뒤로 갈수록 8씩 커집니다. ▶2점

❸ 은영이의 의자 번호 구하기
은영이의 자리는 마열 7번이므로 은영이의 의자 번호는 7에서 뒤로 4번 더 간 39입니다. ▶2점
(답) 39

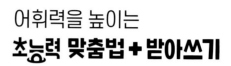초등 1, 2학년을 위한

# 추천 라인업

1~2학년 1, 2학기 (전 4권)

## 어휘력을 높이는
## 초능력 맞춤법 + 받아쓰기

- 쉽고 빠르게 배우는 **맞춤법 학습**
- 단계별 낱말과 문장 **바르게 쓰기 연습**
- 학년, 학기별 국어 **교과서 어휘 학습**

➕ 선생님이 불러 주는 듣기 자료, 맞춤법 원리 학습 동영상 강의

1~2학년 대상

## 빠르고 재밌게 배우는
## 초능력 구구단

- 3회 누적 학습으로 **구구단 완벽 암기**
- 기초부터 활용까지 **3단계 학습**
- 개념을 시각화하여 **직관적 구구단 원리 이해**
- 다양한 유형으로 구구단 **유창성과 적용력 향상**

➕ 구구단송

1~2학년 대상

## 원리부터 응용까지
## 초능력 시계·달력

- 초등 1~3학년에 걸쳐 있는 시계 학습을 **한 권으로 완성**
- 기초부터 활용까지 **3단계 학습**
- 개념을 시각화하여 **시계달력 원리를 쉽게 이해**
- 다양한 유형의 **연습 문제와 실생활 문제로 흥미 유발**

➕ 시계·달력 개념 동영상 강의

# 큐브 유형

정답 및 풀이 │ 초등 수학 2·2

**연산** | 전 단원 연산을 다잡는 기본서     **개념** | 교과서 개념을 다잡는 기본서     **유형** | 모든 유형을 다잡는 기본서

## 큐브 찐-후기

### 시작만 했을 뿐인데 완북했어요!

시작만 했을 뿐인데 그 끝은 완북으로! 학습할 땐 힘들었지만 큐브 연산으로 기초를 튼튼하게 다지면서 새 학기 때 수학의 자신감은 덤으로 뿜뿜할 수 있을 듯 해요^^

초1중2민지사랑민찬

### 아이 스스로 얻은 성취감이 커서 너무 좋습니다!

아이가 방학 중에 개념 공부를 마치고 수학이 세상에서 제일 싫었다가 이제는 좋아졌다고 하네요. 아이 스스로 얻은 성취감이 커서 너무 좋습니다. 자칭 수포자 아이와 함께 이렇게 쉽게 마친 것도 믿어지지 않네요.

초5 초3 유유

### 자세한 개념 설명 덕분에 부담없이 할 수 있어요!

처음에는 할 수 있을까 욕심을 너무 부리는 건 아닌가 신경 쓰였는데, 선행용, 예습용으로 하기에 입문하기 좋은 난이도와 자세한 개념 설명 덕분에 아이가 부담없이 할 수 있었던 거 같아요~

초5워킹맘

### 심리적으로 수학과 가까워진 거 같아서 만족해요!

아이는 처음 배우는 개념을 정독한 후 문제를 풀다 보니 부담감 없이 할 수 있었던 것 같아요. 매일 아이가 제일 먼저 공부하는 책이 큐브였어요. 그만큼 심리적으로 수학과 가까워진 거 같아서 만족스러워요.

초2 산들바람

### 결과는 대성공! 공부 습관과 함께 자신감 얻었어요!

겨울방학 동안 공부 습관 잡아주고 싶었는데 결과는 대성공이었습니다. 다른 친구들과 함께한다는 느낌 때문인지 아이가 책임감을 느끼고 참여하는 것 같더라고요. 덕분에 공부 습관과 함께 수학 자신감을 얻었어요.

스리마미

### 엄마표 학습에 동영상 강의가 도움이 되었어요!

동영상 강의가 있어서 설명을 듣고 개념 정리 문제를 풀어보니 보다 쉽게 이해할 수 있었어요. 엄마표로 진행하는 거라 엄마인 저도 막히는 부분이 있었는데 동영상 강의가 많은 도움이 되었네요.

3학년 칭칭맘

### 수학 개념을 제대로 잡을 수 있어요!

처음에는 어려웠던 개념들도 차분히 문제를 풀어보면서 자신감을 얻은 거 같아서 아이도 엄마도 즐거웠답니다. 6주 동안 큐브 개념으로 4학년 1학기 수학 개념을 제대로 잡을 수 있어서 너무 뿌듯했어요.

초4초6 너굴사랑